高等职业教育畜牧兽医类专业教材
全国食品工业行业"十四五"职业教育规划教材

动物性食品卫生检验

李雪梅　杨仕群　主编

中国轻工业出版社

图书在版编目（CIP）数据

动物性食品卫生检验/李雪梅，杨仕群主编 . —北京：
中国轻工业出版社，2025.2
高等职业教育畜牧兽医专业系列教材
ISBN 978 - 7 - 5184 - 0603 - 6

Ⅰ.①动… Ⅱ.①李… ②杨… Ⅲ.①动物性食品
—食品检验—高等职业教育—教材 Ⅳ.①TS251.7

中国版本图书馆 CIP 数据核字（2015）第 205302 号

责任编辑：贾　磊
策划编辑：贾　磊　　责任终审：劳国强　　封面设计：锋尚设计
版式设计：王超男　　责任校对：吴大朋　　责任监印：张　可

出版发行：中国轻工业出版社（北京鲁谷东街5号，邮编：100040）
印　　刷：北京君升印刷有限公司
经　　销：各地新华书店
版　　次：2025年2月第1版第5次印刷
开　　本：720×1000　1/16　印张：20
字　　数：383千字
书　　号：ISBN 978 - 7 - 5184 - 0603 - 6　定价：39.00元
邮购电话：010 - 85119873
发行电话：010 - 85119832　010 - 85119912
网　　址：http://www.chlip.com.cn
Email：club@chlip.com.cn
版权所有　侵权必究
如发现图书残缺请与我社邮购联系调换
250162J2C105ZBW

高等职业教育畜牧兽医类专业教材

编委会

主　任　　罗建平　张　毅

副主任　　李俊强　杨仕群　李德立　曾饶琼
　　　　　　李雪梅　易宗容　冯堂超

委　员（按姓氏笔画排序）
　　　　　　王　赛　文　平　李成贤　阳　刚
　　　　　　杨晓琴　郭正富　曹洪志　熊太权

本书编委会

主　编

李雪梅（宜宾职业技术学院）
杨仕群（宜宾职业技术学院）

副主编

阳　刚（宜宾职业技术学院）
韩晓英（四川省水产学校）

参　编

曹洪志（宜宾职业技术学院）
易宗容（宜宾职业技术学院）
李成贤（宜宾职业技术学院）
文　平（宜宾职业技术学院）
庞永建（四川永屹农牧开发有限公司）
李旭延（四川省畜牧科学研究院）

主　审

冯堂超（宜宾市畜牧水产局）

前 言

"动物性食品卫生检验"是高等职业院校畜牧兽医、动物防疫与检疫等相关专业的一门核心专业课程。随着我国职业教育"校企合作、工学结合"人才培养模式改革的不断深入，职业技术教育的教学模式必然走向"理实一体、做学合一、工学结合"的道路。本教材的编写遵循"理论够用、突出技能"的原则，内容选取贴近行业、职业实际，充分反映行业中正在应用的新技术、新方法，体现实用性和先进性，突出高等职业教育的特色。本教材参照动物检疫员国家职业标准的要求，按照项目化体系设计和编写。

全书由10个项目和14个实训构成。内容包括肉、蛋、乳、水产品等动物性食品的生产、加工、贮存、运输、销售和食用过程中的卫生监督、卫生检验。每个项目根据工作任务流程和要求设置相关的内容和技能，力求突出学生职业岗位能力的培养，体现"理实一体化"教学思路。

本教材由李雪梅、杨仕群任主编，阳刚、韩晓英任副主编。具体编写分工如下：项目一至项目三由宜宾职业技术学院杨仕群编写，项目四至项目七、项目十由宜宾职业技术学院李雪梅编写（其中，项目六的实训四由四川省畜牧科学研究院李旭延编写，项目六的实训五由四川永屹农牧开发有限公司庞永建编写），项目八由宜宾职业技术学院阳刚编写，项目九由四川省水产学校韩晓英编写，附录由宜宾职业技术学院曹洪志、易宗容、李成贤、文平整理。全书由宜宾市畜牧水产局冯堂超副研究员主审。

本教材可作为高等农业院校畜牧兽医、动物防疫与检疫、农畜特产品加工、动物生物技术等相关专业的高职教材，也可作为相关教学、科研、生产单位专业人员的参考书。

由于编者知识水平有限，加之出版时间仓促，错误与不妥之处在所难免，敬请读者批评指正。

编者

目 录

项目一　动物性食品卫生检验概述 …………………………………… 1

知识目标 …………………………………………………………………… 1
技能目标 …………………………………………………………………… 1
必备知识 …………………………………………………………………… 1
一、动物性食品卫生检验的概念、目的和任务 ………………………… 1
二、动物性食品污染及其控制 …………………………………………… 3
实操训练 ………………………………………………………………… 18
实训一　细菌总数的测定 ………………………………………………… 18
实训二　大肠菌群的测定 ………………………………………………… 20
项目思考 ………………………………………………………………… 22

项目二　屠宰加工企业的建立和宰前检验 ………………………… 23

知识目标 ………………………………………………………………… 23
技能目标 ………………………………………………………………… 23
必备知识 ………………………………………………………………… 23
一、屠宰加工企业的建立和卫生要求 …………………………………… 23
二、屠畜的收购检疫 ……………………………………………………… 37
三、屠畜的运输检疫 ……………………………………………………… 39
四、屠畜的临宰检疫和宰前管理 ………………………………………… 46
实操训练 ………………………………………………………………… 57
实训一　污水中溶解氧的测定 …………………………………………… 57

实训二　污水中生化需氧量的测定 …………………………………………… 59
　项目思考 ……………………………………………………………………………… 61

项目三　屠宰加工过程中的检验 ………………………………………… 62

知识目标 ………………………………………………………………………………… 62
技能目标 ………………………………………………………………………………… 62
必备知识 ………………………………………………………………………………… 62
　一、屠畜屠宰加工过程的兽医卫生监督 ……………………………………………… 62
　二、家禽屠宰加工过程的兽医卫生监督 ……………………………………………… 73
　三、家兔屠宰加工过程的兽医卫生监督 ……………………………………………… 75
项目思考 ………………………………………………………………………………… 77

项目四　畜禽的宰后检验 …………………………………………………… 78

知识目标 ………………………………………………………………………………… 78
技能目标 ………………………………………………………………………………… 78
必备知识 ………………………………………………………………………………… 78
　一、屠畜的宰后检验 …………………………………………………………………… 78
　二、家禽的宰后检验 …………………………………………………………………… 97
　三、家兔的宰后检验 …………………………………………………………………… 99
实操训练 ………………………………………………………………………………… 100
　屠猪的宰后检验 ………………………………………………………………………… 100
项目思考 ………………………………………………………………………………… 108

项目五　畜禽病的鉴定与卫生处理 ……………………………………… 109

知识目标 ………………………………………………………………………………… 109
技能目标 ………………………………………………………………………………… 109
必备知识 ………………………………………………………………………………… 109
　一、屠畜常见传染病的鉴定与卫生处理 ……………………………………………… 109
　二、家禽常见传染病的鉴定与卫生处理 ……………………………………………… 128
　三、屠畜常见寄生虫病的鉴定与卫生处理 …………………………………………… 137
　四、家禽常见寄生虫病的鉴定与卫生处理 …………………………………………… 146
　五、组织器官病变的鉴定与卫生处理 ………………………………………………… 150

实操训练 ·· 159
　　旋毛虫的检验 ·· 159
　　项目思考 ·· 162

项目六　肉与肉制品的卫生检验 ··············· 163

　知识目标 ·· 163
　技能目标 ·· 163
　必备知识 ·· 163
　　一、肉新鲜度的卫生检验 ··· 163
　　二、冷冻肉的卫生检验 ·· 175
　　三、熟肉制品的卫生检验 ··· 181
　　四、腌腊肉制品的卫生检验 ·· 184
　　五、肉类罐头的卫生检验 ··· 187
　　六、食用动物油脂的卫生检验 ··· 196
　　七、品质异常肉的卫生检验 ·· 199
　实操训练 ·· 211
　　实训一　肉的新鲜度检验 ··· 211
　　实训二　肉制品中亚硝酸盐的测定 ··· 215
　　实训三　食用动物油脂酸值的测定 ··· 217
　　实训四　注水畜禽肉的检验 ·· 219
　　实训五　病死畜禽肉的实验室检验 ··· 221
　项目思考 ·· 223

项目七　乳与乳制品的卫生检验 ················ 224

　知识目标 ·· 224
　技能目标 ·· 224
　必备知识 ·· 224
　　一、鲜乳及其卫生检验 ·· 224
　　二、品质异常乳的卫生检验 ·· 234
　　三、乳制品的卫生检验 ·· 238
　实操训练 ·· 244
　　乳酸度测定和掺假掺杂乳、乳房炎乳的检验 ····························· 244
　项目思考 ·· 247

项目八　蛋与蛋制品的卫生检验 ········· 248

知识目标 ········· 248
技能目标 ········· 248
必备知识 ········· 248
一、蛋的卫生检验 ········· 248
二、蛋制品的卫生检验 ········· 253
实操训练 ········· 259
蛋的感官检验 ········· 259
项目思考 ········· 261

项目九　水产品的卫生检验 ········· 262

知识目标 ········· 262
技能目标 ········· 262
必备知识 ········· 262
一、鱼与鱼制品的卫生检验 ········· 262
二、贝甲类的卫生检验 ········· 272
实操训练 ········· 276
鱼的卫生检验 ········· 276
项目思考 ········· 277

项目十　屠宰加工副产品的卫生检验 ········· 278

知识目标 ········· 278
技能目标 ········· 278
必备知识 ········· 278
一、食用屠宰加工副产品的卫生检验 ········· 278
二、动物生化制剂原料的卫生检验 ········· 279
三、肠衣的卫生检验 ········· 281
四、皮毛加工的卫生检验 ········· 282
项目思考 ········· 285

附录 ·· 286

附录一 动物检疫管理办法 ························ 286
附录二 生猪屠宰质量管理规范 ·················· 294

参考文献 ·· 305

项目一　动物性食品卫生检验概述

> **知识目标**

1. 了解动物性食品卫生检验的概念、目的和任务。
2. 了解动物性食品污染的特点。
3. 认识动物性食品污染的来源、分类和途径。
4. 掌握食品污染、食物中毒的控制方法。

> **技能目标**

1. 能进行食品生物性污染的控制与监测。
2. 能正确检测食品的细菌总数含量。

> **必备知识**

一、动物性食品卫生检验的概念、目的和任务

（一）动物性食品卫生检验的概念

动物性食品卫生检验是以动物医学和公共卫生学的理论和技术为基础，按照有关法律法规和卫生标准，对肉、蛋、乳、鱼等动物性食品的生产、加工、贮存、运输、销售及食用过程实施卫生监督和卫生检验，防止人畜共患病和其他畜禽疫病传播，保障食用者安全的综合性应用学科。

(二) 动物性食品卫生检验的目的和任务

1. 防止传染性疾病的传播和危害

动物传染病和寄生虫病约有 200 多种可以传染给人，其中通过肉用动物及其产品传染给人的有 30 多种，主要有炭疽、结核病、布鲁菌病、口蹄疫、鼻疽、猪丹毒、沙门菌病、钩端螺旋体病、假结核病、狂犬病、猪链球菌病、疯牛病、禽流感、囊尾蚴病、旋毛虫病、弓形虫病、肉孢子虫病等。据报道，2005 年我国西部某省发生猪链球菌病感染人事件，人感染病例 206 例，其中死亡 38 例；2015 年 2 月，我国 27 人因 H7N9 禽流感死亡。动物性食品卫生检验的任务之一是通过屠宰畜禽的宰前检疫和宰后检验，将患有疫病的畜禽及其产品检验出来，并依照国家法律法规对其进行无害化处理，从而防止畜禽疫病的传播及对人的危害。

2. 防止有毒有害物质对人体的危害

畜禽在养殖过程中，会误食被农药、工业"三废"污染的饲料，如有机氯、有机磷、有机汞、有机砷等农药和汞、铅、镉、砷、铬、氟化物、多氯联苯等有毒有害物质。这些农药及有毒有害物质在畜禽体内蓄积，残留在畜禽体内和禽蛋、牛乳等产品中。人们通过食物链，长期摄入被污染的动物性食品则会对人体产生各种毒害作用。当人们长期食用残留有亚硝胺、3,4-苯并芘、黄曲霉毒素等有毒有害物质的动物性食品后，可能发生癌症。另外，食入被放射性物质污染的动物性食品后，可引起组织器官的损伤和发生癌症。据报道，2008 年三鹿"三聚氰胺乳粉"事件，引发公众对乳制品的质疑。因此，执法部门加强对这些有毒有害物质的检测，对于保障人类健康具有重要意义。

3. 防止食物中毒

动物性食品被微生物污染而引起食物中毒的事件经常发生，造成食品污染的常见微生物有沙门菌、变形杆菌、大肠杆菌、副溶血性弧菌、金黄色葡萄球菌、肉毒梭菌、产气荚膜梭菌等。这些微生物在畜禽机体抵抗力降低的情况下，趁机侵入机体内，畜禽被屠宰加工后，肉及其他产品在屠宰加工、运输、贮藏、销售过程中，如果不严格执行卫生操作规程，则会被微生物严重污染，人食入后，可能引起食物中毒。因此，严格执行屠宰加工卫生操作规程，保证动物性产品的卫生，对防止食物中毒具有重要意义。

4. 维护我国出口贸易信誉

随着我国市场经济的建立和发展，尤其是加入世界贸易组织（WTO）后，以肉类为主的动物性产品贸易量日益增多。目前，我国仍存在疫情多、质量差、掺杂作假以及卫生监督检验手段跟不上形势发展等问题，常使广大消费者蒙受损失，也使我国的国际贸易信誉受到损害。在国际上，我国动物产品出口竞争力差,出口受阻。因此,建立、健全兽医卫生监督机制、采用先进的检验手段,加强屠宰过程中的动物性食品卫生检验,提高和保证畜禽产品质量,对加大出口竞争力,维护我国动物性产品贸易的信誉,加速我国畜牧业的发展具有重要作用。

5. 执行、完善和普及法律法规

目前我国已经颁布实施的《食品卫生法》《动物防疫法》《生猪屠宰管理条例》和各种食品的卫生标准等,是根据我国当前的国情和实际需要而制定的。认真贯彻执行国家的法律法规和食品卫生标准,完善和普及操作规程,加强畜禽产品的兽医卫生监督和检验,确保动物产品的卫生质量,维护消费者的身体健康。

二、动物性食品污染及其控制

食品污染按世界卫生组织(WHO)规定,是指"食品中原来含有的、混入的或加工时人为添加的各种生物性或化学性物质,其共同特点是对人体健康有急性或慢性的危害"。

食品污染的特点:①食品被污染现象日趋严重和普遍,其中化学性物质的污染占主要地位;②轻微的污染过程经生物富集作用后,可对人体造成严重危害。污染物从一种生物转移到另一种生物时,浓度不断积聚增高,称为生物富集作用(图1-1);③现今食品污染导致的危害,除了急性中毒外,以慢性中毒为多见,导致食品污染物在体内对DNA等发生作用,从而出现致畸、致癌、致突变现象。

动物性食品的污染是指肉、乳、蛋、水产动物及其制品等受上述有毒有害物质的污染。造成动物性食品污染的原因很多,除了过去所熟悉的微生物和寄生虫污染外,各种药物、农药(图1-2)、重金属、真菌毒素、激素、添加剂、放射性物质等及其他化学物质的污染日益突出。

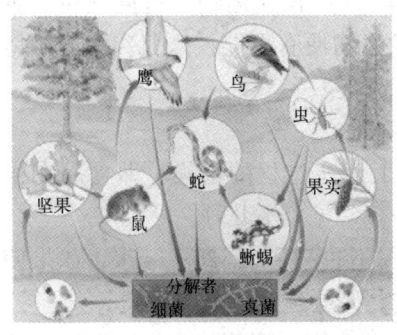

图1-1 食物链的富集作用

图1-2 菜农喷洒农药
(蔬菜农药残留量超标污染食品)

根据污染物的性质和来源，动物性食品污染按污染形式不同可分为生物性污染、化学性污染和放射性污染；按污染的途径不同可分为内源性污染和外源性污染。

（一）生物性污染

生物性污染包括微生物、寄生虫、有毒生物组织污染和昆虫污染，主要以微生物污染为主，危害较大，其中主要为细菌和细菌毒素、霉菌和霉菌毒素，其污染方式和途径可以是内源性的，也可以是外源性的。

1. 内源性污染

内源性污染又称第一次污染或食用动物的生前污染，即动物在生长发育过程中，由本身带染的生物性物质或从环境中侵入的生物性物质而造成的食品污染。

（1）人畜共患传染病和寄生虫病的病原体污染　人畜共患病是指"在脊椎动物与人类之间自然传播的疾病和感染"，是由共同的病原体引起的、在流行病学上又相互关联的、对人类和动物同时造成严重危害的一类疾病，主要由病毒、细菌和寄生虫等病原体所引起。目前，全世界已证实的人畜共患病共有250多种，其中较为重要的有90多种，在全世界许多国家存在并流行的有40多种。在我国所列的一、二、三类动物疫病中，人畜共患病至少有18种。

（2）动物固有的传染病和寄生虫病的病原体污染　除人畜共患病外，食用动物还可感染其固有的一些疾病。这些疾病虽然不感染人，但由于病原体在体内的活动以及组织的病理分解，使动物体内蓄积了某些有毒物质，同时由于患病机体抵抗力减弱，使正常存在于机体中的某些微生物，尤其是沙门菌属细菌发生继发感染，进而引起人们的食物中毒或感染。

（3）非致病性和条件致病性微生物污染　正常条件下，在动物机体的某些部位，如消化道、上呼吸道、泌尿生殖道及体表等，存在着一些非致病性和条件致病性微生物，当动物宰前处于不良条件时，如长途运输、过度疲劳、拥挤、饥饿等，动物机体的抵抗力降低，这些微生物便有可能侵入肌肉、肝脏等部位，造成动物性食品的污染。

2. 外源性污染

外源性污染又称为第二次污染或食品加工流通过程的污染。即食品在生产、加工、运输、贮藏、销售等过程中的污染。常见以下几种。

（1）通过水的污染　动物性食品生产加工的许多环节都离不开水，如果使用被生物性、化学性或放射性物质污染的水源，则会造成食品的污染。

（2）通过空气的污染　空气中含有大量的微生物，还可能含有工业废气等有害物质。空气中的污染物可以自然沉降或随雨滴降落在食品上，造成直接污染，也可以污染水源、土壤，造成间接污染。此外，带有微生物的痰沫、鼻涕与唾液的飞沫、空气中的尘埃等也可对食品造成污染。

（3）通过土壤的污染　土壤中可能存在各种致病性微生物和各种有毒的化学物质。动物性食品在生产、加工、贮藏、运输等过程中，接触被污染的土壤，或尘土沉降于食品表面，将会造成食品的直接污染，或者成为水及空气的污染源而间接污染食品。

（4）生产加工过程和流通环节的污染　食品在生产加工过程的各个环节都有可能造成食品的污染。如食品加工器具、设备等不清洁，可以造成食品的污染；挤乳过程中，挤乳人员的手、挤乳用具等未经严格消毒，都有可能污染乳汁；如果直接从事食品生产的工人患有呼吸道、消化道传染病，都有可能污染食品；食品添加剂的不合理使用也会造成食品污染。从食品生产到消费者进食，期间要经过运输、贮藏、销售、烹调等环节，任何一个环节稍不注意，就会造成污染。

（5）从业人员带菌污染　从业人员的健康状态和卫生习惯对保持食品卫生也至关重要。正常人的体表和外界相通的腔道（如消化道、呼吸道、泌尿生殖道等）中均带染着不同种类和数量的微生物，尤其是当从业人员患有传染性肝炎、开放性结核、肠道传染病、化脓性皮炎等疾病时，可向体外不断排菌。病原微生物可以通过加工、运输、贮藏、销售、烹调等环节带入食品，进而危害消费者的健康。因此，食品加工及经营环节的从业人员，应定期进行健康检查，并搞好个人卫生。

3. 生物性污染的控制与检测

控制食品生物性污染，一方面要控制原料的内源性污染；另一方面要控制加工和流通过程中的外源性污染，保证动物性食品的卫生质量。

（1）防止原料的污染　动物性食品来源于各种家畜家禽和水生动物，其健康和洁净状态直接影响到动物性食品的卫生质量与安全性，因此食用动物的卫生管理至关重要。

①加强饲养环节的监控，保证生产出健康的动物：包括饲养场的选址和建设布局的设计，饲料饮水、畜舍环境及有关工具器械等的卫生要求、疫病监测与预防控制、制定健全的卫生防疫制度以及其他日常的兽医卫生管理工作等。

②消灭畜禽疫病、切断传染途径：开展防疫、检疫、驱虫、灭病，适时进行预防注射，创建无疫区。

（2）防止加工和流通过程中的污染　外源性污染是食品污染的重要来源，要保证食品的卫生质量，必须控制外源性污染。

①加强运输、贮藏、销售、烹调等过程中对动物性食品卫生监督与管理，避免动物性食品流通环节中的外源性污染。加强动物性食品在屠宰加工环节的

卫生监督与管理，包括屠宰场的选址、建筑布局、加工设备卫生，以及屠宰过程中的卫生监督和检验检疫工作。

②乳品生产应着重抓好畜舍卫生、乳畜卫生和鲜乳初步加工卫生三大环节。

③禽蛋和水产品的卫生管理从收集、捕捞到运输、贮存、销售，应重点抓好包装物卫生、运输卫生及冷藏卫生三大环节。

④建立、健全市场卫生监督检验机构，大力宣传《食品卫生法》及其他有关条例、规定和办法。

（3）加强动物性食品卫生法制化和标准化建设　加大动物性食品生物性污染源检测技术和方法的研究力度，建立并完善动物性食品生物性污染的全程监控体系，进一步加强动物性食品卫生法制化和标准化建设。

（4）进行细菌学检测

①细菌总数：通常用菌落总数（total numbers of colony）表示。被检食品样品经处理后，在严格规定的条件下（培养基及其pH、培养温度与时间等）进行培养，使适应这些条件的每个活菌必须而且只能生成一个肉眼可见的菌落，计数所得1g、1mL或1cm^{2}被检样品中所含细菌菌落的总数即为该食品的菌落总数。

食品中含有细菌数量的多少，可以反映出食品被污染的程度。这对于食品卫生质量的评定具有重要的参考价值。根据细菌数量的多少可预测食品的贮存程度和时间。

食品中菌落总数越多，说明食品被污染越严重，越不新鲜，也越不耐保存；菌落总数越少，说明食品的卫生质量越好，能够贮存的时间也越长。菌落总数只能作为判定食品被细菌污染的标志，反映食品受微生物污染的程度，但不能区分细菌的种类。

②大肠菌群：大肠菌群（coliform group）是一群在37℃、24h内能够发酵乳糖、产酸、产气、需氧和兼性厌氧的革兰阴性的无芽孢杆菌。大肠菌群以在100g（100mL或100cm^2）食品检样中所含的大肠菌群的最可能数（maximum probable number，MPN）来表示。大肠菌群来自人或温血动物的粪便，食品中检出大肠菌群则认为该食品受到了人或动物粪便的污染，大肠菌群数量越多，则表明粪便污染越严重，表明肠道致病菌污染的可能性越大，潜伏着食物中毒和疫病流行的威胁。为确保动物性食品的卫生质量，要求尽可能使大肠菌群数降低到最小程度，符合国标要求。粪便一般对食品的污染是间接的，通常采取限制食品中大肠菌群数量来控制这类污染。

③致病菌：食品中的致病菌主要是肠道致病菌和致病性球菌，包括沙门菌、志贺菌、病原性大肠埃希菌、副溶血性弧菌、小肠结肠炎耶尔森菌、空肠

弯曲菌、葡萄球菌、肉毒梭菌、产气荚膜梭菌、蜡样芽孢杆菌以及变形杆菌。反映食品受致病菌污染的状况，可用于评价食品质量和预测食品贮存的程度和时间。国内外都严格规定在食品中不得检出致病菌。

（二）非生物性污染

非生物性污染包括化学性污染和放射性污染，其污染方式和途径也可分为内源性和外源性两种。

1. 化学性污染

化学性污染是指农用化学物质、食品添加剂、食品包装容器和工业废弃物的污染，汞、镉、铅、氰化物、有机磷及其他有机或无机化合物等在动物的饲养、屠宰、加工、贮存、运输、销售等环节中对动物性食品的污染。进入动物饲料和人类食品中的化学污染物，除少数因浓度或数量过大引起急性中毒外，绝大部分以食品残毒（通过各种途径进入并残留于食物中的有毒物质）的形式构成潜在的危害。从污染来源可分为以下几类。

（1）环境化学毒物污染　随着工业生产的发展，"工业三废"（废气、废水、废渣）不合理的排放，是引起大气、水体、土壤及动植物污染的主要原因。污染环境的化学物质种类繁多，如镉、铅、汞、砷、多氯联苯、苯并芘、氟化物等。

（2）药物残留污染　农药是指用于预防、消灭、驱除各种有害昆虫、啮齿动物、霉菌、病毒、杂草和其他有害动植物的物质，以及用于植物的生长调节剂、落叶剂、贮藏剂等。其可以由于对动物体和厩舍使用农药或在运输中受到农药的污染而发生，但主要是通过食物链而来。引起食品污染的，主要是有机磷、有机汞、有机砷等农药。

用于动物生产的药物，如抗生素、磺胺制剂、生长促进剂和各种激素制品等，可以在动物体内反应并残留。人类食用有药物残留的食品，将对人体健康造成伤害，主要表现为变态反应和过敏反应，细菌耐药性、致癌、致畸、致突变和激素样作用。为了防止食品中药物残留对人体的危害，使用过药物的动物要经过休药期后方可屠宰或允许其产品上市。

（3）食品添加剂和包装材料污染　食品添加剂是指为改善食品的品质，增加其色、香、味，以及为防腐和加工工艺的需要而加入食品中的化学合成的或天然的物质。食品添加剂在一定范围内使用一定量对人体无害，但若滥用则会造成食品的污染，对食用者的健康造成危害。所以，各国都制定了食品添加剂的卫生标准，规定了允许使用的添加剂的名称、使用范围和最大使用量。食品容器、包装材料是指包装、盛放食品用的纸、竹、木、金属、搪瓷、陶瓷、塑料、橡胶、天然纤维、化学纤维、玻璃等制品和接触食品的涂料。食品用工具、设备是指食品在生产经营过程中接触食品的机械、管道、传送带、容器、用具、餐具等。随着化学工业与食品工业的发展，新的包装材料越来越多，在与食品接触时，某些材料的成分有可能迁移到食品中，造成食品的化学性污染，给人体带来危害。所以应该严格注意它们的卫生质量，防止有害物质向食品迁移以保证人体健康。

2. 放射性污染

食品吸附或者吸收外来的放射性核素，其放射性高于自然放射性本底时，称为食品的放射性污染。这些污染物在自然界中分布很广，可存在于矿石、土壤、水、大气及动植物的所有组织中。放射性核素主要通过水及土壤污染农作物、水产品、饲料等，并随食物链进入食品。污染环境和动物性食品的放射性核素的放射性很难消除，射线强度只能随时间的推移而衰减，一旦被人体摄取就会在人体内长期蓄积。与食品卫生意义有关的天然放射性核素主要为 ^{40}K、^{226}Ra。另外，^{210}Po、^{131}I、^{90}Sr、^{89}Sr、^{137}Cs 等。这些放射性物质直接或间接地污染食品，危害食用者的健康。

放射性物质对食品污染的特点是：种类较多，半衰期一般较长，被人摄取的机会多，有的在人体内可以长期蓄积。

3. 非生物性污染的控制与监测

（1）加强对化学性污染的控制与监测

①结合国际先进管理经验模式和我国的实际情况，建立动物性食品安全卫生质量全程监控体系；并认真贯彻《食品卫生法》《环境保护法》等法律法规，加强原料、生产加工、贮存、运输、销售全过程的各级预防和行政管理措施，从源头和根本上杜绝动物性食品的化学性污染。

②制定食品中环境化学污染物的最高允许限量，将污染物降低到实际可能达到的最低水平，并加强食品中环境化学污染物残留的监控。

③综合治理工业"三废"，并根据我国颁布的《农药登记规定》、《农药管理条例》和《农药安全使用标准》等文件的内容要求合理、安全使用农药，并且加强农药运输和贮存管理。

（2）加强对放射性污染的控制与监测

①加强对放射性污染源的卫生监督，严格执行动物性食品人工放射性核素限制浓度标准。

②严格执行国家食品卫生标准，对检出的放射性核素超标的食品，一律按章处理，保证人类不受放射性污染食品的危害。

（三）食物中毒

食物中毒是指摄入了含有生物性、化学性有毒有害物质的食品或把有毒有害物质当作食品摄入后出现的非传染性（不属于传染病）急性、亚急性疾病。其中包括感染和中毒两类病型，故又称"食物传染性疾病"。其共同特点：潜伏期短，来势急剧，短时间内可能有大量病人同时发病；所有病人都有类似的临床表现，一般都有急性胃肠炎的症状；病人在一段时间内都食用过同样食物，一旦停止食用这种食品，发病随即停止；发病曲线呈现突然上升又迅速下降的趋势，一般无传染病流行时的余波。

1. 食肉感染

食肉感染是指人类食用患病动物的产品或其制品而引发的某种传染性和寄生虫性疾病。带染有人畜共患病病原体的动物性食品，可经食肉感染给人，导致人畜共患病的传播和流行。

人畜共患病的危害因国家和地区而不同。在我国，据不完全统计，人畜共患病近200种之多，其中比较重要的有炭疽、鼻疽、布鲁菌病、结核病、伪结核病、沙门菌病、猪丹毒、破伤风、土拉杆菌病、军团病、李氏杆菌病、弯杆菌病、钩端螺旋体病、口蹄疫、甲型肝炎、乙型肝炎、狂犬病、Q热、日本乙型脑炎、轮状病毒病、猪囊尾蚴病、牛囊尾蚴病、棘球蚴病、旋毛虫病、弓形虫病、血吸虫病、住肉孢子虫病、肺吸虫病、华枝睾吸虫病、孟氏双槽蚴病等。人畜共患病不仅通过食物传染给人，危害人体健康，同时，也会因畜产品及废弃物处理不当，造成动物疫病流行，影响畜牧业的发展。因此，为了保障人类健康，促进畜牧业的发展，必须加强对动物性食品的卫生监督与检验，以防止食肉感染的发生。常见食肉感染的主要途径、人患主要病症见表1-1。食肉感染与食物中毒的区别见表1-2。

表1-1 常见的食肉感染

人畜共患病	主要传染源动物	主要感染途径	人患主要病症
炭疽	牛、羊、马、猪	接触、食入	炭疽痈、肠炭疽
布鲁菌病	牛、羊、猪	接触	波状热、关节炎、睾丸炎
结核病	牛、猪	食入	肺结核、肠结核
沙门菌病	猪、鸡、牛	食入	肠炎、食物中毒
猪丹毒	猪	创伤、食入	局部红肿疼痛、类丹毒
李氏杆菌病	牛、羊、猪	食入	脑膜脑炎
钩端螺旋体病	猪	接触	出血性黄疸
野兔热	兔	食入	局部淋巴结肿胀、菌血症
鼻疽	马	接触	局部溃疡
口蹄疫	猪、牛、羊	接触	手、足、口腔发生水泡、烂斑

续表

人畜共患病	主要传染源动物	主要感染途径	人患主要病症
旋毛虫病	猪、犬	食入	初期腹痛，后期肌肉疼痛
囊尾蚴病	猪、牛	食入	绦虫病、肌囊虫（极少）
弓形虫病	猪	食入	脾肿、发热、肺炎

表1-2 食肉感染与食肉中毒的区别

项目		病原	感染途径	症状	流行情况	潜伏期	病程
食肉感染		微生物、寄生虫、人兽互传染病原	接触食入	疾病不同症状各异	散发或陆续发生	潜伏期长短不一	较长
食肉中毒	急性	微生物及其毒素 化学毒物 生物性毒素	食入	恶心、呕吐、腹痛、腹泻、消化道症状	集中暴发	短（数分钟至几小时）	短
	慢性	真菌毒素 化学残毒	食入	慢性中毒致癌	散发	长（数日至数年）	长

2. 微生物性食物中毒

微生物性食物中毒是指因食用被中毒性微生物污染的食品而引起的食物中毒，包括细菌性食物中毒和霉菌毒素性食物中毒。

（1）沙门菌性食物中毒　沙门菌为肠杆菌科的一个菌属，有2000多个血清型，我国已发现100多个血清型。沙门菌食物中毒的潜伏期多为4~48h。主要症状为头痛、恶心、头晕、寒战、全身无力、食欲不振、呕吐、腹泻、腹痛、腹胀、发烧、体温高达38~40℃。重者可引起痉挛、脱水、休克等。急性腹泻以黄色或黄绿色水样便为主，有恶臭。以上症状可因病情轻重而反应不同。本病发病率高，死亡率低。

沙门菌的检验参照《GB 4789.4—2024 食品微生物学检验　沙门氏菌检验》的规定进行。此外，一些快速检验方法已有应用，如荧光抗体检查法、固相载体吸附免疫技术、免疫染色法等，具有快速、简便、特异等特点。

（2）葡萄球菌食物中毒　葡萄球菌食物中毒是由金黄色葡萄球菌的肠毒素引起的，葡萄球菌是通过患病动物的产品以及患化脓疮的从业人员及环境因素引起食品污染，在适宜的条件下大量繁殖并产生肠毒素。

葡萄球菌食物中毒的特征是发病突然，来势凶猛。潜伏期一般为2~4h，最短者为30min。主要症状为恶心、剧烈地反复呕吐、腹痛、腹泻等胃肠道不适。

金黄色葡萄球菌的检验参照《GB 4789.10—2016 食品微生物学检验　金黄

色葡萄球菌检验》的规定进行。此外，还可进行肠毒素的检测、血清学试验等。

（3）副溶血弧菌食物中毒　副溶血弧菌又称嗜盐杆菌、嗜盐弧菌，存在于海水和海产品中。该菌的致病菌株引起的食物中毒，位居沿海地区食物中毒之首，有明显的季节性，我国多发生在夏、秋季节（6～9月份）。引起中毒的水产品中以带鱼、墨鱼、黄花鱼、海蟹、海蜇为多。潜伏期一般为8～20h，最短为2h，也可长达数天。主要症状为腹痛、腹泻（轻者为水样便，重者为黏液便和黏血便）、恶心、呕吐、发烧，其次尚有头痛、发汗、口渴等症状。发病急促，来势凶猛，必须及时抢救。

副溶血弧菌的检验参照《GB 4789.7—2013 食品微生物学检验　副溶血性弧菌检验》的规定进行。

（4）肉毒梭菌食物中毒　肉毒梭菌食物中毒是由肉毒梭菌的外毒素引起的一种比较严重的食物中毒。中毒食品多为家庭自制发酵豆谷类制品，其次为肉类和罐头食品。主要是食品在调制、加工、运输、贮存的过程中污染了肉毒梭菌芽孢，该芽孢在适宜的条件下发芽、增殖并产生毒素所造成。肉毒毒素是一种神经毒素，是目前已知化学毒物与生物毒素中毒性最强的一种，对人的致死量为9～10mg/kg体重，毒力比氰化钾还要大1万倍。毒素在正常胃液中经24h不被破坏，但易被碱和热破坏，80℃加热30min或煮沸5～20min可破坏其毒性。

肉毒毒素是一种与神经亲和力较强的毒素，经肠道吸收后，作用于神经肌肉突触，阻止乙酰胆碱的释放，导致肌肉麻痹和神经功能不全。多发生在冬、春季。潜伏期长短不一，短者2h，长者可达数天，一般为1～7d。主要症状有头晕、无力、视力模糊、眼睑下垂、复视、咀嚼无力、张口困难、伸舌困难、咽喉阻塞感、饮水发呛、吞咽困难、头颈无力而垂头等。体温一般正常，病程一般为2～3d，也有长达2～3周之久的。肉毒梭菌食物中毒死亡率较高，可达30%～50%，主要死于呼吸麻痹和心肌麻痹。如早期使用特异性或多价抗血清治疗，病死率可降至10%～15%。

肉毒毒素的检验参照《GB/T 4789.12—2016 食品卫生微生物学检验　肉毒梭菌及肉毒毒素检验》的规定进行。

（5）蜡样芽孢杆菌食物中毒　蜡样芽孢杆菌在自然界分布很广，在各种动植物生、熟食品中都能分离到，该菌的肠毒素可引起食物中毒，肠毒素分为呕吐肠毒素和腹泻肠毒素两种，因而中毒的临床表现有呕吐型与腹泻型两种。呕吐型以恶心、呕吐为主，并有头晕、四肢无力的综合症状，腹泻则少见。潜伏期一般为0.5～5h。腹泻型以腹痛、腹泻为主，呕吐则少见。潜伏期一般为8～16h。两型均不发热，有时混合发生，致死率较低。由于蜡样芽孢杆菌对热有一定的抵抗力，能耐受100℃加热30min的热处理，故可在熟食物中迅速繁殖产生毒素，引起食物中毒。

蜡样芽孢杆菌的检验参照《GB 4789.14—2014 食品微生物学检验 蜡样芽孢杆菌检验》的规定进行。

（6）魏氏梭菌食物中毒 魏氏梭菌又称产气荚膜杆菌，是一种厌氧性芽孢杆菌。魏氏梭菌食物中毒多发生在夏、秋季节，中毒食物以鱼、肉及其制品为多见，中毒的原因主要是热处理不充分，冷却不及时，致使细菌大量繁殖产生毒素。A型魏氏梭菌食物中毒潜伏期一般为10~12h，临床表现为典型急性胃肠炎症状，如腹痛、腹泻，多为水样便，偶尔混有黏液和血液，并伴有恶心、发热，多数在1~2d恢复；C型魏氏梭菌引起的中毒症状较为严重，潜伏期一般为2~3h，临床症状表现为严重的下腹部疼痛，重度腹泻，便中带有血液、黏液，并伴有呕吐。严重者发生毒血症，死亡率可达35%~40%。

魏氏梭菌的检验参照《GB 4789.13—2012 食品微生物学检验 产气荚膜梭菌检验》的规定进行。

（7）病原性大肠埃希菌食物中毒 病原性大肠埃希菌的食物中毒性菌株可以通过耐热肠毒素（ST）和不耐热肠毒素（LT）引起食物中毒。我国主要发生于3~9月份的温热季节。中毒食物以熟肉制品、蛋及蛋制品、乳类、凉拌食物为主。中毒临床症状以急性胃肠炎症状为主，也有表现为急性菌痢症状的。潜伏期为8~44h。一般在进食后12~24h出现腹泻、呕吐，严重者呈水样便，伴发头痛、发热、腹痛，病程1~3d。

病原性大肠埃希菌的检验参照《GB/T 4789.6—2016 食品卫生微生物学检验 致泻大肠埃希氏菌检验》的规定进行。

（8）链球菌食物中毒 链球菌在自然界分布较广，引起食物中毒的主要是D群的粪链球菌和类粪链球菌。该食物中毒在我国多发生在5~11月份，中毒的食物以熟肉类、乳类、冷冻食品和水产品为多。临床主要表现为上腹部不适，恶心呕吐，腹痛、腹泻，偶有嗳气、头晕、头痛和低烧。症状轻，病程短，1~2d恢复正常，未见有死亡者。

链球菌的检验参照《GB 4789.11—2014 食品微生物学检验 β 型溶血型链球菌检验》的规定进行。

（9）变形杆菌食物中毒 变形杆菌为腐物寄生菌，在自然界广泛分布。该菌一般对人体无害，但当它在食品中大量繁殖，随食物进入人体可引起食物中毒。多发于夏、秋季节，中毒食物以熟肉及内脏冷盘最为常见。临床表现主要是急性肠胃炎症状，其次是过敏型。前者的潜伏期多为5~18h，短者仅1h。临床特征以上腹部刀绞样痛和急性腹泻为主，有的伴以恶心、呕吐、头痛、发热，体温一般在38~39℃，病程一般为1~3d，很少有死亡。

变形杆菌的检验参照《WS/T 9—1996 变形杆菌食物中毒诊断标准及处理原则》中附录 A 的规定进行。

（10）空肠弯曲菌食物中毒　空肠弯曲菌引起的食物中毒多见于夏、秋季节。潜伏期一般为 3~5d。主要临床症状是发热、腹痛、腹泻、水样便或血腥黏液便。严重腹痛时酷似阑尾炎。腹泻可持续 5~7d，多数患者 1 周左右即可恢复。但 20% 的病人出现病情复发或加重，也有死亡病例。

空肠弯曲菌的检验参照《GB 4789.9—2014 食品微生物学检验　空肠弯曲菌检验》的规定进行。

（11）小肠耶尔森菌食物中毒　小肠耶尔森菌是近年发现的食物中毒病原菌，中毒的临床表现比较复杂，但主要表现为急性胃肠炎。常见症状为腹痛、腹泻、发热，以及恶心、呕吐，有时伴发关节炎、结节性红斑，甚至出现败血症。腹痛多见于脐周和下腹部，部分患者呈现急性阑尾炎样回盲部疼痛。腹泻多为水样便，无黏液。腹部症状出现后，发生结节性红斑。

小肠耶尔森菌的检验参照《GB/T 4789.8—2016 食品微生物学检验　小肠结肠炎耶尔森氏菌检验》的规定进行。

3. 化学性食物中毒

引起食物中毒的化学物质包括有害元素（重金属、非金属）、食品添加剂、农药和其他化学毒物。

（1）有害元素食物中毒

①镉引起的食物中毒：镉的生物半衰期为 40 年，含镉工业废水排入水体，可使鱼、贝等水生生物受到污染，人摄入后主要在肾脏，其次在肝脏中蓄积，镉中毒主要表现为肾脏严重受损，发生肾炎和肾功能不全，出现蛋白尿、糖尿及氨基酸尿，骨质软化、疏松或变形，全身刺痛，易发生骨折。

《GB 2762—2022 食品中污染物限量》规定，食品中镉限量指标［允许最大浓度（MLs）］为：畜禽肉类（内脏除外）和鱼类 0.1mg/kg；禽蛋 0.05mg/kg。

②汞引起的食物中毒：汞及其化合物都是有毒物质，有机汞的毒性比无机汞大得多，汞的污染主要是由于汞矿及其他矿产的开采、冶炼和工农业生产的广泛应用。进入人体的汞，主要来自被污染的鱼、贝类，日本鹿儿岛水俣镇 1953 年发生的所谓"水俣病"就是一起汞中毒事件。当时该地区鱼体内汞含量曾高达 20~24mg/kg，致使一些微生物，特别是污泥中的微生物将无机汞转化为有机汞。甲基汞进入人体后不易降解，排泄很慢，在人体中的生物半衰期为 70d，主要蓄积于肝脏和肾脏，并通过血脑屏障进入脑组织，主要损害神经系统，急性中毒时可迅速昏迷、抽搐、死亡；慢性中毒可使四肢麻木、步态不稳、语言不清，进而发展为瘫痪麻痹、耳聋眼瞎、智力丧失、精神失常。此

外，甲基汞还可通过胎盘进入胎儿体内，导致畸胎率明显升高。因此，汞污染已被列为世界八大公害之一。

《GB 2762—2022 食品中污染物限量》规定，食品中汞限量指标（MLs）为：肉、鲜蛋总汞 0.05mg/kg；乳及乳制品总汞 0.01mg/kg；水产动物及其制品（肉食性鱼类及其制品除外）甲基汞 0.5mg/kg；肉食性鱼类及其制品（如鲨鱼、金枪鱼及其他）甲基汞为 1.0mg/kg。

③铅引起的食物中毒：铅在机体内的生物半衰期为 1460d，主要对神经系统、造血系统和消化系统有毒性作用。中毒性脑病是铅中毒的重要病症，表现为增生性脑膜炎或局部脑损伤。成年人血铅含量超过 0.8μg/mL 时，会出现明显的临床症状，表现为食欲不振、胃肠炎、口腔金属味、失眠、头晕、头痛、关节肌肉酸痛、腰痛、便秘、腹泻和贫血等。中毒者外貌出现"铅容"，牙齿出现"铅缘"。此外，还可导致肝硬化、动脉硬化，对心、肺、肾、生殖系统及内分泌系统均有损伤作用。

《GB 2762—2022 食品中污染物限量》规定，食品中铅限量指标（MLs）为：禽畜肉类（内脏除外）0.2mg/kg；鱼类 0.5mg/kg；鲜蛋 0.2mg/kg；乳及乳制品 0.2mg/kg。

④砷引起的食物中毒：砷及其化合物在有色玻璃、合金、制革、染料、医药等行业广泛使用。中毒表现为感觉异常、进行性虚弱、眩晕、气短、心悸、食欲不振、呕吐、皮肤黏膜病变和多发性神经炎，颜面、四肢色素异常，称为黑皮症和白斑，心、肝、脾、肾等实质脏器发生退行性病变，以及并发性溶血性贫血、黄疸等，严重时可导致中毒性肝炎、心肌麻痹而死亡。

《GB 2762—2022 食品中污染物限量》规定，食品中砷限量指标（MLs）为：肉及肉制品总砷 0.5mg/kg；鲜乳总砷 0.1mg/kg；水产动物及其制品（鱼类及其制品除外）无机砷 0.5mg/kg；鱼类及其制品无机砷 0.1mg/kg。

(2) 食品添加剂食物中毒

①发色剂：常用的发色剂有硝酸盐和亚硝酸盐。

《GB 2762—2022 食品中污染物限量》规定，食品中亚硝酸盐限量指标（MLs，以 $NaNO_2$ 计）为鲜乳 0.4mg/kg。

②油脂抗氧化剂：我国规定使用和已制定国家标准的油脂抗氧化剂有丁基羟基茴香醚（BHA）、二丁基羟基甲苯（BHT）和没食子酸丙酯（PG）。这三种油脂抗氧化剂毒性很小，较为安全。《GB 2760—2024 食品添加剂使用标准》允许使用的另一种抗氧化剂为 D-异抗坏血酸钠。

③防腐剂：我国允许使用和已制定国家标准的防腐剂有苯甲酸及其钠盐、山梨酸及其钾盐、亚硝酸及其盐类。

4. 生物毒素性食物中毒

(1) 河豚鱼中毒　引起人体中毒的是河豚毒素，河豚鱼毒素量因部位不同而有差异，河豚的卵巢、血液和肝脏毒性最强。河豚毒素中毒的特点为发病急速、剧烈，潜伏期10min至3h，首先感觉手指、唇和舌刺痛，然后出现恶心、呕吐、腹泻等肠胃炎症状，并有四肢无力，发冷，口唇、指尖和肢端麻痹，眩晕，重者瞳孔及角膜反射消失，四肢肌肉麻痹，以致身体摇摆、共济失调，甚至全身麻痹、瘫痪，或出现语言不清、紫绀、血压和体温下降。呼吸先迟缓浅表，后渐困难，以致呼吸麻痹，最后死于呼吸衰竭。

(2) 鱼类组胺中毒　组胺中毒是一种过敏型食物中毒。不新鲜的鱼含一定量的组胺，容易形成组胺的鱼类有青花鱼、金枪鱼、沙丁鱼等青皮红肉的鱼。组胺中毒主要是组胺使毛细血管扩张和支气管收缩，临床特点为发病快、症状轻、恢复快，潜伏期为数分钟至数小时，主要表现为颜面部、胸部以及全身皮肤潮红和眼结膜充血等。同时还有头痛、头晕、心悸、胸闷、呼吸频数和血压下降。体温一般不升高，多在1~2d恢复。

(3) 贝类中毒　贝类引起食物中毒的毒素为石房蛤毒素，属神经毒素，其毒性很强，可阻断神经和骨骼肌细胞间神经冲动的传导。中毒潜伏期为数分钟至数小时，中毒初期唇、舌、指尖麻木，继而腿、臂、颈部麻木，然后运动失调。伴有头痛、头晕、恶心和呕吐。随病程发展，呼吸更加困难，严重者在2~24h因呼吸麻痹而死亡。

(4) 甲状腺中毒　食用未摘除甲状腺的肉或误食甲状腺，可引起中毒。中毒潜伏期为12~24h，表现为头晕、头痛、心悸、烦躁、抽搐、恶心、呕吐、多汗，有的还见腹泻和皮肤出血。病程为2~3d，发病率为70%~90%，死亡率为0.16%。

(5) 肾上腺中毒　肾上腺中毒的潜伏期为15~30min，表现为头晕、恶心、呕吐、腹痛、腹泻，严重者瞳孔散大、颜面苍白。

(6) 肝脏和胆中毒　某些动物的肝脏和胆也可引起食物中毒，肝中毒主要是某些动物肝脏中所含的大量维生素A引起，表现为头痛、皮肤潮红、恶心、呕吐、腹部不适、食欲不振等症状，之后有脱皮现象，一般可自愈。动物胆中毒是由胆汁毒素引起的，潜伏期为5~12h，最短者为0.5h，初期表现恶心、呕吐、腹痛、腹泻等，之后出现黄疸、少尿、蛋白尿等肝、肾损害症状，中毒者出现循环系统和神经系统症状，可因中毒性休克和昏迷而死亡。

(四) 瘦肉精中毒

1. 盐酸克仑特罗 (clenbuterol, CL)

(1) 名称和化学性质　盐酸克仑特罗的化学名称是2-[(叔丁氨基)甲

基〕-4-氨基-3,5-二氯苯甲醇盐酸盐。白色或类白色的结晶性粉末,无臭,味苦。化学性质稳定,一般的加热方法不能将其破坏,加热到172℃时才能分解。

(2) 药理作用　盐酸克仑特罗是人工合成的 β-肾上腺素能受体兴奋剂之一,是一种强效激动剂,有强而持久的松弛支气管平滑肌的作用。常用其盐酸盐制成片剂或膜剂,用于治疗哮喘、慢性支气管炎、肺气肿等呼吸系统疾病,所以又称克喘素、氨哮素。加入洋金花制成的气雾剂称喘立平气雾剂。

盐酸克仑特罗能和大多数组织细胞膜上的 β-受体,特别是分布在血管平滑肌和细支气管平滑肌的 β-受体结合,激活细胞膜上的腺苷酸环化酶,cAMP又作为第二信使,引起细胞产生一系列变化:导致气管、支气管和血管的平滑肌松弛,骨骼肌收缩,过敏介质释放减少,并增加呼吸道纤毛运动,促使痰液排出。常用于防治哮喘性慢性支气管炎、肺气肿等呼吸系统疾病。

胃肠道吸收快,作用快,作用维持时间持久,人或动物服后 15~20min 即起作用,2~3h 血浆浓度达峰值,作用维持 5h 以上。盐酸克仑特罗在血中含量很低,而在尿中含量很高,人口服治疗量 20~40μg 后,在血中质量浓度低于 0.15ng/mL,而尿中最高质量浓度达 10~20ng/mL,48h 后尿中质量浓度下降至 1~2ng/mL。

大量(5~10 倍治疗量)使用盐酸克仑特罗,可以重新分配脂肪与肌肉的比例,故又称营养重新调配剂。以盐酸克仑特罗作为动物生长促进剂,提高畜牧生产效益,被称为"瘦肉精"。

(3) 毒性作用

①小动物:小鼠、豚鼠静脉注射盐酸克仑特罗的半数致死量分别为 27.6mg 和 12.6mg。

②猪:盐酸克仑特罗作为营养重新调配剂,常采用混饲给药,以 1~3mg/kg 饲料饲养猪 1~3 个月,可造成药物蓄积,主要蓄积于内脏(肝脏、肺脏)、毛发和视网膜。在肝脏中去甲基后从尿中排出,肌肉中含量较肝脏低很多。体内留存时间较长,造成药物残留。

③残留时间:用药以后 1d 内盐酸克仑特罗可出现在尿及身体各器官中,在肝脏中可保留数天,但在视网膜组织中至少可保留 5 个月。

吃了"瘦肉精"的猪,其肉在色、味上无特别之处,人们靠肉眼无法辨认。

2. 猪盐酸克仑特罗中毒的症状

(1) 主要症状　初期进食减少,腿脚无力;症状加重以后,严重减食,体重下降,肌肉颤抖,或肌肉萎缩,卧地不起。浅表血管扩张,前肢屈曲,后肢僵直,不能起立,瘫痪,直到死亡。

(2) 肉眼病变　无特征病变。但是可以发现：病死猪卧地不起，着地部位损伤感染化脓，关节肿胀；心肌松弛，肺气肿，肝脏、脾脏、淋巴结充血，肾上腺体积缩小，卵巢囊肿，胃脏膨胀，髂动脉增粗。

(3) 显微变化　神经系统的特征如下：大脑神经原变性、坏死，出现噬神经元现象，胶质细胞增生，血管淤血，有软化灶；小脑普金野细胞坏死消失；脊髓白质脱髓鞘，灰质神经元皱缩；心肌纤维变性、肌纤维溶解；骨骼肌肌纤维溶解，出现坏死灶；脾脏白髓减少，鞘动脉闭合；淋巴结淋巴组织萎缩，间质增生。

血管内出现血栓，血管平滑肌变性。肺脏气肿，肝脏细胞肿胀，细胞核浓缩。肾脏肾小管上皮细胞水肿，肾小球坏死，肾小管内出现蛋白尿。胃脏、胃壁神经节细胞空泡化、坏死。

3. 人盐酸克仑特罗中毒的症状

据不完全统计，1998年以来，相继发生18起瘦肉精中毒事件，中毒人数达1700多人，死亡1人。

人食用含盐酸克仑特罗较高的动物组织后15min～6h出现症状，症状持续90min至6d，症状可逆。按中毒量20μg计算，食用猪肝80～100g即可中毒。心率加速，心悸，特别是原有心律失常的病例更易发生心脏反应，可见心室早搏、ST段与T波幅低。肌肉震颤，肌痛。头痛、头晕、目眩、恶心、呕吐。胸闷、面部潮红。瘦肉精中毒能让人产生"特别"的兴奋。代谢紊乱，能引起血乳酸、丙酮酸升高，并可出现酮体。糖尿病人应用这一药物应注意可能会引起酮中毒或酸中毒。

此外，还能引起血钾含量降低，过量应用或与糖皮质激素合用时，有可能引起低钾血症，从而导致心律失常。反复用药后发生低敏感现象也很常见，表现为支气管扩张作用明显减弱，作用持续时间缩短。对高血压、心脏病、甲状腺机能亢进、前列腺肥大的人有生命危险。也有专家认为，"瘦肉精"有可能使人体致畸、致癌。

4. 盐酸克仑特罗的管理

1997年农业部下令禁止使用盐酸克仑特罗喂猪。农业部和原国家医药监督管理局于2000年4月发文，禁止生产、销售和使用盐酸克仑特罗。原卫生部《关于加强肉及肉制品管理的紧急通知》要求，对无卫生许可证的非法生产经营者，要坚决取缔，对私屠滥宰、不符合《肉类加工厂卫生规范》的生产经营企业要依法进行查处，有条件的地区应加强肉及肉制品中违禁兽药残留量的监测。原国家食品药品监管管理局于2005年6月1日发出的《关于加强盐酸克仑特罗管理的通知》强调，任何单位和个人不得非法生产、销售盐酸克仑特罗，违反规定者将按《反兴奋剂条例》和药品监督管理的相关法规进行处罚。

实操训练

实训一 细菌总数的测定

（一）技能目标

掌握食品细菌总数测定的方法、菌落计数、报告方式和经常食用的各类动物性食品的细菌总数标准。

（二）原理

菌落总数是指食品经过处理，在一定条件下培养后，所得1g或1mL检样中所含的细菌菌落总数。菌落总数主要作为判别食品被污染程度的标志，也可以应用这一方法观察细菌在食品中繁殖的动态，以便对被检样品进行卫生学评价时提供依据。

菌落总数并不表示样品中实际存在的所有细菌总数，菌落总数并不能区分其中细菌的种类，所以有时被称为杂菌数、需氧菌数等。

（三）器材和试剂

恒温箱、天平、灭菌试管、吸管、灭菌平皿、乳钵、剪子和镊子、稀释液、营养琼脂等。

（四）方法步骤

1. 检样稀释及培养

（1）以无菌操作，取检样25g（或25mL），放于225mL灭菌生理盐水或其他稀释液的灭菌玻璃瓶内（瓶内预置适当数量的玻璃珠）或灭菌乳钵内，经充分振摇或研磨制成1:10的均匀稀释液。固体检样在加入稀释液后，最好置灭菌均质器中以8000~10000r/min的速度处理1min，制成1:10的均匀稀释液。

（2）用1mL灭菌吸管吸取1:10稀释液1mL，沿管壁徐徐注入含有9mL灭菌生理盐水或其他稀释液的试管内，振摇试管混合均匀，制成1:100的稀释液。

（3）另取1mL灭菌吸管，按上项操作顺序，制10倍递增稀释液，如此每递增稀释一次即换用1支1mL灭菌吸管。

（4）根据标准要求或对污染情况的估计，选择2~3个适宜稀释度，分别在制 10 倍递增稀释液的同时，以吸取该稀释度的吸管移取 1mL 稀释液于灭菌平皿中，每个稀释度做两个平皿。

（5）将晾至 46℃ 的营养琼脂培养基注入平皿约 15mL，并转动平皿，混合均匀。同时将营养琼脂培养基倾入加有 1mL 稀释液（不含样品）的灭菌平皿内作空白对照。

（6）待琼脂凝固后，翻转平板，置 36℃±1℃ 恒温箱内培养 24h±2h（肉、水产品、乳、蛋为 48h±2h），取出计算平板内菌落数目，乘以稀释倍数，即得每克（每毫升）样品所含菌落总数。

2. 菌落计数和报告

（1）操作方法　达到培养时间后，计数每个平板上的菌落数。可用肉眼观察，必要时用放大镜检查，以防遗漏。在记下各平板的菌落总数后，求出同稀释度的各平板平均菌落数，计算原始样品中每克（或每毫升）中的菌落数，进行报告。

（2）达到规定培养时间后应立即计数。如果不能立即计数，应将平板放置于 0~4℃，但不得超过 24h。

（3）计数时应选取菌落数在 30~300 个菌落的平板（出入境检验检疫行业标准要求为 25~250 个菌落），若有 2 个稀释度均在 30~300 个菌落时，按国家标准方法要求应以二者比值决定，比值小于或等于 2 时取平均数，比值大于 2 时则其较小数字（有的规定不考虑其比值大小，均以平均数报告）。

（4）若所有稀释度均不在计数区间，如均大于 300 个菌落，则取最高稀释度的平均菌落数乘以稀释倍数报告之。如均小于 30 个菌落，则以最低稀释度的平均菌落数乘以稀释倍数报告之。如菌落数有的大于 300 个菌落，有的又小于 30 个菌落，但均不在 30~300 个菌落，则应以最接近 300 个菌落或 30 个菌落的平均菌落数乘以稀释倍数报告之。如所有稀释度均无菌落生长，则应按小于 1 个菌落乘以最低稀释倍数报告之。有的规定对上述几种情况计算出的菌落数按估算值报告。

（5）不同稀释度的菌落数应与稀释倍数成反比（同一稀释度的 2 个平板的菌落数应基本接近），即稀释倍数越高菌落数越少，稀释倍数越低菌落数越多。如出现逆反现象，则应视为检验中的差错（有的食品有时可能出现逆反现象，如酸性饮料等），不应作为检样计数报告的依据。

（6）当平板上有链状菌落生长时，如呈链状生长的菌落之间无任何明显界限，则应作为一个菌落计，如存在有几条不同来源的链，则每条链均应按一个菌落计算，不要把链上生长的每一个菌落分开计数。如有片状菌落生长，该平板一般不宜采用，如片状菌落不到平板的一半，而另一半又分布均匀，则可以半个平板的菌落数乘以 2 代表全平板的菌落数。

(7) 当计数平板内的菌落数过多（即所有稀释度均大于 300 时），但分布很均匀时，可取平板的 1/2 或 1/4 计数，再乘以相应稀释倍数作为该平板的菌落数。

(8) 菌落数的报告，按国家标准方法规定菌落数在 1~100 个菌落时，按实有数字报告，如大于 100 个菌落时，则报告前面两位有效数字，第三位数按四舍五入计算。固体检样以克（g）为单位报告，液体检样以毫升（mL）为单位报告，表面涂擦则以平方厘米（cm^2）报告。

（五）实训报告

根据食品检样测定的方法、结果，报告被检食品的菌落总数，并对检样进行卫生评价，写出实训报告。

实训二 大肠菌群的测定

（一）技能目标

(1) 了解大肠菌群在食品卫生检验中的意义。
(2) 学习并掌握大肠菌群的检验方法。

（二）原理

大肠菌群系指一群能发酵乳糖、产酸、产气、需氧和兼性厌氧的革兰阴性无芽孢杆菌。该菌主要来源于人、畜粪便，故以此作为粪便污染指标来评价食品的卫生质量，具有广泛的卫生学意义。它反映了食品是否被粪便污染，同时间接地指出食品是否有肠道致病菌污染的可能性。食品中大肠菌群数系以每 100g（或 100mL）检样内 MPN 表示。

（三）器材和试剂

1. 样品

乳、肉、禽蛋制品或其他动物性食品。

2. 菌种

大肠埃希菌（*Escherichia coli*）、产气肠杆菌（*Enterobacteria aerogenes*）

3. 培养基和试剂

单料乳糖胆盐发酵管、双料乳糖胆盐发酵管、乳糖胆盐发酵管、伊红美蓝琼脂（EMB）、革兰染色液。

4. 其他

恒温箱、恒温水浴锅、药物天平、培养皿、载玻片、灭菌均质器等。

(四) 方法步骤

1. 样品稀释

(1) 以无菌操作，取检样 25g（或 25mL），放于 225mL 灭菌生理盐水或其他稀释液的灭菌玻璃瓶（瓶内预置适当数量的玻璃珠）或灭菌乳钵内，经充分振摇或研磨制成 1:10 的均匀稀释液。固体检样在加入稀释液后，最好置灭菌均质器中以 8000~10000r/min 的速度处理 1min，制成 1:10 的均匀稀释液。

(2) 用 1mL 灭菌吸管吸取 1:10 稀释液 1mL，沿管壁徐徐注入含有 9mL 灭菌生理盐水或其他稀释液的试管内，振摇试管混合均匀，制成 1:100 的稀释液。

(3) 另取 1mL 灭菌吸管，按上项操作顺序，制 10 倍递增稀释液，如此每递增稀释一次即换用 1 支 1mL 灭菌吸管。

(4) 根据标准要求或对污染情况的估计，选择 3 个适宜稀释度，分别在制 10 倍递增稀释的同时，以吸取该稀释度的吸管移取 1mL 稀释液于灭菌平皿中，每个稀释度做 3 个平皿。

2. 乳糖发酵试验

根据食品卫生要求或对检样污染程度的估计，选择 3 个稀释度，每个稀释度接种 3 管乳糖胆盐发酵管。接种量在 1mL 以上者用双料乳糖胆盐发酵管，1mL 及 1mL 以下者用单料乳糖胆盐发酵管，同时用大肠埃希菌和产气肠杆菌混合菌种接种于 1 支作单料乳糖胆盐发酵管对照中。置 36℃±1℃ 恒温箱内培养 24h±2h，如所有发酵管都不产气，则可报告为大肠菌群阴性；如有产气者则与对照的混合菌种一起按以下程序进行。

(1) 分离培养　将产气的发酵管分别在伊红美蓝琼脂（EMB 琼脂）平板上划线分离。然后置 36℃±1℃ 恒温箱内，培养 18~24h 后取出，观察菌落形态，并作革兰染色和证实试验。

(2) 证实试验　在上述平板上，挑取可疑大肠菌落 1~2 个进行革兰染色，同时接种乳糖发酵管，置 36℃±1℃ 恒温箱培养 24h±2h，观察产气情况，凡乳糖管产气、革兰染色为阴性者为无芽孢杆菌，即可报告为大肠菌群阳性。

(五) 实训报告

根据证实为大肠杆菌阳性的管数，查 MPN 表，报告每 100mL（100g）大肠菌群的 MPN 值，并对检样进行卫生评价，写出实训报告。

> **项目思考**

  1. 进行动物性食品卫生检验的意义是什么？

  2. 结合本地情况，了解动物性食品易受哪些方面的污染？

  3. 什么是内源性污染、外源性污染、食物传染、食物中毒、休药期、菌落总数、大肠菌群？

  4. 动物性食品污染的来源和途径有哪些？

  5. 食物中毒分为哪几类？引起食物中毒的常见微生物、化学物质、有毒生物组织各有哪些？

  6. 对动物性食品进行菌落总数和大肠菌群测定的意义是什么？

  7. 进行细菌总数和大肠菌群数测定时，哪些步骤易出现误差？

  8. 简述盐酸克仑特罗对人体的危害及其控制。

项目二 屠宰加工企业的建立和宰前检验

知识目标

1. 了解屠宰加工场所选址和布局的卫生要求及屠宰污水处理系统工作机制；掌握屠宰污水处理的方法和相关国家卫生标准。
2. 理解屠宰畜禽收购与运输检疫的目的和意义。
3. 掌握屠宰畜禽收购和运输检疫的方法与兽医卫生监督。
4. 理解屠畜禽宰前管理的意义。
5. 掌握屠畜禽临宰检疫的程序和方法。

技能目标

1. 能为屠宰加工企业选择合适的场所，并能为其做出布局合理、卫生条件良好的设计。
2. 能按照国家卫生标准对屠宰污水的各项指标进行测定。
3. 能正确进行收购检疫和运输检疫。
4. 能对屠畜禽进行宰前管理。
5. 能进行畜禽的群体检查和个体检查。
6. 能熟练开展临宰检疫。

必备知识

一、屠宰加工企业的建立和卫生要求

屠宰加工企业是集中屠宰加工畜禽，为人类提供肉食和肉制品及其他副产品的场所。屠宰场所与肉食品卫生、环境卫生关系极为密切，如果卫生管理不当，将成为人、畜疫病的散播地、自然环境的污染源。为了保障肉食的卫生安全，控制畜禽疫病的传播，必须加强对屠宰加工场所的兽医卫生监督。屠宰加工场所的设置符合卫生要求，在生产过程中要加强消毒和污染的监控。

（一）屠宰加工企业选址和布局的卫生要求

合理选择屠宰加工厂（场）厂址，在兽医公共卫生方面具有重要意义。如果厂址选择不当，屠宰加工厂（场）将成为散播畜禽疫病的疫源地，危及人民群众的健康。因此，建立屠宰加工厂（场）时，厂址的选择及建筑设计必须符合卫生要求，并应尊重民族习惯，将生猪屠宰场和牛、羊屠宰场分开建立。

1. 屠宰加工企业选址的卫生要求

（1）屠宰加工企业合理选址的意义　保证环境卫生，防止人兽共患病和畜禽疫病的传播。屠宰加工企业是肉用畜禽的集散地，在加工和运输过程中，如果没有严格执行兽医卫生检验和进行严格的兽医卫生管理，屠宰加工企业就会成为人兽共患病和畜禽疫病的污染源和散播地。

（2）厂（场）址选择的基本卫生要求　根据《GB/T 20094—2006 屠宰和肉类加工厂企业卫生注册管理规范》的规定，屠宰厂（场）的选址要求归纳起来主要有以下几点。

①选址建设：新建屠宰加工企业须经当地城市规划部门及卫生机关的批准。少数民族地区，应尊重民族的风俗习惯，将生猪屠宰场和牛羊屠宰场分开建立。

②防止污染：屠宰加工企业应远离交通要道、居民区、医院、学校、水源及其他公共场所至少 500m 以上，位于水源和居民点下游、下风向，以免污染居民区的水源、空气和环境。

③地势：地势平坦，且有一定的坡度，以便于车辆运输和污水的排放。地下水位离地面的距离不得低于 1.5m，以保持场地的干燥和清洁。

④厂（场）区内的道路、地面：应为柏油或水泥，以减少尘土污染，便于清洗和消毒。为防止其他动物入内，场区周围应围有 2m 高的围墙。

⑤厂（场）区绿化：在选址布局时还应考虑厂（场）区的环境绿化，以防止风尘和调节空气。

⑥用水：应有完善的供水与下水系统。

⑦废物处理：厂（场）内必须设有无害化处理粪便、胃肠内容物的场所和设备。屠宰污水和粪便经无害化处理后方可排放和运出。

2. 屠宰加工企业场址布局的卫生要求

屠宰加工企业总体设计要符合科学管理、方便生产和清洁卫生的原则，各车间和建筑物的配置布局要合理,既要相互连贯又要做到病、健隔离,防止原料、产品、副产品和废弃物的转运造成交叉污染,甚至传播疫病。屠宰场建筑布局卫生见图 2-1。

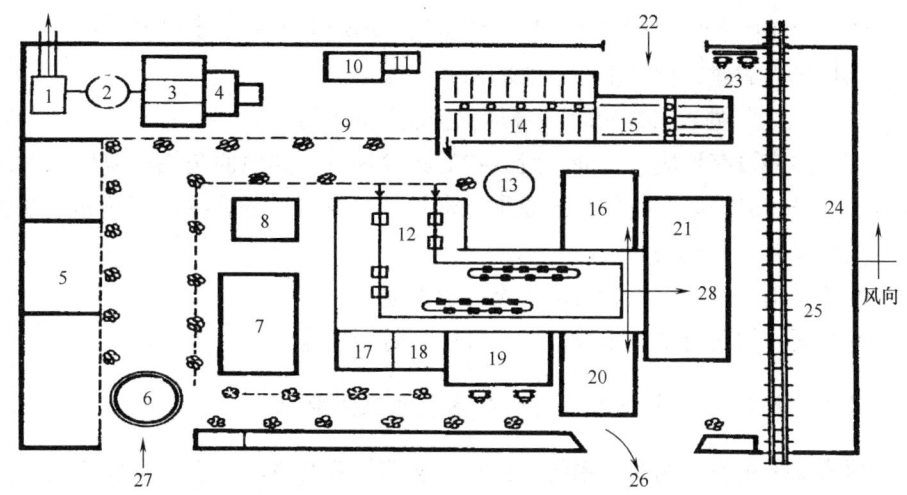

图 2-1　屠宰场建筑布局卫生要求示意图

1—沉淀池　2—生物池　3—曝气池　4—集污池　5—行政区　6—花坛　7—办公室
8—化验室　9—无害处理区　10—化制间　11—急宰间　12—屠宰间　13—水塔
14—候宰圈　15—验收圈　16—复制品间(二层)　17—皮张间　18—内脏整理间
19—发货场(冷却装置)　20—分割肉间(二层)　21—机器房(多层)　22—活猪进厂门
23—车辆洗消站　24—生活区　25—铁路专线　26—成品出厂门　27—厂大门　28—冷库

(1) 各区之间应有明确的分区标志,尤其是宰前饲养管理区、生产区和病畜隔离及污水处理区,应以围墙隔离,设专门通道相连,并要有严密的消毒措施。

(2) 生活区和生产车间应保持相当的距离。

(3) 肉制品、生化制药、炼油等生产车间应远离饲养区。

(4) 病畜隔离圈、急宰间、化制间及污水处理场所应在生产加工区的下风点。

(5) 锅炉房应临近使用蒸汽的车间及浴室附近,距食堂也不宜太远。

(6) 防止交叉污染　各厂区内人员的交往,原料(活畜等)、成品及废弃物的转运应分设专用的门户与通道,成品与原料的装卸站台也要分开,以减少污染的机会。

(7) 各个建筑物之间的距离应不影响彼此间的采光。

(8) 主生产区　大型的肉类联合加工厂至少有 2 幢多层的大楼组成,即屠宰加工楼和肉食品加工楼。在两幢楼之间应设有架空轨道。中小型肉联厂或屠宰场因日屠宰量不大，加工流水线不长，因而生产加工车间一般为单层设置，不必分楼层设置，但卫生要求与大型肉类联合加工厂相同。

(9) 厂区的环境卫生要求

①屠宰车间和分割车间所在厂区的路面、场地应平整、无积水。

②厂区内的建筑物周围和道路的两侧应绿化。

③"三废"处理必须符合《环境保护法》的规定。

④厂内应设有垃圾、畜粪、废弃物的集存场所。其地面与围墙应便于冲洗消毒。运送垃圾等废弃物的车辆必须是密封（不渗水）的，这些车辆还应配备清洗消毒设施及存放场所。

⑤所有出入口均应设置与门等宽的消毒池。

⑥车间外厕所应采用水冲式的，且应有防蝇设施。

（二）屠宰加工企业加工场所和系统的卫生要求

屠宰加工企业的场所和系统包括畜禽宰前饲养管理场、病畜禽隔离圈、候宰间、屠宰加工车间、分割车间、急宰车间、化制车间、供水系统及污水处理系统等。

1. 宰前饲养管理场

（1）宰前饲养管理场的规模　宰前饲养管理场是对屠畜禽实施宰前检疫、宰前休息管理和宰前停饲管理的场所。宰前饲养管理场储备畜禽的数量，以能保证每天屠宰的需要量为原则，容量一般为日屠宰量的2~3倍。

（2）卫生要求

①宰前饲养管理场应自成独立的系统，与生产区相隔离，并保持一定的距离。

②应设有畜禽卸载台、地秤、供宰前检疫和检测体温用的分群圈（栏）和预检圈、病畜隔离圈、健畜圈、供宰前停食管理的候宰圈，以及饲料加工调制车间等。

③所有建筑和生产用地的地面应以不渗水的材料建成，并保持适当的坡度，以便排水和消毒。地面不宜太光滑，防止人、畜滑倒跌伤。

④宰前饲养管理场的圈舍应采用小而分立的形式，防止疫病传染。每头牲畜所需面积为牛 $1.5 \sim 3m^2$、羊 $0.5 \sim 0.7m^2$、猪 $0.6 \sim 0.9m^2$。

⑤每天清除粪便，定期进行消毒。

⑥应设有车辆清洗、消毒场，备有高压喷水龙头、洗涮工具与消毒药剂。

⑦应设有兽医工作室，建立完整的兽医卫生管理制度。

2. 病畜禽隔离圈

(1) 建筑设施的卫生要求　畜禽隔离圈是用于收养宰前检疫中剔除的有病的，尤其是怀疑有传染病的畜禽。其容畜量应不少于宰前饲养管理场的1%。隔离圈与宰前饲养管理场和急宰间应保持联系，而与其他部门严格隔离。一切用具均应专用，应设专用的粪尿处理池，粪尿需经消毒后方可运出或排放入污水处理系统。还应备有密闭的尸体专用车。出入口要设消毒池。

(2) 卫生管理　应派专人专职管理，管理人员不得与其他部门随意来往。要有更加严格的消毒措施，每天至少全面消毒一次，若一天中有多批病畜禽进入或移出，每次移出后的圈舍都应消毒一次。

3. 候宰间

(1) 建筑设施的卫生要求　候宰间是屠畜禽宰前停留休息的地方，其建筑应与屠宰加工车间相毗邻。候宰间的大小应以能圈养1d屠宰加工的屠畜禽量为宜。候宰间由若干个小圈组成，在建筑上应做到墙壁光滑，地面不渗水，易于冲洗、消毒。候宰间内应光照充足，设有良好的饮水设备和淋浴间，淋浴间应紧连屠宰加工车间。

(2) 卫生管理　候宰间应有专人进行卫生管理。每天工作结束时应进行彻底的清洗与消毒。若发现病畜禽时，应随时消毒。应经常对淋浴设施进行检修，保证喷水流畅。

4. 屠宰加工车间

屠宰加工车间是肉联厂或屠宰场最重要的车间，是卫检人员履行其职责的主要场所。其卫生状况对肉及其制品质量的影响极大，因此，严格执行屠宰车间的兽医卫生监督，是保证肉品原料卫生的重要环节。做到病、健隔离，原料与成品隔离，生、熟食品生产隔离，原料、成品、废弃物的转运不得交叉，进出应有各自专用的门径，所有设备要保持清洁，产品不得落地。

(1) 建筑设施的卫生要求

①车间内墙面：应用不透水的材料建成。在离地2m（屠宰室为3m）以上的墙壁上，用白色瓷砖铺砌墙裙。

②车间地面：最好用水泥纹砖铺盖，并形成1°~2°的倾斜度，起到防滑和便于排水的作用。

③边角：地角、墙角、顶角必须设计成弧形，并有防鼠设施。

④车间高度：天花板的高度，在垂直放血处宰牛车间不低于6m，其他部分不低于4.5m。

⑤门窗：密闭性能好、不变形的材料制作。内窗台宜设计成向下倾斜45°斜坡或采用无窗台构造，使其不能放置物品。窗户与地面面积的比例为1:4~1:6，以保证车间有充足的光线。人工照明时，应选择日光灯，不应使用有色

灯和高压水银灯。

⑥兽医检验点：应设有操作台，并备有冷、热水和刀具消毒设备。

⑦通道：楼梯及扶手、栏板均应做成整体式，面层应采用不渗水材料制作。楼梯与电梯应便于清洗消毒。

⑧特殊屠宰设施：屠宰供应少数民族食用的畜类产品的屠宰厂（场），要尊重民族风俗习惯；使用祭牲法宰杀放血时，应设有使活畜仰卧固定装置。

（2）传送装置的卫生要求

①架空轨道：使屠体的整个加工过程在悬挂状态下进行，既可减少污染，又能节省劳力。从生产流程的主干轨道，分出若干岔道，以便随时将需要隔离的疑似病畜胴体从生产流程中分离出来。畜禽放血处要设有表面光滑的金属或水泥斜槽，以便收集血液。

②同步检验装置：在悬挂胴体的架空轨道旁边，应设置同步运行的内脏和头的传送装置（或安装悬挂式输送盘），以便兽医卫检人员实施"同步检验"，综合判断。

③传送装置：为了减少污染，屠宰加工车间与其他车间的联系，最好采用架空轨道和传送带。

（3）车间通风的要求　车间内应有良好的通风设备。在我国北方的冬季，应安装去湿除雾机。南方夏季应安装降温设备。

（4）上、下水系统的卫生要求　车间内需备有冷、热水龙头，以便洗刷、消毒器械和去除油污。热水龙头尽量不用手动的，消毒用水水温不低于82℃。

（5）屠宰加工车间的卫生管理　屠宰加工车间的卫生状况直接影响到产品的质量，因此，必须做到制度化、规范化和经常化。具体要求如下。

①消毒池：车间门口应设与门等宽且不能跨越的消毒池，池内的消毒液应经常更换。

②光线：保持充足的光线，人工光源应达到要求的照度，冬季应配备除雾、除湿设备。

③加工卫生：经常保持清洁，每天生产完毕后用热水洗刷。在整个生产过程中，要防止任何产品落地，严禁在地上堆放产品。烫池的热水应每 4h 更换一次，清水池要有进有出，保持清洁卫生。严禁在屠宰加工车间进行急宰。

④血液应收集：专用容器或血池中，经消毒或加工后方准出厂。供医疗或食用的血液应分别编号收集，经检验确认为来自健康屠畜时方可利用。

⑤废弃品：要妥善处理，严禁喂猫、喂狗或直接运出厂外作肥料。

5. 分割车间

分割车间是将屠宰后的家畜胴体或光禽按部位进行分割、包装和冷冻加工的场所。

(1) 建筑设施的卫生要求

①位置：分割车间一端应紧靠屠宰加工车间，另一端应靠近冷库，这样便于原料进入和产品及时冷冻。

②组成：分割车间应设有分割肉预冷间、加工分割间，其分割产品再进入成品冷却间、包装间、冻结间及成品冷藏间。还应设有更衣室、磨刀间、洗手间、下脚料贮存发货间等。

③加工卫生：所有墙壁均应用瓷砖贴面，加工分割间应安装空调，热分割加工环境温度不得高于20℃，冷分割加工环境温度不得高于15℃。应设有冷、热水洗手龙头和热水消毒池，消毒池水温应达到82℃以上。所有水龙头应是触碰式或脚踩式的。

(2) 卫生管理

①工作人员：勤剪指甲、经常性消毒、穿戴工作衣帽（每天换洗和定期消毒），无开放性传染病、化脓性疾病，身体健康。

②工作场所：每天用不低于82℃的热水冲洗，还应定期（最少每周2次）以2% NaOH溶液消毒，地面每周应消毒2次。

6. 急宰车间

(1) 建筑设施的卫生要求　急宰车间是对非烈性传染病病畜禽进行紧急宰杀的场所。

①位置和组成：急宰车间应位于病畜隔离圈的侧方。包括屠宰室、冷却室、有条件利用肉的无害化处理室、胃肠加工室、皮张消毒室、尸体和病料化制室，同时应设有专用的更衣室、淋浴室、污水池、粪便处理池。

②废弃物处理：整个车间的污水和粪便必须经严格消毒后方可排入本场污水处理系统。

(2) 卫生管理　急宰车间除应遵守屠宰加工车间的卫生原则外，还应有一些特殊的卫生要求：

①人员：急宰车间的工作人员应相对稳定，应注意个人防护。

②动物：凡送往急宰间的屠畜禽，需持有兽医开具的急宰证明。凡确诊为烈性传染病的牲畜，一律不得急宰。

③产品：所有产品，均须经无害化处理后方可出厂。

④加工厂所、用具：每次工作完毕后，应进行彻底消毒。5%热碱水或含6%有效氯的漂白粉液对地面、用具等消毒。

7. 化制车间

化制车间是专门处理废弃品的场所。它是利用专门的高温设备，杀灭废弃品中的病原体，以达到无害化处理的目的。从保护环境、防止污染的角度出发，各屠宰加工企业，都应建立化制车间。

(1) 建筑设施的卫生要求　化制车间的工艺布局应严格地分为两个部分：第一部分为原料接收室、解剖室、化验室、消毒室等。第二部分为化制室和成品贮存室等。两个部分一定要用死墙绝对分开。第一部分分割好的原料，只能通过一定的孔道，直接进入第二部分的化制锅内。

(2) 卫生管理

①人员要相对稳定，严格遵守卫生操作规程，在上述两个部分工作的人员，工作时间严禁相互来往，更不准随便交换刀具、工作服和其他用品，以免发生污染。

②要特别注意个人的防护，防止受到人兽共患病的感染。

③由化制车间排出的污水，不得直接通入下水道，必须经过严格的消毒处理之后，排入屠宰加工企业的污水处理系统进行净化处理。

8. 供水系统

屠宰加工企业在日常生产中要消耗大量的水，水质的好坏直接影响畜禽肉及其产品的卫生质量。因此，生产用水必须符合《GB 5749—2022 生活饮用水卫生标准》的规定。水源以市政部门供应的自来水为最好。若工厂自备水源，应进行必要的检验和卫生评价，符合国家生活饮用水卫生标准后方可供生产用。自备水源的周围地域要加以防护，以免水源受到污染。

9. 污水处理系统

所有的屠宰加工企业，都必须建有污水处理系统（大、中城市的肉类联合加工厂附近设有城市污水处理系统的除外）。屠宰加工企业的一切污水，都必须经污水处理系统净化处理并消毒后，方可排入公共下水道或河流。

（三）屠宰加工场所的消毒

屠宰加工企业是生产肉品的主要工厂。鉴于屠宰的动物来源广泛、健康情况复杂，不可避免地有带菌畜进入屠宰加工过程而引起一定的污染。为此，屠宰加工企业必须经常消毒。根据病原体传播的途径，消毒的范围应包括病畜通过的道路，停留过的圈舍，与病畜接触过的工具、饲槽、车船，生产车间的地面、墙裙、设备、用具，病畜的排泄物、分泌物、血污，各种人员的刀具、工作服、手套、胶靴等。

1. 车间的消毒

屠宰加工企业各生产车间的消毒，按卫生条例规定有经常性消毒和临时性消毒两种。

(1) 经常性消毒　经常性消毒是指在日常清洁扫除的基础上所进行的消毒，每日工作完毕，必须将全部生产地面、墙裙、通道、排水沟、台桌、设备、用具、工作服、手套、围裙、胶靴等彻底洗刷干净，并用82℃左右的热水进行消毒。按规定，每周进行一次大消毒。在彻底扫除、洗刷的基础上对生产地面、墙裙和主要设备用1%~2%的氢氧化钠溶液或2%~4%的次氯酸钠溶液进行喷洒消毒，保持1~4h后，用水冲洗。据实验，1%氢氧化钠溶液能在很短时间内杀灭猪的主要病原体，如猪瘟病毒、猪丹毒杆菌、猪巴氏杆菌等，其中加入5%~10%食盐时，还可提高对炭疽菌的杀灭能力，此外，还具有去油腻的作用。刀和器械可用82℃左右的热水消毒或0.015%的碘溶液消毒。工作人员的手用75%的乙醇擦拭消毒或用0.0025%的碘溶液洗手消毒。该碘溶液无刺激、无气味、无染色性，具有较强的清洁效力。胶鞋、围裙等胶制品，用2%~5%的福尔马林溶液进行擦洗消毒。工作服、口罩、手套等应煮沸消毒。

（2）临时性消毒　临时性消毒是在生产车间发现炭疽等恶性传染病或其他必要情况下进行的以消灭特定传染病原为目的的消毒方法。它在控制疫情、防止肉品污染上有很大的作用。具体做法可根据传染病的性质分别采用有效的消毒药。对病毒性疾病的消毒，多采用3%的氢氧化钠溶液喷洒消毒。对能形成芽孢的细菌如炭疽、气肿疽等，应用10%的氢氧化钠热水溶液或10%~20%的漂白粉溶液进行消毒，国外多用2%的戊二醛溶液进行消毒。消毒的范围和对象应根据污染的情况来决定，消毒时药品的浓度、剂量时间等必须准确。

2. 圈舍场地的消毒

需先进行圈舍清扫，将粪便、垫草、表土和垃圾集中后按规定进行处理。对地面、墙壁、门窗、饲槽，用1%~4%的氢氧化钠溶液或4%的碳酸钠（食用碱）喷洒消毒。消毒后打开门窗通风，并用水冲洗饲槽以除去药味。圈舍墙壁还可以定期用石灰乳粉刷，以达到美化环境和消毒的目的。

3. 车船和其他运输工具的消毒

凡载运过屠畜及其产品的车船和其他运输工具，按规定进行处理消毒。对装运过健康动物及其产品的车船，清扫后用60~70℃的热水冲洗消毒；装运过一般性传染病病畜及其产品的车船，清扫后用4%的氢氧化钠溶液或0.1%的碘溶液洗涤消毒，清除的粪污应进行生物热消毒；装运过由形成芽孢的病原菌感染引起的恶性传染病畜及其产品的车船，先用4%福尔马林溶液喷洒，然后清扫，再用4%的福尔马林溶液喷洒消毒，$1m^2$需消毒药液0.5kg，保持0.5h后再用热水仔细冲洗，最后再用上述药液喷洒消毒，清除的粪便焚烧销毁。

（四）屠宰污水的净化处理

1. 屠宰污水的特点及净化处理的意义

（1）肉类加工企业污水的特点　屠宰加工企业的污水来自屠宰加工、牲畜饲养场、肉制品和副产品加工以及日常生活废水，其中以屠宰污水为主，其特点如下。

①含污物多：污水中含有屠宰加工过程中抛弃的血、毛、脂肪、碎肉以及从胃肠中冲洗出来的饲料和粪便等大量的有机物和悬浮物，其生化需氧量（BOD_5）为 500～1800mg/L，比国家规定的污水排放标准高 83～300 倍，屠宰加工污水属于高浓度的有机污水。

②流量大：一般屠宰一头猪平均用水量为 290～320kg，若日宰 300～500 头生猪，其污水量可达 100～160t。

③气味不良：屠宰加工企业的污水中含有毛、血、胃肠内容物等有机物，具有不良的气味，而且易腐败。

④含有大量病原体：屠宰加工企业的污水中含有大量的肠道致病菌、传染病病原体及寄生虫和寄生虫虫卵，如果不对这些病原体进行无害化处理，排放到外界环境，会造成环境污染，不但危害人体健康，还可能引起畜禽疫病的流行。

（2）肉类加工企业污水处理的意义　避免环境和水源的污染，防止畜禽疫病的传播。

2. 屠宰污水处理的基本方法与原理

屠宰污水的处理方法通常包括预处理、生物处理和消毒三部分。

（1）预处理　主要利用物理学的原理除去污水中的悬浮固体、胶体、油脂和泥砂。常用的方法是设置格栅、格网、沉砂池、除脂槽、沉淀池等，故又称物理学处理或机械处理。其意义主要在于减少生物处理时的负荷，提高排放水的质量，还可以防止管道阻塞，降低能源消耗，节约费用，便于综合利用。

①格栅和格网：防止羽毛、碎肉等较大杂物进入污水处理系统，堵塞管道，甚至损坏水泵。格栅、格网能使生化需氧量（BOD_5）和悬浮物（SS）去除率达 10%～20%。

②除脂槽：用于收集污水中的油脂。污水中的油脂，一部分为乳化状态，温度较低时能黏附在管道壁上，使流水受阻，而且还会严重妨碍污水的生物净化。除脂槽是一种长方形的水槽，槽内具有几层横断水槽的隔板，隔板与槽底之间留有窄缝。入水和出水管孔低于隔板的高度，因此，槽内的水面高度总是低于隔板的高度，污水不会从隔板上面漫过，只能从隔板下的窄缝流出，而浮在污水上层的脂肪层就被贮留在槽内，可定期取出作工业用油。

③沉沙池：又称沉井，用以沉淀污水中不溶性矿物质和杂质，主要为沙、泥土、炉渣及骨屑等。这些物质的比重较大，污水流入沉井后，因流速骤减，沙土、杂质沉淀于池底，污水由井身上部的出口流出。

④沉淀池：污水处理中利用静止沉淀的原理沉淀污水中固体物质的澄清池，称为沉淀池。该池设于生物反应池之前，也称初次沉淀池。

（2）生物处理　利用自然界的大量微生物氧化有机物的能力，除去污水中各种有机物，使之被微生物分解后形成低分子的水溶性物质、低分子的气体和无机盐。根据微生物嗜氧性能的不同，将污水生物处理分为好氧处理法和厌氧处理法两类。

①好氧处理法：污水好氧处理法主要有土地灌溉法、生物过滤法、生物转盘法、接触氧化法、活性污泥法及生物氧化塘法等。

细菌通过自身的生命活动过程，把吸收的有机物氧化成简单的无机物，并放出能量。微生物利用分解时获得的能量，把有机物同化，以增殖新的菌体。这些微生物如果附着在滤料如土壤细粒的表面，形成面膜，即所谓的"生物膜"。如果在污水中，这些细菌形成的菌胶团（即活性污泥绒粒）与污水中的某些原生动物（纤毛虫类等）及藻类结合，即形成"活性污泥"，悬浮在污水中。生物膜和活性污泥在污水生物学处理中起着主导作用，当污水中有机物质与生物膜表面接触时，则较迅速地被生物膜吸附，而非溶解性污物转变为溶解性的污物，也被生物膜吸收，从而使污水中的有机物质被降解。与此同时，生物膜上的微生物也摄取污水中的这些有机物质为自身提供营养，使生物膜的活力具有再生的能力。据此，污水生物处理装置能够长期保持稳定的净化功能。

②厌氧处理法（厌氧消化法）：污水厌氧处理法主要有普通厌氧消化法、高速厌氧消化法与厌氧稳定池塘法等。

所谓污水的厌氧处理就是将可溶性或不溶性的有机废物在厌氧条件下进行生物降解。高浓度的有机污水和污泥适于用厌氧分解处理，一般称为消化或厌氧消化；低浓度的污水一般不适用本法处理。

厌氧消化经历酸的形成（液化）和气的形成（气化）两个阶段。在分解初期，不同的微生物群把蛋白质、糖类和类脂质转变为脂肪酸、甲酸、乙酸、丙酸、丁酸、戊酸和乳酸等有机酸，还有醇、酮、二氧化碳、氨、硫化氢等。此阶段，由于有机酸的大量积聚，故称酸性发酵阶段。在分解后期，由于生成氨的中和作用，pH 逐渐上升，另一群专性厌氧的甲烷细菌分解有机酸和醇，生成甲烷和二氧化碳，这一阶段称为碱性发酵阶段和甲烷发酵阶段。

用厌氧法处理的污水，由于产生硫化氢等有异臭的挥发性物质而放出臭气。硫化氢与铁形成硫化铁，故废水呈黑色。这种方法净化污水需要的时间较长（约需停留 1 个月），而且温度低时效果不显著，有机物含量仍较高。目前多在厌氧处理后，再用好氧法进一步处理。

（3）消毒处理　经过生物处理后的污水一般还含有大量的菌类，特别是屠宰污水含有大量的病原菌，需经药物消毒处理后方可排出。常用的方法是氯化消毒，将液态氯转变为气体，通入消毒池，可杀死99%以上的有害细菌。

3. 常用屠宰污水生物处理系统

(1) 活性污泥污水处理系统　活性污泥处理有机污水，效果较好，应用较广，一般生活污水与工业污水经活性污泥法二级处理均能达到国家规定的排放标准。肉类加工中的污水净化处理，也已广泛采用此法（图2－2）。

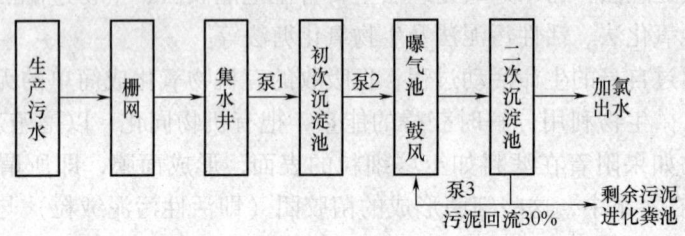

图2－2　曝气活性污泥法净化处理流程

这种系统采用曝气的方法，使空气和含有大量微生物（细菌、原生动物、藻类等）的絮状活性污泥与污水密切接触，加速微生物的吸附、氧化、分解等作用，达到去除有机物、净化污水的目的。

①初次沉淀池：污水在此池内一般停留1～3h，目的在于除去污水中较多的悬浮物。

②曝气池：污水在曝气池内借助搅拌装置（机械搅拌器或加压鼓风机）与回流来的活性污泥充分混合，并通过曝气提供生物氧化过程所需要的氧，从而加速活性污泥和微生物对污水中有机物的吸附、氧化、分解作用。

③二次沉淀池：经过曝气处理之后的污水，在此池内停留1.5～2.5h，使被处理的污水与活性污泥分离。

④回流污泥：在二次沉淀池中的沉淀污泥需要回流一部分到再生池或曝气池内，为处理新的污水提供足够的活性污泥，这部分污泥称为回流污泥，二次沉淀池中除回流污泥以外的余留污泥称为剩余污泥。

活性污泥处理法主要优点是净化效率高，产生的臭气轻微，占地面积较小，所得污泥可作肥料。

(2) 生物转盘法污水处理系统　是通过盘面转动，交替地与污水和空气相接触，使污水净化的处理方法。此方法运行简便，能根据不同目的调节接触时间，耗电量少，适用于小规模的污水处理。

生物转盘是由许多轻质、耐腐蚀材料做成的圆形盘片，间隔一定距离（1～4cm），中心固定于一根可转动的横轴上，每组转盘置于一个半圆形水槽中，约有40%的盘片部分浸于待处理的污水中。水槽两个横向面的上端各有一根多孔或纵向开口的水管，作为进、出水管。污水一般由逆转盘转动的方向流入水槽，这样一组槽称为一级转盘。在实际应用中，可以由三级、四级甚至更多级串联起来使用（图2-3）。

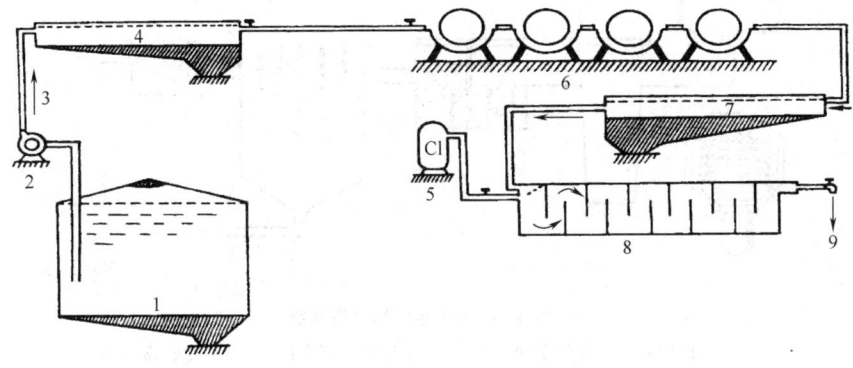

图2-3 生物转盘污水处理系统
1—厌氧消化池 2—泵 3—污水流向 4—沉淀池 5—氯罐
6—四级生物转盘 7—二级沉淀池 8—消毒反应池 9—排放水

污水由生产车间排入厌气消化池，停留3~10d进行厌气发酵。经发酵的血污水，由于厌氧微生物的作用而变为淡灰色、黑灰色，此时已除去了相当一部分污水的耗氧量。发酵污水进入沉淀池，排除沉淀物，然后进入生物转盘。经过一段时间后，转盘表面便滋生一层由细菌、原生动物及一些藻类植物组合而成的生物膜。转盘的旋转，使生物膜交替得到充分的氧气、水分和养料，生物膜即进行旺盛的新陈代谢活动。这些活动对污水产生物理的或生化的吸收、分解、转化、富集作用，使可溶性污质转变为不溶的沉淀物，小粒的污染物质聚合为大粒的沉淀物，加之一些老化死亡的生物体，共同生成黑色沉淀，它们由转盘底部及二级沉淀池底部分离出来。水中的污染质被除去，水体被净化。

（3）厌氧消化法污水处理系统　高浓度的有机污水和污泥适于厌氧处理，一般称为污水厌氧消化，常用来处理屠宰污水（图2-4）。

铁箅、沉沙池与除脂槽等设置是屠宰污水的预处理装置，用于除去污水中的毛、骨、组织碎屑、污沙、油脂及其他有碍生物处理的物质。

双层生物发酵池分上、下两层。上层是沉淀池，下层为厌氧发酵池，又称"消化池"。经脱脂后的污水进入上层的沉淀槽内，直径大于0.0001cm的悬浮物和胃肠道虫卵沉淀物通过槽底的斜缝，进入下层的消化池，此时，沉淀物被污水中的厌氧菌分解，一部分变为液体，一部分变为气体，最后只剩下25%~30%的胶状污泥。

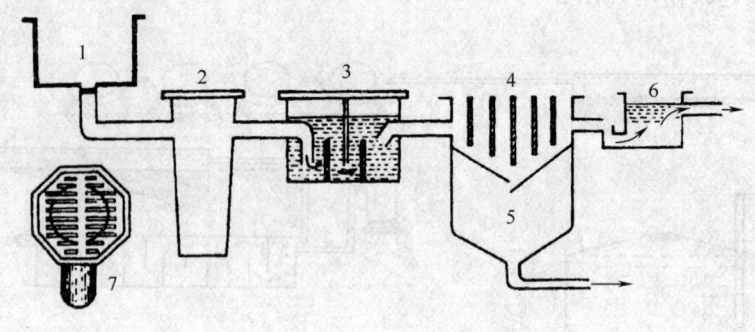

图 2-4 屠宰污水生物处理系统
1—出口处装有铁箅的排水沟　2—沉沙池（沉井）　3—除脂槽
4—双层生物发酵池的上层（沉淀槽）　5—双层生物发酵池的下层（消化池）
6—药物消毒池　7—排水沟出口铁箅平面图

4. 屠宰污水的测定指标

我国环保部门于 1992 年正式批准实施了《GB 13457—1992 肉类加工工业水污染物排放标准》，对排放污水的理化、微生物各项卫生标准做出了规定。

（1）生化需氧量（BOD）　BOD 是指在一定的时间和温度下有机物受生物氧化时消耗的溶解氧量。以 5d 的水温保持在 20℃ 时的生化需氧量作为衡量有机物污染的一个指标，用 BOD_5 来表示，单位为 mg/L。生化需氧量的大小，表示水被污染的程度。污水处理的效果，也常用生化需氧量能否有效降低来评定。

（2）化学耗氧量（COD）　用化学氧化剂氧化废水中的有机污染物质和一些还原物质（有机物、亚硝酸盐、亚铁盐、硫化物等）所消耗的氧量。它表示水中生物可降解的和不可降解的有机物及还原性无机盐的总量，单位为 mg/L。当用重铬酸钾作氧化剂时，所测得的 COD 用 COD_{Cr} 表示；当用高锰酸钾作氧化剂时，测得的 COD 用 COD_{Mn} 表示。因污水中化学物质的含量多、成分复杂，铬法氧化较安全，故更能反映其污染的确切含量。

（3）溶解氧（DO）　溶解于水中的氧称为溶解氧。水中溶解氧的含量与空气在水中的分压、大气压、水位有关。当污水中含有还原性有机物质时，这些物质会和水中的溶解氧起反应，引起水中溶解氧不足。因此，测定水中溶解氧可以反映水的污染程度。

（4）pH　pH 是衡量水是否被污染的重要指标之一。生活污水一般接近中性，pH 对水中生物及细菌的生长活动有影响，当 pH 升高到 8.5 左右时，水中微生物生长受到抑制，使水体自净能力受到阻碍。

（5）悬浮物　悬浮固体物质是水中含有的不溶性物质，包括淤泥黏土、有机物、微生物等细微的悬浮物质。污水中的悬浮物质能够影响污水的透明度，从而降低水生植物的光合作用。悬浮物还会阻塞土壤的空隙。

（6）混浊度　表示水中悬浮物对光线透过时发生阻碍的程度。当 1L 水中均匀含有 1mg 白陶土（二氧化硅）时为 1 个混浊度单位。

（7）硫化物　污水中的蛋白质分解时会产生硫化氢之类的硫化物。硫化物是耗氧物质，能降低水中的溶解氧，妨碍水生生物的生命活动。硫化氢的存在是水发出异臭的重要原因。

（8）细菌　生活污水和一些生产污水，尤其是肉类加工企业的生产污水中含有大量细菌，其中包括危害人体健康的病原菌、病毒、寄生虫卵。如用这些未处理的污水灌溉农田，易使这些病原扩散传播。

二、屠畜的收购检疫

（一）收购检疫的目的意义

收购检疫是指畜禽在出售时，由收购部门与当地检疫部门配合进行的检疫。如果收购时不检疫或检疫不认真，有将病原散播到安全区畜禽的严重危害。收购检疫是保证肉品质量的重要环节之一，收购畜禽时必须进行检疫，一是避免收购有病畜禽，二是防止造成一些疫情的传播。

（二）收购检疫的组织与方法

1. 收购前的准备

（1）了解疫情　确定收购站（点）后，兽医人员应深入该地区，向当地畜牧兽医站、兽医、饲养员了解各种牲畜定期检疫、预防接种、饲养管理以及有无疫情等情况，通过调查分析确认为非疫区时，方可设点收购。在特殊情况下，也可进行就地收购屠宰，经过有效地无害化处理后运回，但事后必须把污染的场地和用具进行彻底消毒。

（2）物质准备　按照卫生要求和精简节约的原则，收购站应备好存放健康牲畜和隔离病畜的圈舍以及必需的饲养管理用具，使收购来的牲畜能及时妥善安置，得到合理的饲养管理。

（3）人员准备　牲畜收购工作应有明确分工，如检疫、司秤、饲养保管、押运等。从收购到将牲畜运输到目的地的整个过程中都应有专人负责，兽医人员应对整个收购工作进行技术指导。

2. 检疫的步骤和方法

（1）检疫的步骤　在基层收购单位，当农牧民交售畜禽数量较少时，可直接进行个体检疫。但在运输、仓储等环节中，由于畜禽数量较多，必须先行群体检疫（初检），从中剔出病畜禽，然后再进行个体检疫（复检）。初步鉴定是属于哪一类疾病并尽可能做出最后诊断。每次检疫后，要做好标志，并进行分群管理，以便分别保管和处理。

（2）检疫的三大环节　运动、休息和摄食饮水的检查，是群体畜禽中进行临床检疫的三大环节。通过三大环节的检疫，可以把大部分病畜及疑似病畜从畜禽中剔出来。

运动时的检查是在畜禽自然活动和驱赶运动时进行的检查，从不正常的运动状态中找出病畜禽。

休息时的检查是在保持畜禽安静的情况下，进行"看"和"听"，以检出异常姿态和声音的畜禽。

摄食饮水时的检查是在畜禽自然摄食饮水的情况下，或有意识的给予少量食物及饮水时进行的检查，以检出摄食饮水有异常表现的畜禽。

（3）检疫的方法　"看、听、摸、检"是畜禽检疫中的主要方法。这些方法虽然和一般临床诊断方法大体相同，但又有其特点。它是基层检疫员经过多年检疫实践积累起来的好经验，符合大批商品畜禽检疫的需要。

①看：运用视诊进行观察畜禽的方法。群体检疫时，应注意观察精神外貌、姿态步样、被毛色泽、分泌物、排泄物、呼吸及摄食饮水的状态等。在个体检疫时，应结合群体检疫发现的变化，再进一步对剔出的病畜禽或疑似病畜禽进行详细检查。

②听：畜禽在自然的状态或经受刺激后，运用听诊的方法，听取其器官活动的声音。群体检疫时，应注意畜禽的鸣叫声、呼吸声、或有无咳嗽喘息等症状；在个体检疫时，可使用听诊器进行仔细检查，听取心、肺和胃肠活动音的变化等。

③摸：用触诊的方法，主要以手触摸畜禽的耳、角、冠、皮肤、肌肉、淋巴结及淋巴管等的温度、湿度、硬度、弹性及病变部位的状态以及反射的情况。

④检：以体温计或半导体点温计，检查畜禽体温或皮温的方法。

"看、听、摸、检"是综合性检查的四类要领，在检疫工作中必须结合进行，在听的时候当然也可以看，在摸的时候也可以听或者看，不能机械地分开。要根据检查所获得的资料，进行综合性的分析和判断，才能得到正确的结果。

3. 检疫和管理

（1）严格检疫　为了避免误购病畜而造成疫病传播，要采取严格的检疫措施。收购畜禽时应逐头检疫，先进行一般检查，再进行详细检查。在收购检疫中发现患病动物，应就地按章妥善处理，不允许将病畜调运至其他地方。如发现恶性传染病时,应立即向有关部门报告疫情,同时制定并实施控制传染源扩散的措施。

(2)合理饲养 购入的牲畜应当按牲畜来源分类、分批、分圈饲养,不得混群圈养。注意经常进行场地圈舍清扫消毒。购入的牲畜达到足够调运的数量时应及时运出,避免在收到地点长期圈养。在饲养期间尽力保障牲畜安全和正常的采食、休息,防止受伤、发病和掉膘。为此要做到"八不"和"四防",即不打、不踢、不渴、不饿、不晒、不冻、不挤、不打架和防风雨、防霜雪、防惊吓、防暴食。

(3)及时转运 及时转运是降低经营费用、减少意外损失的关键,除发生特殊情况外,购入的牲畜在收购站停留时间最多不超过3d。

三、屠畜的运输检疫

(一)运输前的准备

为了缩短饲养时间,各地收购站购入的屠畜,必须尽快地送往肉类联合加工厂或屠宰场进行加工。无论采用何种途径运输,都必须防止掉膘,避免途中病、亡,防止疫病散播。为了完成这项任务,兽医和收购人员必须做好运输前的各项准备工作,安排好屠畜的"行程食宿",教育押运人员认真照看屠畜的"旅途生活",严格遵守兽医卫生运输规程。

1. 赶运

适合于短距离和交通不便的地区,如由收购站运往转运站,或由转运站运往火车站或码头,以及由收购站直接送到附近市、镇肉联厂或屠宰场时常采用赶运。

(1)赶运前的准备 首先选好赶运道路,要避开疫区和沼泽、砂石地带,尽可能少用公路和牲畜放牧地区。长途赶运应选择水草丰盛地区,如没有适于放牧的地段,需先选定途中各个宿营点,并在该处准备好饲料饮水。

赶运之前,根据屠畜大小、肥瘦程度、种类、性别、年龄和产地进行编群,分批赶运。按《商品装卸运输暂行办法》规定:每批每人可赶运猪20头、牛15头、羊70只。但每批押运人员不得少于3人。赶运出发时,押运员应携带屠畜检疫证和有关单据,以及必要的药品和消毒器具,以备途中使用。

(2)赶运途中的管理和饮喂 恰当掌握赶运时间和速度,暑热天气宜在清晨及傍晚赶运,中午赶至阴凉处或高地休息。寒冷天气应在日出后到日落前赶运,天黑前赶到宿营地。遇到狂风、暴雨、浓雾、大雪及严寒、酷暑天气,应停止赶运。

每昼夜赶运的里程和速度,一般规定猪为7.5~10km、羊为12km、牛为

15km。但在起初一两天，速度适当放慢。如沿途草原良好，可边赶运边放牧。切忌赶得过快，以免由于屠畜过度疲劳而导致不良后果，对圈养生猪，尤其重要。

赶运途中，每天必须定时喂饮两次。喂饮前要使屠畜先休息0.5h，饮水、饲料必须清洁，防止感染。

2. 铁路运输

用火车运输屠畜是较安全快速的运输方法。为了保证运输顺利，需做好以下工作。

（1）运输前的准备　起运前需向押运人员明确规定车上的饲养管理制度和兽医卫生要求，合理分工，备齐途中所需要的各种用品，如篷布、苇席、水桶、饲槽、扫帚、铁锹、手电、消毒用具和药品等。根据装运的屠畜数量、旅途远近和沿途饲料供应情况，备好应携带的饲料。

为了防止屠畜掉膘，在装运前几天要改变其饲养习惯，即将准备起运的屠畜改为舍饲，并按途中饲料标准和饲喂方法，用准备的草料饲喂一段时间，以便提高屠畜在车上的适应性。

（2）屠畜的装载　装载屠畜之前，兽医和押运员必须仔细检查车厢，认为合格后方可装载。驱赶屠畜时，应按车厢装载头数分批进行。用低声轰吓或用响竹使之驯服登车，禁止用棒打、脚踢、硬拉、重鞭、重摔、抓鬃、扯尾等粗暴方法，以免使屠畜发生外伤及骨折，造成肉品、皮张的损失。

大牲畜装在车厢内必须用短缰绳拴牢（特别是牛），以防角斗；同时最好使头向中央纵向排列，这样既可避免车辆震动时发生意外，又便于饮喂、照料和检查。

横向装载（畜头向车撞）则无上述优点，仅适用于短距离运输。据国外记载，大牲畜在车内横向装载时，其体重的损失大于纵向装载，如在1500km铁路运输中，横装载畜体重的损失为2.17%，而纵装载时仅为0.3%。

每节车厢装载的头数，应根据车厢重量、畜体大小、气候冷暖、里程长短等情况适当掌握。原则是既不影响屠畜安全，又能节约运费，充分发挥运输潜力。

（3）途中的管理和饮喂　运输途中，对屠畜的细心管理、按时饮喂是保证完成运输任务的重要环节。押运员应经常注意屠畜的健康，观察动静，防止聚堆挤压。天气炎热时车厢内应保持通风，设法降低温度，如在车厢中（主要用于猪）喷洒冷水。天气寒冷时则采取防寒挡风措施，如给以垫草（主要用于大牲畜），关紧车门、车窗。通过隧道时应预先把车厢门窗关好，防止煤烟进入车内。

途中必须做好车内清洁卫生工作。收集起来的粪便和垫草不得沿途随意抛弃，待到达指定车站时，卸下交车站清洁工处理。

在运输途中，押运员必须常与车站饲料与饮水供应点取得紧密联系，以便解决屠畜的饲料和饮水问题。根据车站的停车时间，适当安排饮喂，每日不得少于两次，每次相隔不超过8h，夏季天热时要增加饮水一次。饮水不足，不仅导致屠畜体重减轻，而且生理活动常因缺水而紊乱，发生疾病，甚至死亡。实践证明，不论短途或长途运输，如果押运员能很好地照料屠畜，按时饮喂，屠畜不仅不减少体重，而且还能增重。

3. 水路运输

水路运输比铁路运输方便、安全而且经济。因屠畜在船上几乎与舍饲环境相同，如给予合理的饲养和妥善照料，往往可以增加体重。但水路运输只限于一定的季节和航线。

（1）运输前的准备　利用水路运输屠畜，必须在装卸港口设置专用码头，码头附近设置畜圈以备屠畜休息和检疫。选用的船只，不论是木船、轮船或驳船，都必须要求船舱宽敞，船底平坦，坚固完整，要有完善的通风和防雨设备，铁地板的应铺垫木板。根据装运头数、路程远近，备足饲料，准备好雨布、水桶、饲槽、绳索、照明灯及常用药品。海运时还需备足淡水，牛、马每天按24L计算，猪、羊每天按6L计算。

（2）屠畜的装载　应遵守与铁路运输同样的要求。每船装运的头数，根据船的吨位、屠畜体重、季节、路程等决定。木船每吨船位在冬季和春季可装猪4头，夏季和秋季可装猪3头，不同体重、品种的猪可按具体情况适当装载。轮船和驳船的装畜数量，每头按下列规定面积计算：大型猪 $2 \sim 2.25m^2$，一般猪 $1 \sim 1.25m^2$，羊 $0.75 \sim 1m^2$，牛 $2 \sim 2.5m^2$，马 $2.5 \sim 3m^2$。总之，每头屠畜所占面积以其能自由起立或躺下而不受妨碍，又便于兽医进行检查为原则。大牲畜如牛、马等应拴系在杆或铁环上；猪、羊可圈在临时畜栏中。

（3）运输途中的饮喂与管理　除应与在库时一样外，押运员要经常注意观察屠畜食欲和体征以及船内通风情况，及时防止某些因素（船只鸣笛和震摇）的惊吓。

4. 汽车运输

汽车运输适用于近距离和偏僻地区。如由产区各收购站把屠畜送往附近车站、码头、加工地点或仓库等。

运输屠畜的汽车，两侧和后端必须装有高的车厢板，车底部需严密不漏水。装载大牲畜时，应设格木，固定在两畜之间，保证安全防止外伤。驾驶室顶上设置横木以便拴系。装载过农药、化肥及其他剧毒物品的车厢，未经清扫、刷洗、消毒，不得装运屠畜。

装卸车时，可利用活动跳板或土坎。装载数量根据汽车载重量和屠畜体躯大小而定。载重5t的汽车，可装60～100kg的猪30～35头，100kg以上的猪25～30头，羊40～45只，大家畜3～5头。大家畜最好是纵向装车，畜头朝向车头，但在近距离宽阔平坦的道路上，体躯小的牲畜可酌情横装。装运猪羊时，车厢上要罩以绳网，防止逃散落车。不论装运何种屠畜，车速不应超过每小时50km，上下山或转弯时必须减速，以免屠畜互相挤压。炎热天气，车上应设凉棚，或在中途向猪体喷洒凉水，以免中暑。

（二）运输过程中的管理与兽医卫生监督

赶运或车船运输的屠畜，在起运前必须经过兽医人员检查，病、弱和有严重外伤的屠畜，一律不得起运。检疫合格的开具检疫证，方能起运。到达车站码头后，待休息2～3h，进行逐头检查、测温，并争取在6h以内装上车船。

押运员首先呈交检疫证明文件，如检疫证件是3d内填发者，车站、码头兽医人员只作抽查复验，不必详细检查；如果无检疫证明文件，或牲畜数目、日期与检疫证明记载不符而又未注明原因者，或畜群来自疫区或到站后发现有疑似传染病畜及死畜时，车站、码头兽医必须彻底查明疑点，认为安全时方许装运。

运输途中，兽医人员和押运员仍应认真观察屠畜情况，发现病畜、死畜或可疑病畜时，立即隔离到车船一角，进行救治及消毒，并将发病情况报告车船负责人，以便与有兽医机构的车站、码头联系，及时卸下病、死牲畜，在当地兽医的指导下妥善处理。绝对禁止随意急宰或在沿途、内河乱抛尸体，也不得任意出售或带回原地。必要时兽医有权要求装运屠畜的车船开到指定地点进行检查，监督车船进行清扫、消毒卫生处理工作。

运输过程中，如发现恶性传染病及当地已扑灭或从未流行过的传染病时，应遵照有关防疫规程采取措施，防止扩散。妥善处理畜尸及污染场所、运输工具，同群牲畜应隔离检疫，注射相应疫苗血清，待确定正常、无散播危险时，方准运出或屠宰。

（三）到达目的地时的兽医卫生监督

1. 查验证件

到达目的地后，押运人员应首先呈交检疫证明文件。检疫证件是3d内填发的，抽查复检即可，不必详细检查。

2. 查验畜群

如无检疫证明文件，或畜禽数目、日期与检疫证明记载不符，而又未注明原因的，或畜群来自疫区，或到站后发现有疑似传染病及死亡时，则必须仔细查验畜群，查明疑点，做出妥善处理。

3. 运输工具消毒

装运屠畜的车、船，卸完后需立即清除粪便和污垢，用热水洗刷干净。在运输过程中发现一般性传染病或疑似传染病的，则必须在洗刷后消毒。发现恶性传染病的，要进行两次以上的消毒处理，每次消毒后，再用热水消毒，处理程序是：清扫粪便污物，用热水将车厢彻底清洗干净后，用10%漂白粉或20%石灰乳、5%来苏儿液、3%热苛性钠液等消毒。各种用具也应同时消毒，消毒后经2~4h，再用热水洗刷一次，即可使用。消除的粪便经发酵后利用，发生过恶性传染病的车船内的粪便应集中烧毁。

（四）动物福利与常见的运输性疾病

1. 动物福利概述

动物福利是指保证动物与环境相协调一致的精神和生理完全健康的状态，包括保证动物无任何疫病、无行为异常、无心理紧张、无压抑和痛苦等状态。Webster描述了英国农场动物福利法"五无"监控的基本原则，即无营养不良、无冷热和生理上的不适、无伤害和疾病、无拘无束地表现最正常形式的行动、无惧怕和应激。实际上，目前很难限定屠畜行为需要的全部内涵，也难以测定惧怕和应激的程度。但是，使屠畜有心理上的安乐，不惧怕、不紧张、不枯燥、无压抑感等都是动物福利的重要方面。过去人们已习惯于从维持屠畜生命与健康的需要获取屠畜最大生产力去提高科技水平，而忽略了从动物福利去考虑如何生产高质量的畜产品更能促进科学水平的提高、更新畜牧兽医水平这一途径。

随着现代畜牧生产规模化、集约化水平不断提高，动物饲养密度不断增大，生产率进一步提高的同时，而屠畜的福利却存在不同程度的恶化，一方面表现在生产性能上：如高载畜率增大了疫病的感染机会，也增加了圈舍内有害气体的浓度和个体损伤的机会；限位饲养常常使屠畜行为异常和怪癖，日增重下降，产乳量降低和患病率升高（如牛乳房炎、肢蹄病等）；另一方面表现为屠畜产品质量的下降：如运输过程对活畜的驱赶、棒打及宰前饲养管理环境条件恶劣、畜禽拥挤，都往往造成屠畜禽伤痛、恐惧、饥渴或混群后的争斗导致皮肤、胴体外伤、骨折以及黑干肉（dark firm dry, DFD）、白肌肉（pale soft exudative, PSE）的发生率明显升高。

充分认识动物福利和生产力之间的关系，"善待活着的动物，减少动物死亡的痛苦"，"不得虐待动物"。动物福利应包涵于屠畜饲养、放牧、运输、交易和屠宰的全过程中，如在运输途中采取"轻赶高呼，不棒打脚踢，防止动物拥挤爬伤"，做好宰前管理工作等，这些都与屠畜的业主、饲养管理人员、运输操作人员、动物检疫人员和屠宰人员是否善待动物有密切关系。

2. 屠畜常见的运输性疾病

运输性疾病是指动物在运输过程中，受各种不良因素（应激原）刺激所引起的一种应激性全身反应。

应激反应按病程可分为三个阶段：第一阶段为警觉期（动员期），机体开始受到应激原作用，来不及适应而呈现神经抑制，但很快开始适应，表现为交感神经兴奋性增高；第二阶段为抵抗期，动物机体对特异性有害刺激的抵抗力增强，而对非特异性有害刺激的抵抗力降低，表现为肌肉发硬、发热，有时出现肌肉和尾部颤抖；第三阶段为衰竭期，如果有害刺激持续作用，动物则表现为对各种刺激的抵抗力降低，严重者可死亡。

屠畜常见的运输性疾病有以下几种：

（1）猪应激综合征（porcine stress syndrome，PSS）　Ludivigen 于 1953 年首先报道，猪受到应激原刺激而出现的综合征候群，主要临床表现是肌肉僵直，特别是后肢僵直，肌肉中肌糖原过量，迅速酵解引起内分泌和代谢失调，出现一系列酸中毒症状，体温骤然升高到 42～45℃，呼吸频率增高至 125 次/min，心搏加速到 200～300 次/min，最终心力衰竭而猝死。其中，恶性高热综合征（malignant hyperthermia syndrome，MHS）是 PSS 的典型特征，也是产生 PSE 肉或 DFD 肉的直接原因，给全世界养猪生产造成了巨大的经济损失，主要表现为 PSE 肉、DFD 肉、背肌坏死、腿肌坏死。

①PSE 肉：又称水煮样肉。其特征表现为猪宰后肌肉颜色淡白、质地松软、保水性差，肌肉切面有较多的肉汁渗出。病变多发生于背最长肌、半腱肌和腰肌。其发生是由于敏感猪在宰前受到强烈应激原刺激后，肌糖原酵解过程加快，产生大量乳酸，致使肉的 pH 急剧下降，宰后 45min 时，pH 降至 5.7 以下（正常猪宰后 45min 时，pH 为 6.3 以上）。加之宰前、宰后高温和肌肉痉挛所产生的强直热，使肌纤维发生收缩，肌浆蛋白凝固，肌肉保水能力下降，游离水增多并从肌细胞中渗出。此外，肌外膜胶原纤维膨胀软化，肌肉颜色变淡。由于肌肉颜色变淡，常被误认为肌肉变性，故易与白肌病相混淆。

②DFD 肉：其特征表现是肌肉颜色暗红，质地粗硬，切面干燥。病变发生于股部肌肉和臀部肌肉。其发生的原因主要是猪在宰前经受应激源长时间的轻度刺激，长时间处于紧张状态，肌肉中的糖原大量消耗，宰后肌肉的 pH 相应偏高（宰后 24h 肌肉的最终 pH 为 7.0），细胞原生质小体的呼吸作用仍很旺盛，夺取肌红蛋白携带的氧，导致肌肉颜色暗红。随着生猪运输时间的加长，DFD 肉的发病率也会升高；若宰前禁食时间过长，糖原贮备量减少或耗尽，也可发生 DFD 肉。由于 DFD 肉的 pH 接近中性，适宜于细胞的生长繁殖，因此容易发生腐败变质。

③背肌坏死（back muscle necrosis，BMN）：主要发生于 75～100kg 的成年

猪，是应激综合征的一种特殊表现，并与 PSE 肉有着相同的遗传病理因素。患过急性背肌坏死的猪，其后代也可自发地发生本病。病猪表现为双侧或单侧背肌肿胀，但无疼痛反应，有的最后死于酸中毒。

④腿肌坏死：又称"猪急性浆液—坏死性肌炎"。与 PSE 肉在外观上相似，用肉眼难以区别。pH 在 7.0 以上（45min 后），色泽苍白，质地较硬，切面多汁。病理变化为急性浆液—坏死性肌炎。主要发生于猪后腿的半腱肌和半膜肌。

（2）猪胃溃疡　是由各种因素引起急性或慢性，且至少深达胃黏膜肌层的溃疡。屠宰检疫中以急性胃溃疡为多见。我国一些地区发生率很高。引发急性胃溃疡的主要原因是在集约化、机械化、封闭式饲养程度较高的猪群。由于运动、饲养拥挤、惊恐以及单纯饲喂配合饲料尤其是精细颗粒饲料，引起肾上腺皮质机能亢进，导致胃酸分泌过多而使胃黏膜受损，胃食道部黏膜皱褶减少，出现不全角化、急性糜烂、溃疡等病变，这种胃溃疡发生迅速（不到 24h），多见于运动、斗殴和运输中因胃溃疡灶大出血而突然死亡。

（3）运输热　运输屠畜时，天气炎热、过载或车厢通风不良，或屠畜饲、饮不当等通常表现为运输热，又称为运输高温。因猪皮下脂肪较厚，汗腺不发达，体内蓄积的热量散发困难，使体温急剧升高，出现一系列高温症状。大猪、肥猪表现尤为明显，体温高达 42~43℃、皮温升高、呼吸、脉搏加快、精神沉郁、黏膜发紫、全身颤抖。宰后检查可见大叶性肺炎，小叶间隔增宽、浆液性浸润，有时出现急性肠炎等病理变化。

（4）猝死综合征　常表现在捕捉、惊吓或注射过程中，屠畜因受到强烈应激源的刺激，使心肌过度强烈收缩，导致心脏停止跳动，不显示其他任何临床症状而突然死亡。

（5）猪咬尾症　猪的咬尾癖常常是在高度集约化饲养和饮水、饲料不足等条件下诱发产生，猪只咬伤同群猪尾，被咬猪只受伤部位易形成化脓灶，从尾椎管向前蔓延，甚至损伤脊髓而使猪死亡。咬尾癖猪表现为对外界刺激敏感、食欲不振、凶恶等症状。咬耳同样是集约化饲养中的生产管理问题。

3. 运输性疾病的预防

从饲养、运输等环节搞好动物福利，善待屠畜。具体体现在做好饲养管理，如在饲料中添加维生素和矿物质，避免高温、高湿和拥挤；在运输中尽量避免惊恐、闷热、饥饿等外因刺激，保持车厢通风良好，供给充足的饲料和饮水；必要时在运输前使用安全、吸收快、不易残留的抗应激药物，如氯派酮注射液、盐酸氯丙嗪注射液、静松灵注射液等；选育抗应激品种的动物，淘汰应激敏感屠畜。

四、屠畜的临宰检疫和宰前管理

通过临宰检疫，在屠宰前可及时发现病畜禽，实行病、健分宰，并将剔出的病畜禽给予适当处理，以减少肉品污染，降低经济损失，提高肉品卫生质量，防止疫病扩散和传播，保护人体健康。检疫能及时发现在宰后难以检出的疾病，如破伤风、狂犬病、李氏杆菌病、流行性乙型脑炎、脑包虫病、口蹄疫和某些中毒性疾病等，因这些疾病宰后一般无特殊病变，或因在宰后检验时其解剖部位常被忽略或漏检，但是根据其临诊检查，具有明显典型的临床症状，不难做出生前诊断。同时，通过宰前查验有关证明，也促进了动物产地检疫和畜禽标识管理工作，防止无证收购，无证屠宰。因此，临宰检疫是动物检疫工作的重要环节，应认真仔细地做好临宰检疫工作。

（一）临宰检疫的组织与程序

1. 临宰必须检疫

凡屠宰加工动物的单位和个人必须按照《中华人民共和国动物防疫法》的规定，对动物进行临宰检疫。

2. 动物防疫监督机构监督

动物防疫监督机构应对屠宰厂（场）、肉类联合加工厂进行监督检查，若监督检查时发现问题，可向厂方或其上级主管部门提出建议或处理意见，及时制止不符合检疫要求的动物产品出厂（场）。有自检权的屠宰厂（场）、肉类联合加工厂，一般由厂方负责检疫工作，但应接受动物防疫监督机构的监督检查。而其他单位、个人屠宰的动物，必须由当地动物防疫监督机构或其委托单位进行检疫，并出具检疫证明，胴体应加盖验讫印章。

3. 临宰检疫的组织

根据临宰检疫的任务组织检疫工作。临宰检疫的任务有两项：一是查验有关证明，对于来自本县（市）的动物应查验产地检疫证明，对来自外县（市）的动物查验运输检疫证明；二是临诊检查待屠畜的健康状况。因为在很短的时间内，从待检畜禽群中迅速检出患病畜，这就要求检疫人员，不仅要具备熟练的操作技术，而且必须做好临宰检疫的组织工作。

4. 临宰检疫的程序

临宰检疫的组织程序可分为三个步骤，即预检、住检和送检。

（1）预检 预检是防止疫病随病畜混入宰前管理圈舍的重要环节。

①验讫证件，了解疫情：屠畜运到屠宰厂（场）时，检疫人员首先向押运员索取《动物产地检疫合格证明》或《出县境动物检疫合格证明》和《动物及动物产品运载工具消毒证明》，首先了解产地有无疫情，接下来要求其亲临

车、船,仔细观察畜群,核对屠畜的种类和数量及畜禽标识情况,并询问途中有无发病和死亡情况。如发现数目不符或有病死现象,产地有严重疫情流行,有可疑疫情时,应立即将该批屠畜转入隔离圈内与健畜分离,认真进行临诊检查和必要的实验室诊断,查明原因,待确定疫病性质后,按有关规定做出妥善处理。

②视检屠畜,病、健分群:经过了解调查和初步视检,认为合格的屠畜,准予卸载并入预检圈舍,进一步观察。要求检疫人员认真观察每头屠畜的精神状况、外貌、运动姿势等。如发现异常,立即在该畜的体表涂刷一定的标记,将其赶入隔离圈,待验收后再进行详细检查和处理。赶入预检圈的屠畜,必须按种类、产地、批次,分圈饲养管理,不可混群。

③逐头检温,剔出病畜:进入预检圈的屠畜,给充足的饮水,待休息 4h 后再进行详细的临诊检查,逐头测温。通过检查确定健康的屠畜,可赶入饲养圈。病畜或疑似病畜分离赶入隔离圈。

④个别诊断,按章处理:隔离圈中的病畜或可疑病畜,经过适当休息后,进行仔细的临诊检查,必要时辅以实验室检查。确诊后,按有关规定处理。

(2) 住检 经过预检,合格的屠畜允许进入饲养管理圈。在此期间,检疫人员应经常深入圈舍查圈查食,进行观察,发现病畜或可疑畜应及时挑出,分群隔离管理并处理。

(3) 送检 在送宰前进行一次详细的外貌检查,并逐头测温,应最大限度地检出病畜。送检认为合格的健畜,签发宰前检疫合格证,送候宰圈等候屠宰。

(二)临宰检疫方法

屠畜的临宰检疫不同于家畜的兽医临床检查,由于送宰的屠畜数目通常较多,待宰的时间又不能拖长,要求检疫人员在较短时间做到病、健隔离和分宰的目的,因此,屠畜的临宰检疫通常采用群体检查和个体检查相结合的方法。凡发现症状异常的屠畜,都应作上标记隔离,进行个体检查。

1. 群体检查

群体检查是将同批或来自同一个地区的屠畜作为一组,或以圈栏为单位进行的检查,包括静态、动态、食态观察三大环节。

(1) 静态观察 在屠畜自然安静状态下,检查人员主要观察精神状态,立卧姿势、呼吸、反刍状态和对外界事物的反应能力,注意检查有无呻吟咳嗽、气喘或呼吸急促、寒战颤抖、口角流涎、昏迷嗜睡和孤立一隅等反常现象。

(2) 动态观察 经过静态观察后,将屠畜驱赶运动起来,主要观察其活动姿势,注意有无四肢跛行、后腿麻痹、屈背弓腰、打晃摇摆、步态踉跄和离队脱群等反常现象。

（3）饮食状态观察　在给予屠畜少量饮食和充足的饮水后，观察屠畜的采食进水情况，注意有无少食、不食、废食、异食、贪饮、少饮、不饮、呕吐、流涎、吞咽困难或异常鸣叫等现象，还要注意屠畜的排泄姿势，排泄物的色泽、形态、气味等有无异常。

2. 个体检查

个体检查是指对由群体检查后剔除并隔离的病畜和可疑病畜集中进行较详细的个体临床检查。若群体检查中没有发现异常的屠畜，必要时可抽取10%进行个体检查；如果发现有传染病，就继续抽查10%的个体，必要时对全群逐一进行个体检查。个体检查方法包括"看、听、摸、检"四大检查要领。

（1）看　利用检验人员的视觉，观察屠畜的临床表现，要求检疫员应具有敏锐的观察力和丰富的临床经验。在以下几个方重点进行观察。

①看精神、被毛和皮肤：首先观察屠畜的精神是否有异常，有无兴奋或沉郁；接着看被毛有无光泽、粗乱否或成片脱落；最后观察皮肤色泽有无异常，有无肿胀、皮疹、溃烂、出血、坏死等异常病变。

②看姿态步样：主要观察屠畜的运步姿态有无异常，动作是否自然、灵活稳健，有无跛行、运步不协调、行走不稳等异常姿势。

③看鼻镜及呼吸动作：看鼻镜或鼻盘湿润情况，有无干燥或干裂，甚至龟裂变化；检查呼吸次数、节律、方式是否正常，观察呈胸腹式呼吸，还是明显的腹式呼吸，有无呼吸困难等情况。

④看可视黏膜：即检查屠畜的眼结膜，鼻腔和口腔黏膜有无肿胀、苍白、潮红、发绀、黄染以及分泌物的性质和流出数量多少。

⑤看排泄物：注意观察眼、口、鼻分泌物，以及粪尿的情况，有无便秘、腹泻、血便、血尿及血红蛋尿等。

（2）听　利用检验人员的听觉直接听取屠畜发出的各种声音，或借助听诊器听取其内脏器官活动的声音，注意听屠畜因患病而引发的各种反常的声音。

①听叫声：不同种类的健康家畜有其独特的固有叫声，如猪叫为哼哼声，牛为哞叫声，羊为软绵的呃叫声等，注意听其叫声有无异常，如声音呻吟、嘶哑、尖叫等。

②听咳嗽声：咳嗽是动物上呼吸道和肺部发生炎症时出现的一种临床症状，可分为干咳和湿咳。干咳多见于上呼吸道炎症，湿咳则多发生于上呼吸道和肺部同时发炎引起的疾病。听其有无咳嗽声来区分判断是干咳还是湿咳。

③听呼吸音：在屠畜的胸廓部，借助听诊器听诊肺听诊区，以此可以比较准确地推断胸膜和肺的机能状态。检查肺泡呼吸音有无增强、减弱或消失，有无啰音或胸膜摩擦音。

④听心音：这是检查心脏功能的一种重要方法。听诊时应多注意心跳频率、心音强弱、节律、有无心杂音等。

⑤听胃肠音：诊断消化器官系统的疾病时，通过听诊胃肠蠕动音具有重要诊断意义。主要对牛、羊适用，听胃肠蠕动音有无消失、减弱或增强等变化。

（3）摸　检查者触摸屠畜的角根、耳、皮肤、体表淋巴结等部位，检查有无异常病变。

①摸角根和耳根：用手触摸屠畜的角根和耳根，大体判定其体温的高低。一般高温多见急性热性传染病。

②摸体表皮肤：触摸皮肤的硬度和弹性，检查表皮有无疹块、肿胀或结节，有无波动感或捻发音等。

③摸体表淋巴结：触摸体表淋巴结，检查其形状、大小、硬度、温度、敏感性和活动性有无异常。

④摸胸廓和腹部：触摸屠畜的胸部和腹部，检查其触摸部位是否敏感或有无压痛的异常感觉。

（4）检　主要是检测体温，这是宰前检查的主要手段。体温的升高是动物传染病的重要标志。必要时应进行实验室的常规检验、血清学检查和病原学检查等。

健康动物正常的体温、呼吸频次和脉搏见表2-1。

表2-1　健康动物正常的体温、呼吸频次和脉搏

动物种类	体温/℃	呼吸频次/（次/min）	脉搏/（次/min）
猪	38.0~40.0	12~30	60~80
牛	37.5~39.5	10~30	40~80
羊	38.0~40.0	12~20	70~80
马	37.5~38.5	8~16	26~44
驴	37.5~38.5	8~16	40~50
骡	38.0~39.0	8~16	42~54
鸡	40.0~42.0	15~30	120~140
鸭	41.0~43.0	16~28	140~200
鹅	40.0~41.0	12~20	120~160
鸽	41.0~43.0	20~40	140~400
兔	38.5~39.5	50~60	120~140
犬	37.5~39.0	10~30	70~120
鹿	38.0~39.0	15~25	40~78

(三）各类屠畜的临宰检疫

1. 猪的临宰检疫

在生产实践中，猪的检疫应用最广、要求最高、影响也最大，因此在生产加工和流通环节中都要引起足够的重视。

（1）群体检疫

①静态观察：当猪群处于安静状态时，检疫人员悄悄地接近猪群，站在能比较清楚地观察到猪外貌精神状态处，注意观察猪群的各种表现。健康猪精神活泼，被毛整齐有光泽，吻部湿润，鼻孔清洁，眼角无分泌物。睡姿多侧卧，四肢舒展，呼吸节奏均匀、平稳自如。站立时平稳，蹄底直立，拱寻食物时经常发出吭吭声。患病猪表现则精神沉郁，被毛粗乱无光，鼻镜干燥、流涕，眼发红且有眼屎。离群独处，吻部触地，全身颤抖。睡姿蜷缩或伏卧。喜欢钻进草堆。呼吸促迫、喘息，有的呈犬坐姿势。

②动态观察：一般检疫人员在装卸猪群，或由圈舍放出运动，或喂饲时，或有意驱赶其运动时，站在车船或圈舍旁注意观察猪的运动状态。健康猪起立迅速敏捷，步态矫健，行走平稳，叫声洪亮，并摇头摆尾或尾巴上卷。排泄姿势正常，粪便粗圆，尿色澄清透明。患病猪行走迟缓，不愿起立，或立不稳，步态跟跄，低头垂尾，曲背弓腰，走路靠边，跛行掉队。叫声尖细或嘶哑。排粪表现困难或失禁，粪便干硬或附有带血黏液或拉稀。尿量少、色黄、混浊，有时带血。

③饮食状态观察：在给猪群按时喂食饮水时，或有意饲喂少量水料，检疫人员在猪圈外侧观察猪的采食饮水情况。健康猪食欲旺盛，喂水、饲料时相互争抢，嘴直入槽底，大口吞食，喳喳作响，伴随着鬃毛震动，尾巴自由甩动，采食时间不长后即可腹满离去。如喂饲干料时，低头连续采食，有的边吃边喝，有的吃完后再饮水。患病猪立于槽外，食欲明显降低，表现为不食或采食无力，或少食，或只吃稀食，也有的只吃少许青绿多汁饲料即退槽。

（2）个体检疫　猪的个体检疫，主要是对群体检查剔出的患病猪或疑似病猪进行系统的个体检查，特别要把猪瘟、猪丹毒、猪肺疫、口蹄疫、水泡病、传染性萎缩性鼻炎、副伤寒、猪霉形体肺炎、囊虫病、旋毛虫、猪密螺旋体痢疾等疾病作为重点检疫对象。

猪个体检疫的临床表现及可疑疫病范围见表2-2。

表 2-2　猪个体检疫的临床表现及可疑疫病范围

检查项目	临床表现	可疑疫病范围
精神状态与姿势	精神沉郁	猪瘟、猪肺疫、猪丹毒
	先兴奋后麻痹	狂犬病、伪狂犬病、李氏杆菌病
	站立时用吻部触地	水肿病
	强直	破伤风、猪丹毒
	跛行	猪口蹄疫、猪传染性水泡病、猪丹毒
	步态踉跄	猪肺疫、猪副伤寒、猪瘟
	回旋	伪狂犬病、猪瘟、李氏杆菌病
	卧地不起	猪瘟、猪丹毒、猪肺疫
	犬坐姿势	猪肺疫、猪丹毒、猪流行性感冒
呼吸状态	呼吸困难	猪瘟、猪气喘病、猪肺疫、水肿病、猪炭疽、猪萎缩性鼻炎、仔猪副伤寒
	喘气、腹式呼吸	猪气喘病
	咳嗽	猪气喘病、猪肺疫、伪狂犬病、猪蛔虫病、猪弓形虫病
体温	高温	大部分传染病及部分寄生虫病
可视黏膜	眼结膜发绀	猪气喘病
	眼结膜发炎，眼被分泌物封闭	猪肺疫、猪瘟
	眼流泪，眼下有半月形潮湿痕	猪萎缩性鼻炎
	鼻盘有水泡或烂斑	猪口蹄疫、猪传染性水泡病
	鼻盘干燥	猪丹毒、猪瘟、猪肺疫
	鼻黏膜充血	猪瘟、猪丹毒
	鼻孔流脓性或黏性分泌物或泡沫	猪瘟、猪气喘病、猪肺疫、猪流行性感冒
	口腔及舌黏膜出现水泡或烂斑	猪口蹄疫、猪流行性水泡病
皮肤与被毛	皮肤出血或充血	猪丹毒、猪瘟、猪肺疫
	皮肤青紫色	猪副伤寒、猪肺疫、猪弓形虫病
	皮肤坏死、关节肿胀	猪丹毒
	蹄部有水泡和烂斑，蹄壳脱落	猪口蹄疫、猪传染性水泡病
	被毛粗乱逆立	各种传染病与一些寄生虫病
	全身脱毛或局部脱毛	寄生虫病、慢性猪瘟、猪肺疫
口腔与饮食	口流血样泡沫	猪炭疽、猪肺疫
	咽炎、咽颈部肿胀、咽下困难	猪炭疽、猪瘟、猪肺疫
	呕吐	猪副伤寒、猪瘟、猪丹毒
	食欲减少	大部分传染病（初期猪喘气病除外）
	渴感	猪副伤寒、猪瘟
	不食	猪肺疫、猪副伤寒、猪瘟

续表

检查项目	临床表现	可疑疫病范围
排泄	下痢	猪弓形虫病、猪副伤寒、猪瘟、仔猪红痢、大肠杆菌病、仔猪黄痢
	便秘	猪肺疫、猪丹毒、猪瘟、猪弓形虫病
	血便	猪瘟、仔猪红痢
	尿少而浓	猪丹毒

2. 牛的临宰检疫

(1) 群体检疫

①静态观察：当牛群在车、船、牛栏、放牧场上休息时，检疫人员离牛群一定距离处进行观察。主要观察牛站立或睡卧的姿态、被毛皮肤状况、反刍情况，还要看其嘴角、肛门周围是否干净。健康牛神态自若，站立平稳，眼珠明亮有神，常用舌舔鼻孔。卧地时两前肢抱胸，常呈膝卧姿势，两眼半闭，有力地反刍咀嚼。被毛整洁光亮，皮肤柔软平坦，嘴角周围干净，肛门紧凑、周围无稀粪污染。呼吸平稳，鼻镜湿润，正常嗳气。患病牛站立不稳。头颈低伸，拱背弯腰，卧地时四肢伸开横卧姿势，或久卧不起，被毛粗乱无光，有时局部皮肤肿胀，嘴角周围湿污流涎，肛门周围和尾部沾有粪便。眼多流泪、眼睑肿胀，角膜混浊，鼻镜干燥或龟裂。呼吸急促，无嗳气。

②动态观察：当牛群在装车、赶运、放牧过程中，检疫人员注意观察牛的精神、步态等。健康牛有精神，走路平稳、四肢有力，腰背灵活，耳尾灵敏。在有蚊蝇的季节，频频摇尾，或抖动皮肤，或用头驱赶蚊蝇，耳壳不断转动。排粪姿势正常，粪便半干半稀，落地成堆，尿色澄清。患病牛精神沉郁，起立困难，走路摇晃甚至跛行，曲背弓腰，耳尾乏力不摇动，离群掉队。排粪困难或失禁，粪便干硬或拉稀，有时混有黏液、血液，尿液混浊、有时带血。

③饮食状态观察：健康牛争抢饲料，咀嚼有力，采食速度快、时间长，敢到大群中抢水喝，运动后饮水不咳嗽。患病牛食欲不振，停食或少食，咀嚼缓慢而无力，有的采食咀嚼、咽下表现困难，采食时间短，反刍减少甚至无反刍。不愿到大群中饮水，运动后饮水常常发生咳嗽。

(2) 个体检疫　牛的个体检疫主要以炭疽、口蹄疫、牛肺疫、结核病、布氏杆菌病、蓝舌病、地方性白血病、牛传染性鼻气管炎、黏膜病等为重点检疫对象。

牛个体检疫的临床表现及可疑疫病范围见表2-3。

表2-3 牛个体检查的临床表现及可疑疫病范围

检查项目	临床表现	可疑疫病范围
精神状态与姿势	沉郁	炭疽、气肿疽、牛瘟、焦虫病
	兴奋有攻击性	狂犬病
	恶寒战栗	炭疽、牛瘟
	站立不稳	炭疽(疝痛时)、狂犬病
	跛行	口蹄疫、气肿疽
	长期卧地不起	口蹄疫、焦虫病
	转圈运动	李氏杆菌病
呼吸状态	呼吸困难,喘息	牛肺疫、牛传染性鼻气管炎、气肿疽
	呼吸频速与高温同时出现	大部分传染病
	咳嗽	结核病、牛肺疫、布氏杆菌病
体温	高温	炭疽、气肿疽、牛瘟、牛肺疫、焦虫病
可视黏膜	结膜苍白,黄染	焦虫病
	结膜发炎,有脓性分泌物	牛流感、牛瘟、传染性角膜炎
	鼻黏膜烂斑	口蹄疫、牛瘟
	鼻镜干燥	各种急性传染病
	唇及齿龈黏膜水泡烂斑	口蹄疫、牛瘟
	恶臭鼻涕	牛肺疫、牛瘟
	口流线状液体	口蹄疫
皮肤与被毛	被毛粗乱无光	各种疫病
	头、颈、咽及腹部水肿	巴氏杆菌病
	阴唇水肿	恶性水肿、炭疽
	蹄部有水泡或烂斑	口蹄疫
	体表淋巴结肿大	体表淋巴结核、泰氏焦虫病
	各部肌肉肿胀	气肿疽
采食状态	食欲减退	牛肺疫、焦虫病等
	食欲废绝	气肿疽、牛瘟
	采食咀嚼困难	放线菌病、口蹄疫、牛瘟
	咽下困难	牛蓝舌病、巴氏杆菌病、放线菌病、咽部淋巴结核
	反刍停止	口蹄疫、牛瘟、巴氏杆菌病
排泄	水泻	牛瘟
	下痢	大肠杆菌病、球虫病
	恶臭血便	犊牛副伤寒、球虫病、炭疽、牛瘟
	便秘、下痢	焦虫病
	血尿	焦虫病

3. 羊的临宰检疫

(1) 群体检疫

①静态观察：当羊群在车船、舍内或放牧休息时，检疫人员注意观察羊群站立和卧下姿势等。羊的合群性好，健康羊常于饱食后合群卧地休息，同时缓慢反刍，呼吸平稳，被毛整洁，口及肛门周围干净，当有人接近时立即机敏站起走开。病羊精神倦怠，独卧一隅，被毛粗乱、脱落，皮肤擦痒，显露骨骼，呼吸急促，鼻镜干燥，鼻流涕，口流涎，肛门周围污秽不洁，有人接近时反应性差，不起也不走。

②动态观察：当羊群在运输装卸、赶运及其他运动过程中，检疫人员注意检查羊群的运动等。健康羊精神活泼，走路平稳，合群不掉队，排粪姿势正常，粪便呈小球状。病羊精神或沉郁或兴奋不安，步态踉跄，后躯僵硬或跛行，离群掉队，排便稀，味恶臭。

③饮食状态观察：健康羊食欲旺盛，见青草就互相争食，食后肷部鼓起，见水时迅速抢水喝。病羊食欲不振或废绝，吃草时落在后面或不食呆立，反刍停止，食后肷部仍下凹；饮欲较差或不饮水。

(2) 个体检疫　将群体检疫剔出的病羊或疑似病羊，逐头分系统进行检查，测量体温、呼吸和心跳基本生理指数后，再检查体表淋巴结、口腔黏膜、眼结膜、皮肤和被毛等，主要检疫对象是口蹄疫、炭疽、蓝舌病、羊痘、布氏杆菌病、羊疥癣等。

4. 临宰检疫的主要疫病

待屠宰的各类动物宰前主要检查以下疫病：猪检口蹄疫、传染性水泡病、猪瘟、猪丹毒、猪肺疫和炭疽；牛检口蹄疫、炭疽；羊检口蹄疫、炭疽、羊痘；宰前检疫对象除了上述的主要检疫对象外，还要注意鼻疽、牛痘、恶性水肿、气肿疽、狂犬病、羊快疫、羊肠毒血症、马流行性淋巴管炎和马传染性贫血等烈性传染病的检查。

（四）临宰检疫后的处理

临宰检疫后的屠畜，依据其健康状况和疫病的性质和程度，按有关兽医规程和检验标准做如下处理。

1. 准宰

经临宰检疫认定健康的、符合规格的屠畜，出具准宰通知书后，方可进入屠宰线准予屠宰。

2. 禁宰

临宰检疫后，凡属于危害性大的急性烈性传染病，或重要的人畜共患病和国外已有而现阶段国内尚无或国内已经消灭的疫病，其处理办法如下。

(1) 经临宰检疫，确诊炭疽、鼻疽、牛瘟、恶性水肿、气肿疽、狂犬病、羊快疫、羊肠毒血症、马流行性淋巴管炎、马传染性贫血等恶性传染病的屠畜，一律不准屠宰，采取不放血的方式扑杀处理，尸体销毁或化制。

①牛、羊、马、驴、骡畜群中发现炭疽时，除对患畜禁宰外，其同群家畜应立即逐头测温，体温正常者可作急宰，体温不正常者予以隔离，并注射有效药物观察3d。无高温和临床症状出现者准予屠宰，不注射有效药物者必须隔离观察14d后待无高温和临床症状时方可屠宰。

②猪群中发现炭疽时，同群猪立即进行紧急体温检测，体温正常者急宰，体温不正常者隔离观察，直到确诊为非炭疽时方可屠宰。

③凡经炭疽疫苗免疫的家畜，必须经14d后方可屠宰。对于应用制造炭疽血清的家畜不准屠宰食用。

④屠畜群中发现恶性水肿和气肿疽时，患畜禁宰，其同群屠畜应逐一测温，体温正常者急宰，体温不正常应隔离观察，直到确诊为非恶性水肿或气肿疽时方可屠宰。

⑤牛群中发现牛瘟时，除对患畜禁宰外，其同群的牛予以隔离，经注射抗牛瘟血清观察7d，而未经注射血清者需观察14d，无高温和临床症状时方可屠宰。

⑥被狂犬病或疑似狂犬病患畜咬伤的家畜，应采取不放血的方法扑杀，病畜尸体作销毁或化制处理。

(2) 经检疫发现患有口蹄疫、疯牛病、猪传染性水泡病、猪瘟、牛传染性胸膜肺炎、痒病、蓝舌病、非洲猪瘟、非洲马瘟、小反刍兽疫、绵羊痘和山羊痘、羊猝疽、钩端螺旋体病、急性猪丹毒、李氏杆菌病、马鼻腔肺炎、马鼻气管炎、布鲁菌病、牛鼻气管炎、猪密螺旋体痢疾、牛肺疫、肉毒梭菌中毒等的屠畜，一律不准屠宰，采取不放血的方法扑杀，尸体销毁或化制，并彻底对用具、器械、场地进行消毒。

3. 急宰

经检疫确诊为无碍肉食卫生要求的普通病患畜和一般性传染病但有死亡危险时，可立即出具急宰证明书，运送至急宰间进行急宰，并完善现场消毒措施。

4. 缓宰

经临宰检疫，确认屠畜患一般性疫病或普通病且有治愈希望者，或患有疑似疫病而未确诊的屠畜应予缓宰。注意必须考虑有无隔离饲养、治疗条件和消毒设置及经济价值等多方因素，并进行成本核算。

5. 死畜尸的处理（冷宰）

凡在运输途中或临宰管理中自行死亡或死因不明家畜，一律销毁。如查明原因，确系为因挤压、斗殴等纯物理性因素导致死亡的家畜尸体，经检验肉品品质良好，并能在死后 2h 内取出全部内脏器官者，胴体经无害化处理后方可供食用。

检疫人员对临宰检疫的检疫合格证明、家畜耳标和出具准宰通知书及处理情况要做完整记录留档，并保存 12 个月备查。若发现危害严重的疫病，检疫员必须及时联系并向当地和产地的动物防疫监督机构报告疫情，以便及时采取相应的预防控制措施。

（五）宰前管理

做好屠畜的宰前管理可有效地获得优质耐贮藏的肉品，宰前管理主要包括休息管理和停饲饮水管理。

1. 休息管理

（1）休息管理的意义

①可降低宰后肉品的带菌率：屠畜经过长途运输，因过度疲劳或精神紧张，可使机体的抵抗力降低，一些细菌趁机入侵机体，肉中细菌含量就会明显增多，影响肉的品质和保存时间。如果做好临宰休息管理则能恢复或增强机体的抵抗力，侵入机体的细菌不能发挥作用，从而极大降低了宰后肉品的带菌率。

②可排出体内过多的代谢物：在长途运输过程中，屠畜的生理代谢功能受到影响，发生代谢紊乱，使体内蓄积过多的代谢产物发生滞留，影响宰后肉的品质。若经适当休息，可使屠畜体内过多的代谢物有效排除，从而保证肉的品质不受损害。

③有利于肉品的成熟：由于运输途中的饲养管理条件影响，屠畜又伴随着重度紧张、应激恐惧等，肌肉中的大量糖原被消耗，从而影响宰后肉的成熟。屠畜宰前经适当休息能恢复肌肉中糖原的含量，有利于宰后肉的成熟。

（2）休息管理的时间　经长途运输的屠畜到场后，一般宰前休息 24~48h 即可。

2. 停饲饮水管理

（1）停饲饮水管理的意义

①有利于放血：宰前给予屠畜充足的饮水，可以适当冲淡血液浓度，降低血液黏稠度。

②节约饲草饲料：屠畜摄入饲料到完全消化吸收的过程需要的时间，牛约 40h，猪约 24h，在待宰期内停喂饲料能节约饲草饲料，在保证给予充分饮水的条件下，对屠畜营养并无影响。

③有利于屠宰解体的操作：轻度饥饿可使屠畜胃肠内容物充分消化，有利

于加工的剥皮操作和摘除胃肠、整理胃肠内容物，还可避免划破胃肠，以降低污染肉品的概率。

④有利于肉的成熟：停食可使屠畜轻度饥饿，促进肝糖原分解，使肌肉中的糖原含量恢复和增加，为宰后肉的成熟创造条件，因而可提高肉的品质，并延长肉的贮藏期。

（2）停饲和饮水时间　宰前停饲时间，猪为12h，牛、羊为24h。但必须保证充足的饮水，直到宰前3h停止供水。

实操训练

实训一　污水中溶解氧的测定

（一）技能目标

掌握污水中溶解氧的测定方法。

（二）原理

在碱性溶液中加入硫酸锰，生成氢氧化锰，水中溶解氧将其氧化为锰酸或锰酸锰。经硫酸酸化后与碘化钾作用析出游离碘，然后用硫代硫酸钠标准溶液滴定。反应过程如下：

$$MnSO_4 + 2NaOH \rightarrow Mn(OH)_2 \downarrow + Na_2SO_4$$

$$2Mn(OH)_2 + O_2 \rightarrow 2H_2MnO_3 \downarrow$$

$$H_2MnO_3 + Mn(OH)_2 \rightarrow MnMnO_3 \downarrow + 2H_2O$$

如水中没有溶解氧，则生成的沉淀仍为白色，在这种情况下无需继续滴定；如溶解氧很少则沉淀为浅棕色，如溶解氧很多，则沉淀为深棕色。

$$MnMnO_3 + 3H_2SO_4 + 2KI \rightarrow 2MnSO_4 + I_2 + 3H_2O + K_2SO_4$$

$$I_2 + 2Na_2S_2O_3 \rightarrow 2NaI + Na_2S_4O_6$$

经酸化后，溶解氧使碘化钾氧化而析出碘，溶解氧越多则析出的碘越多，溶液的颜色也就越深。最后用滴管移取一定量反应完毕的水样，以淀粉作为指示剂，用硫代硫酸钠标准溶液滴定，计算出水样中溶解氧的含量。

（三）器材和试剂

1. 器材

碘量瓶、250mL容量瓶、移液管、250mL三角瓶、酸式滴定管等。

2. 试剂

（1）硫酸锰溶液　取240g分析纯 $MnSO_4 \cdot 4H_2O$ 溶于蒸馏水中，过滤，定容至500mL。

（2）碱性碘化钾溶液　取250g分析纯NaOH溶于150~200mL蒸馏水中，加分析纯碘化钾75g并定容至500mL。

（3）0.025mol/L硫代硫酸钠标准溶液　称取6.2g分析纯硫代硫酸钠（$Na_2S_2O_3 \cdot 5H_2O$），溶于煮沸放冷的蒸馏水中，加0.2g无水碳酸钠，并定容至1000mL。

（4）浓硫酸　分析纯，相对密度为1.84。

（5）1%淀粉指示剂　称取1g可溶性淀粉，用少量蒸馏水在烧杯中调成糊状，加入100mL煮沸的蒸馏水，冷却后加入0.5g苯甲酸以防变质。

（四）方法步骤

（1）取水样时尽量避免曝气充氧，以虹吸注满碘量瓶并迅速盖紧瓶塞，瓶中不许有气泡。

（2）取下瓶塞用移液管插入液面下加入1mL硫酸锰溶液，并以同法加入3mL碱性碘化钾溶液，盖上瓶塞，此时瓶中不可有气泡。然后将瓶颠倒摇动数次，使加入的试剂与水样混合均匀。静置数分钟后，待沉淀降至瓶中部，再颠摇动一次，使溶解氧得以"固定"。

（3）继续静置数分钟后，待沉降至瓶中部，开启瓶塞，用移液管插入液面下，加入2mL浓硫酸，盖上瓶塞，颠倒摇动数次，静置5min。此时沉淀溶解，溶液澄清且因析出游离碘而呈黄色或棕色。

（4）用移液管移取100mL上述反应完毕的水样于250mL三角瓶中，然后用硫代硫酸钠标准溶液进行滴定，当溶液呈微黄色时，加入2~3滴淀粉指示剂继续滴定至蓝绿色消失为终点，记录用量。

（五）计算

$$溶解氧量\rho(O_2, mg/L) = \frac{A \times c \times 8 \times 1000}{V}$$

式中　A——滴定所耗硫代硫酸钠标准溶液体积，mL

　　　c——$Na_2S_2O_3$标准溶液浓度，mol/L

　　　V——滴定所取水样体积，mL

（六）实训报告

采集污水样品进行溶解氧的测定，对结果进行分析，写出实训报告。

实训二　污水中生化需氧量的测定

（一）技能目标

掌握污水中生化需氧量（BOD）的测定方法。

（二）原理

微生物分解有机物需要一定的时间且分解速度随温度而异，目前国内外均以20℃条件下，在有充分溶解氧存在时，1L水培养5d所需的氧量作为BOD指标，记作BOD_5。

在实际测定时，只有某些天然水中的溶解氧接近饱和，BOD_5小于4mg/L，可以直接培养测定。大部分污水和严重污染的天然水需要稀释后方可测定，稀释的目的是降低水样中有机物的浓度，使整个分解过程在有足够溶解氧的条件下进行，稀释浓度一般以经过5d培养后，消耗的溶解氧占原有溶解氧的40%~70%为宜。

为了保证培养的水样中有足够的溶解氧，稀释水要充氧至饱和或接近饱和。为此，将蒸馏水放置较长时间或者用人工曝气的办法使溶解氧达到饱和。稀释水应加入一定量的无机营养物质（磷酸盐、钙、镁、铁盐等），以保证微生物生长时的需要。

（三）器材和试剂

1. 器材

电热恒温培养箱、碘量瓶等。

2. 试剂

（1）氯化钙溶液　称取27.5g化学纯无水氯化钙，溶于水中，定容至1000mL。

（2）三氯化铁溶液　称取0.25g化学纯三氯化铁（$FeCl_3 \cdot 6H_2O$），溶于水中，定容至1000mL。

（3）硫酸镁溶液　称取22.5g化学纯硫酸镁（$MgSO_4 \cdot 7H_2O$），定容至1000mL。

（4）磷酸盐缓冲液　称取8.5g化学纯磷酸二氢钾、21.75g化学纯磷酸氢二钾、33.4g化学纯磷酸氢二钠（$Na_2HPO_4 \cdot 7H_2O$）和1.7g化学纯氯化铵，溶于500mL水中，定容至1000mL。此溶液的pH应为7.2。

（5）稀释水　在20L大玻璃瓶内装入一定量的蒸馏水（含铜量小于

0.01mg/L)，其中每毫升蒸馏水加入上述四种试剂各 1mL，用水泵均匀连续通入经活性炭过滤的空气 1~2d，使水中溶解氧接近饱和，然后用清洁的棉塞塞好，静置稳定 1d，稀释水本身的 BOD_5 必须小于 0.2mg/L 方可使用。

（四）方法步骤

（1）水样的稀释　首先要根据水样中有机物含量来选择适当的稀释比。如果对水样性质不了解，需要做 3 个以上的稀释比。先用酸性高锰酸钾法测定水样中化学需氧量，把所得数值除以 3，即得最低稀释比，再选取用两个邻近较高数值作为另两个稀释比。此法对大部分水样选择稀释比有较好的参考意义，污染严重的水样稀释后，在培养液中所占比例为 0.1%~1.0%，普通和沉淀过的污水为 1%~5%，受污染的河水为 20%~100%。

按照选定污水和稀释水的比例，用虹吸法先把一定量污水引入 1000mL 量筒中，再引入所需要的稀释水，用特制的搅拌器（一根粗玻璃棒底端套上一个比量筒口径略小的约 2mm 厚的柏皮板）小心搅匀，然后用虹吸管将此溶液引入 2 个同一编号的溶解氧瓶中，直到充满后溢出少许为止，盖严，注意瓶内不应有气泡，加上封口水。用同样的方法配制加两个稀释比的水样。

（2）另取两个同一编号的溶解氧瓶子加入稀释水，作为空白。

（3）每个稀释比各取一瓶测定当时的溶解氧，另一瓶放入培养箱中，20℃培养 5d，在培养过程中每天添加水封口。

（4）从开始放入培养箱算起，经过 5d 后取出水样，测定剩余的溶解氧量。

（五）计算

1. 不经过稀释而直接培养的水样计算

$$BOD_5 = \rho_1 - \rho_2$$

式中　ρ_1——培养液在培养前的溶解氧量，mg/L

ρ_2——培养液在培养 5d 后的溶解氧，mg/L

2. 稀释后培养的水样计算

根据上述 3 个稀释比，分别按下式算出培养水样的耗氧率。

$$耗氧率 = \frac{\rho_1 - \rho_2}{\rho_1} \times 100\%$$

选取耗氧率为 40%~70% 的培养水样按下式算出 BOD_5：

$$BOD_5 = \frac{(\rho_1 - \rho_2) - (B_1 - B_2)f_1}{f_2}$$

式中　B_1——稀释水在培养前的溶解氧量，mg/L

B_2——稀释水在培养后的溶解氧量，mg/L

f_1——稀释水在培养液中所占比例

f_2——水样在培养液中所占比例

f_1、f_2的计算：例如培养液的稀释比为3%，即3份水样，97份稀释水，则$f_1 = 97\% = 0.97$，$f_2 = 3\% = 0.03$。

如果有2个或3个稀释比培养水样的耗氧率均在40%～70%，则取其测定计算结果的平均值BOD_5，如果3个稀释比培养的水样耗氧率均在40%～70%以外，则应调整稀释比后重做。

（六）说明和注意事项

（1）稀释水温度应在20℃左右，冬季低于20℃应预热，夏季高于20℃应预冷。

（2）水样中若有游离的碱和酸，应预先中和后再进行稀释培养，可用麝香草酚蓝作指示剂，用1mol/L盐酸或碳酸中和。

（3）水样中含有游离氯大于0.1mg/L时，应加亚硫酸钠或硫代硫酸钠除去。方法是先取100mL污水于碘量瓶中，加入1%硫酸1mL、10%碘化钾溶液1mL，摇匀，此时碘被游离，以淀粉作指示剂，用标准硫代硫酸钠或亚硫酸钠溶液滴定，按100mL污水所需要的硫代硫酸钠或亚硫酸钠溶液量，并根据所需稀释培养用的污水量，计算并加入硫代硫酸钠或亚硫酸钠溶液。

（4）水中有Fe^{3+}、Fe^{2+}、NO_3^-、S^{2-}、SO_3^{2-}或有机物严重污染对污水中溶解氧测定有干扰。

（七）实训报告

采集污水样品进行生化需氧量的测定，对结果进行分析，写出实训报告。

> 项目思考

1. 屠宰加工场所选址和布局的卫生要求有哪些？
2. 屠宰加工各场所的卫生要求有哪些？
3. 常用屠宰污水生物处理系统有几种类型？说明其适用条件。
4. 屠宰污水的测定指标有哪些？
5. 如何进行屠畜的收购检疫工作？
6. 简述收购检疫的步骤和方法。
7. 如何进行屠畜运输的兽医卫生监督？
8. 动物福利的内容中屠畜运输方面有哪些要求？
9. 屠畜运输性疾病有哪些？怎样预防屠畜运输性疾病？
10. 屠畜临宰检疫的方法是什么？

项目三 屠宰加工过程中的检验

> 知识目标

1. 掌握生猪、家禽和家兔屠宰加工过程的兽医卫生监督。
2. 了解牛、羊屠宰加工过程的兽医卫生监督。
3. 掌握屠宰加工车间和急宰车间的卫生管理要求。

> 技能目标

1. 会进行猪的屠宰加工操作。
2. 会进行禽的屠宰加工操作。
3. 会进行兔的屠宰加工操作。

> 必备知识

一、屠畜屠宰加工过程的兽医卫生监督

(一)屠宰加工工艺和卫生监督

猪的屠宰加工工艺一般包括淋浴、致昏、放血、煺毛或剥皮、开膛与净膛、去头蹄与劈半、胴体修整、内脏整理及皮张和鬃毛整理等流程(图3-1)。根据《GB/T 17236—2019 畜禽屠宰操作规程 生猪》的规定,从放血到摘取内脏,不得超过30min,从放血到预冷前不得超过45min。

牛的屠宰加工过程一般包括致昏、放血、去头蹄、剥皮、开膛与净膛、劈

半、胴体修整、内脏整理及皮张和鬃毛整理等工序（图3-2）。

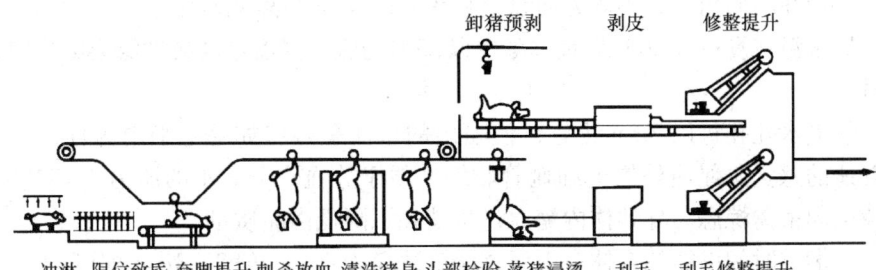

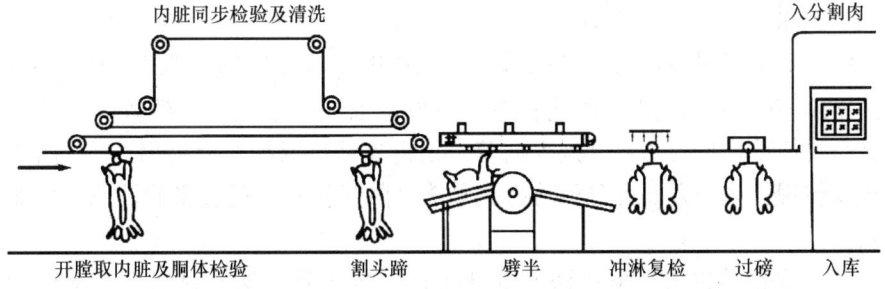

图3-1 生猪屠宰加工工艺流程

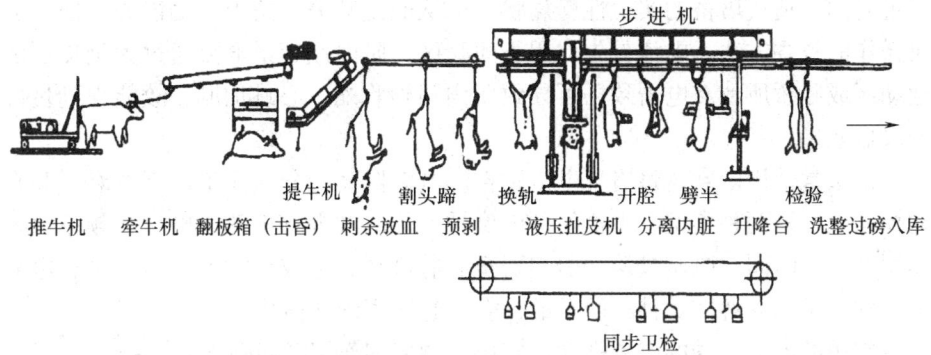

图3-2 牛屠宰加工工艺流程

1. 淋浴

在候宰间的一角装置淋浴设备，将猪只赶至淋浴室内，喷淋猪体，以清除体表的污物，保证屠宰时清洁卫生。

（1）淋浴的卫生意义

①清洁皮毛，去掉污物，减少屠宰过程中的肉品污染。

②可使猪趋于安静，促进血液循环，保证放血良好。

③浸湿猪体表，提高电麻效果。

(2)淋浴净体注意事项

①应在不同角度、不同方向设置喷头,以保证体表冲洗完全。

②水温在夏季以20℃为宜,冬季以25℃为宜,温度过高或过低会影响肉的质量。

③喷水孔孔径以2mm为宜,使喷出的水流呈雾状如毛毛细雨为佳,使猪有舒适的感觉,促使外周毛细血管收缩,便于放血充分。水的压力不宜过大,以免引起畜禽惊恐,导致体内糖原过量消耗,降低肉品质量。

④淋浴时间以能使畜体表面污物浸软洗净为宜,一般2~3min即可。

⑤小的屠宰场没有淋浴设施时,可用胶皮管接上喷头进行人工喷洗。

2. 致昏

致昏是指应用物理的(如机械的、电击的)或化学的(吸入CO_2)方法,使猪宰杀前短时间内处于昏迷状态。在放血前,一般先予以致昏。致昏的目的,一是使动物失去知觉,减少痛苦,是世界动物保护协会提出"人道屠宰"的重要体现;另一方面可避免动物在宰杀时因挣扎而消耗过多的糖原,以保证肉质。

(1)电击致昏法(麻电法、电麻法) 电击致昏法是目前广泛使用的一种致昏法,可用于各种屠畜,是指用一定强度的电压和电流强度通过屠畜脑部一定时间,造成屠畜的实验性癫痫状态,从而使其失去防卫运动能力,便于放血操作的致昏方法。电流首先作用于间脑区,肌肉痉挛系电流通过大脑皮层的运动区或脑桥所致。电击致昏可导致肌肉强烈收缩,心跳加剧,故能得到良好的放血效果。

该法常使用电麻器将屠畜电击致昏。电麻器又可分为人工控制电麻器和自动控制电麻器两种类型。不论何种电麻器,均应掌握好电流、电压、频率以及作用部位和时间。电麻过深会引起屠畜心脏麻痹,造成死亡或放血不全;电麻不足则达不到麻痹知觉神经的目的,会引起屠畜剧烈挣扎。

常用的电击致昏的电流强度、电压、频率和作用时间列于表3-1。

表3-1 家畜屠宰时的电击致昏条件

动物种类	电麻器	电压/V	电流强度/A	麻电时间/s
猪	人工控制电麻器	70~100	0.5~1.0	1~3
	自动控制电麻器	<90	<1.5	1~2
牛	单接触杆式电麻器	<200	1.0~1.5	7~30
	双接触杆式电麻器	70	0.5~1.4	2~3
羊	提式电麻器	90	0.2	3~4

注:羊的性情温顺,对人不具有攻击性,因而一般不予以致昏。

（2）二氧化碳麻醉法　此法是使屠畜通过含65%~85% CO_2（由干冰产生）的密闭室或隧道，经15~45s以使屠畜麻醉维持2~3min，以达到刺杀放血操作的目的。

本法的优点是操作安全，生产效率高；对屠畜无伤害，屠畜无紧张感、无噪声，不知不觉进入昏迷，因此肌糖原消耗少，可使屠畜完全失去知觉，致昏程度深且可靠；肌肉处于放松状态，不会发生痉挛，呼吸维持较久、心跳不受影响，放血良好；肉品pH低且稳定，利于保存。缺点是工作人员不能进入麻醉室，成本较高，CO_2浓度过高时能造成屠畜死亡。

（3）机械致昏法

①刺昏法：此法主要用于屠牛。系指用匕首迅速、准确地刺入牛的枕骨与环椎之间，破坏延脑和脊髓的联系，使屠牛瘫痪。既防止屠畜挣扎难于刺杀放血，又减轻刺杀放血时屠畜的痛感。本法的优点是操作简便，易于掌握。缺点是要求技术熟练，对性情暴烈和健壮的屠牛不宜使用此法；刺得过深会伤及呼吸中枢和血管运动中枢，造成呼吸骤停和血压下降，影响放血效果，有时出现早死。

②木锤击昏法：此法也主要用于屠牛，尤其是老弱屠牛的屠宰时应用效果较好。系指用质量约2~2.5kg的木锤猛击屠牛的前额部，使其昏倒的方法。此时，虽然屠畜知觉中枢麻痹，而运动中枢依然完整，所以肌肉仍能收缩，放血时促使血液从体内流出。此法的主要优点是不破坏屠牛的运动中枢，因而放血较为完全；其缺点是劳动强度较大，且安全性较差，力度掌握也要求较高，力度过轻或打击部位不准时，易造成屠牛惊恐狂逃，甚至发生伤人毁物事故，打击力度过大则易出现头骨破裂或死亡，造成放血不良。因此，应准确掌握打击力度，以不打破头骨和致死，仅使屠牛失去知觉为度。此法目前已很少使用。

3. 刺杀放血

将致昏后的猪后腿吊在滑轮的套脚或铁链上经滑车吊至悬空轨道，运至放血处进行放血。放血系指用放血刀割断血管或刺破心脏，使血液流出体外，将屠畜致死的屠宰操作。在致昏后应立即放血，最好不超过30s，以免肌肉出血。

（1）放血方式　根据放血时屠畜的体位不同，可采取水平放血和倒挂垂直放血两种。从卫生角度看，倒挂垂直放血更佳，放血安全，放血效果良好，利于随后的加工，同时可减轻工人劳动强度。

（2）放血方法

①切断颈部血管法：即切断颈动脉和颈静脉放血法，是目前广泛采用的比较理想的一种放血方法，马、牛、羊、猪都可采用。猪倒立悬挂时，应于颈部和躯干交界处的中线偏右约1cm处或第一肋骨水平线以下3.5~4.5cm处刺入，

刺杀时刀尖向上，刀刃与猪体成 15°~20°角，抽刀向外侧偏转切断血管，不得刺破心脏。刺杀放血刀口长度以 3~4cm 为宜，不得超过 5cm。沥血时间一般为 6~10min，不得少于 5min。牛一般于颈中线距胸骨 16~20cm 处下刀，刀尖斜向背后方刺入 30~35cm，随即抽刀向外侧偏转，切断血管；沥血时间 8~10min，不得少于 8min。羊可用窄的放血刀于下颌角稍后处横向刺穿颈部，切断颈动脉和颈静脉，而不伤及气管和食管；沥血时间 5~6min，不得少于 5min。

此法的优点是不伤及心脏，心脏保持收缩功能，有利于放血完全，且操作简便；缺点是杀口较小，血流时间较长，如果放血时间过短，易造成放血不全。因此，使用此法放血时，放血轨道和放血槽应有足够的长度，以保证放血充分。

②空心刀放血法（真空刀放血法）：这是一种国外已经广泛采用，我国少数肉联厂曾试验应用，目前正在普及推广的放血方法。放血时，将一种具有抽气装置的特制"空心刀"插入事先在颈部沿器官做好的皮肤切口，经过第一肋骨中间的胸前口直接向右心刺入，血液即通过刀刃空隙、刀柄腔道沿橡皮管流入容器中。此法放血由于血液未受到污染，可供食用或医疗用，可提高其利用价值，且放血完全，胴体品质好。空心刀放血虽刺伤心脏，但因有真空抽气装置，故放血仍良好。

③心脏穿刺法：此为我国民间习惯采用的方法。刺杀部位是颈胸交界处凹陷内，沿胸前口刺至心脏。由于此法损伤心脏，影响心脏收缩功能，常造成放血不良，因而应用较少。

此外，在信仰伊斯兰教的少数民族地区，应尊重其民族习俗。

（3）卫生要求　放血必须正确掌握放血部位、操作技术和放血时间，保证血流通畅，放血完全。否则，不是放不出血来，就是血流不畅，造成血液在组织中滞留和浸润，甚至发生呛血现象，给随后的头部检验和加工带来不利影响。因此，放血工作应由熟练的工人来操作，并保持相对稳定。

放血程度是肉品质量的重要指标之一。放血良好的胴体，色泽鲜亮，肉质鲜嫩，而且因含水量少，耐贮藏。反之，放血不良的胴体，色泽深暗，肉味不美，而且因含水量高，有利于微生物生长繁殖而易发生腐败变质，不耐贮藏。

4. 脱毛或剥皮

（1）脱鬃　猪鬃即猪的颈部和脊背部的刚毛。猪鬃刚韧而富于弹性，具有天然的鳞片状纤维，能吸附油漆，为工业和军用刷的主要原料。猪鬃能制成各种用刷、化学灭火剂、化学药品（如胱氨酸、酪氨酸）等。我国所产猪鬃，在数量上和质量上都驰名中外，也是我国主要出口的畜产品之一。为了获得猪鬃，可在烫毛前将鬃拔掉，即脱鬃。生拔的鬃弹性强，质量好。

（2）浸烫脱毛　猪的屠宰加工有烫毛和剥皮两种方法，我国大多数采用热水浸烫煺毛的加工方法。

①浸烫：放血后的猪体经沥血后，由悬空轨道上卸入烫毛池内进行浸烫，使毛根及其周围毛囊的蛋白质受热变性，毛根和毛囊易于分离，同时表皮也出现分离达到脱毛的目的。猪体在烫毛池内借助于推挡机前后翻动和向前运送。浸烫水温和时间应根据猪的品种、个体大小、皮肤薄厚、年龄、季节等情况灵活掌握。杂交改良的瘦肉型猪皮肤较薄，烫池水温应保持在58~60℃；农民散养的土种猪皮肤较厚，烫池水温应保持在61~62℃。在寒冷的冬季，烫池水温应酌情升高1℃，浸烫时间一般为5~7min。有资料报道，水温超过63℃，浸烫8min，会引起猪的高温强直，肉质降低。同时，为使屠体各部分受热均匀，可借助于推挡机不断前后翻动和向前运送屠体，每挡一头，不可多夹。小型屠宰场若无推挡机时，可用带钩的长杆来翻动屠体向前拨送。烫毛水至少每班更换一次，采用连续进水、出水的方式烫毛，更符合卫生要求。

②煺毛：煺毛分机械煺毛和手工煺毛两种。大中型肉联厂普遍应用机械煺毛，多为滚筒式刮毛机，刮毛机与烫毛池相连，猪浸烫完毕即由传送带自动送进刮毛机，每台机器每次可放入3~4头，每小时可煺毛200头左右，煺毛应力求干净。机械煺毛时，打毛机内淋浴水温应掌握在30℃左右，要求不断肋骨，不伤皮下脂肪为原则。煺下的毛及皮屑，通过孔道运出车间。

小型肉联厂和屠宰场无刮毛机设备时，可进行人工煺毛，先用卷铁刮去耳和尾部毛，再刮头和四肢的毛，然后刮背部和腹部的毛。各地刮法不尽一致，以方便、刮净为宜。

③净毛（清理残毛）：煺毛后的屠体放入清水池内清洗。为清除屠体上的残毛和绒毛，必须进行净毛处理。净毛的方法有手工修刮、燎毛等。难刮的残毛或断毛，最好不用刀剃或火燎，以免毛根留在皮内，严禁用松香拔毛。

一些中小型肉类联合加工厂主要采用酒精喷灯燎毛，再采用传统的卷铁刮和石头打的手工修刮方式将未刮净的部位如耳根、大腿内侧及其他未刮掉的残毛或茸毛连根除去，这样获得的肉质量很高。然后将后肢跟腱部用刀穿口（6~8cm宽）上挂钩，通过滑轮吊上悬空轨道。

而一些大型肉类联合加工厂，尤其如丹麦、荷兰等国的肉联厂和屠宰场，上述处理是通过燎毛炉和刮黑机完成的。燎毛炉内的温度可达1200℃，屠体在炉内停留10~15s，即可将体表残毛烧掉。与此同时，屠体表皮的角质层和透明层也被烧焦。然后进入刮黑机，刮去大部分烧焦的皮屑层，再通过擦净机械和干刮设备，将屠体修刮干净。最后将屠体送入干燥的清洁区作进一步的加工。这套设备效果很好，但工艺要求复杂，费用较高。不论采用何种工艺，都必须符合脱净毛且不损伤皮肤的要求。

（3）剥皮　为了充分利用猪皮资源，将猪皮剥下来供皮革厂加工成皮革及皮革制品。因此，就需要进行剥皮猪肉的屠宰加工。此时，剥皮就成了猪屠宰加工的重要环节。

而牛、羊放血后一般先进行去头、蹄工序，然后剥皮。有时也在刺杀放血后尽快剥皮，以免尸体冷后不易剥下，并在剥皮的过程中分别将蹄、头卸下。

羊的屠宰有时根据用户要求，采用脱毛剂进行脱毛或用喷灯进行燎毛的加工方法而不进行剥皮。进行燎毛时要掌握好燎毛时间，将毛燎净，皮肤微黄而又不烧焦为宜。

剥皮方法分为手工剥皮和机械剥皮两种。

①机械剥皮：机械剥皮可以减少污染和避免损伤皮张，提高工效，减轻劳动强度，有条件的企业应尽量采用。猪按挑腹皮、剥前腿、剥后腿、剥臀皮、剥腹皮、夹皮、开剥等一系列程序进行剥皮操作；牛按剥头皮、剥四肢皮、剥腹皮、剥背皮等一系列程序进行剥皮操作。

②手工剥皮：一般的小型肉联厂或小规模的屠宰厂均采用手工剥皮。猪先挑腹皮，再剥臀皮、剥腹皮，最后剥脊背皮，剥皮时不得划破皮面，少带肥膘。猪皮下脂肪层厚，剥皮较为困难，通常应由熟练工人进行手工剥。牛手工剥皮是先剥四肢皮、头皮和腹皮，最后剥背皮。如果是卧式剥皮时，先剥一侧，然后翻转再剥另一侧；如为半吊式剥皮，先仰卧剥四肢、腹皮，再剥后背部皮，然后吊起剥前背皮。羊的手工剥皮方法与牛相似，且各地有不同的剥皮习惯，但要注意不将羊皮剥破，不能沾污胴体。

不管采用何种方式剥皮，剥皮时都应力求仔细；遇到难剥的部分，应小心剥离，不可猛扯硬拉，避免损伤皮张和胴体；也应防止污物、皮毛、脏手污染肉品。据报道，剥皮操作工人经过6h对1000头猪剥皮后，工作服上的细菌数高达3×10^7个$/cm^2$。

5. 开膛与净膛

开膛是指剖开屠体胸腹腔的操作过程。在清理残毛或剥皮后应立即进行开膛，屠体放血后至开膛不得超过30min。延缓开膛不仅会造成内脏器官的自溶分解，并有利于胃肠道内微生物向其他脏器和肌肉转移，从而降低肉品的质量和耐贮性，而且会影响脏器和内分泌腺体的利用价值，如肠管发黑、内分泌腺的激素降解等。

开膛宜采取机械倒挂垂直方式，这样既减轻劳动强度，又减少胴体被胃肠内容物污染的机会。猪开膛沿腹正中白线切开皮肤，接着划开腹膜，使胃肠等自动滑出体外，便于检验；然后沿肛门周围用刀将直肠与肛门连结部剥离开（俗称雕圈），再将直肠掏出打结或用橡皮箍套住直肠头，以免流出粪便污染胴体。开膛时应小心，切勿划破胃肠、膀胱和胆囊，若万一划破后被胃肠内容物、尿液和胆汁所污染，应立即冲洗干净，并根据污染的程度作不同处理。胃肠内容物是胴体感染沙门菌、粪链球菌和其他肠道致病菌的主要来源，应引起生产人员的高度重视。开膛后，严禁用抹布擦洗胴体。

净膛又称为去内脏，操作时应从前向后直至肛门，先沿肋软骨与胸骨连结处切开胸腔并剥离喉头、气管、食道，再用刀划破横膈膜，将心、肝、肺和胆囊一起摘除，然后用刀将肠系丛膜处割断，随之取出胃肠、脾，最后摘除膀胱、肾脏和腹壁脂肪（板油）。去内脏要求做到摘除的内脏不落地，摘除的内脏又分为"红下水"（心、肝、肺、肾）和"白下水"（胃、肠、脾、胰），应分别挂在排钩上或放在传送盘上，接受检验。

取出内脏后，应及时用足够压力的净水冲洗胸、腹腔，洗净腔内淤血、浮毛、污物。

6. 去头蹄与劈半

（1）去头、蹄　屠宰猪时，一般在净膛后再去头、蹄。去头是指分别从枕寰关节处卸下头，大多数肉联厂用去头机将头卸下，中小型屠宰场用刀将头砍下；去蹄是指从腕关节去掉前蹄，从跗关节处去掉后蹄。操作时要求切口整齐，避免出现骨屑。

（2）劈半　劈半是指沿脊椎正中将胴体劈成对称的两半。劈半后，既便于检验和运输，又便于冷冻加工和冷藏堆垛。猪因皮下脂肪较厚，实行人工劈半时，需事先沿脊柱切开皮肤和皮下软组织，俗称为"引脊"，再用砍刀将脊柱对称地劈为两半。但肉联厂和屠宰场目前广泛使用手提式电锯或桥式电锯进行劈半。用手提式电锯劈半时，应注意"描脊"，并将锯掌握好，使骨节对开，劈半均匀。采用桥式电锯劈半时，应使轨道、锯片、引进槽成直线，不得锯偏。劈半时要求劈面平整、正直，以劈开脊髓管，暴露出脊髓为佳，避免左右弯曲或劈断、劈碎脊椎，以防藏污垢和降低商品价值。劈半后应及时用净水冲去锯肉末。

牛胴体一般先进行劈半，再将半胴体沿最后肋骨后缘分割为前后两半，称为"四分体"，然后根据要求进行分割肉的加工。羊的胴体较小，一般不需劈半。

7. 胴体修整

胴体修整是指清除胴体表面的各种污物、修割掉胴体上的病变组织、损伤组织及游离组织，摘除有碍肉品卫生的组织器官，并对胴体进行修削整形，使胴体具有完好商品形象的操作过程。胴体修整分干修和湿修两种。

（1）干修　干修时，先除去胴体表面的残余水分和碎屑，再用修割刀修整颈部和腹壁的游离缘，割除伤痕、化脓灶、斑点、淤血部以及残留的膈肌、游离的脂肪，摘除甲状腺、肾上腺和病变的淋巴结。根据不同的加工规格，有时还需剥除肾周围的脂肪（即板油）和摘除肾脏。修整好的胴体应达到无血污、无粪污、无残毛、无污物，具有良好的商品外观。修割下来的组织和废弃物，应分开放置于容器中，加以利用或处理。

（2）湿修 湿修时，用一定温度和压力的热水冲洗，将附着在胴体表面的毛、血、粪等污物冲洗干净。特别应注意颈端部和已劈开的脊柱。但值得注意的是，因为牛、羊皮下脂肪少，肌肉易吸水而影响屠体表面"干膜"的形成，使肉品容易变质，不利于保藏，所以其湿修只能冲洗胸腹腔内表面，不宜冲洗外表面。

无论采用何种修整方式，修整过程中严禁用抹布擦洗胴体，因为它是许多胴体被同类污染物污染的来源，尤其是易被微生物污染而使胴体的卫生质量下降。

8. 内脏整理

摘除后的内脏经检验后应立即送入内脏整理车间进行整理加工，不得积压。

内脏整理包括胃的割取、肠管的分离、翻肠和倒胃、摘除淋巴结和病变部位、分离心肺、除去肾包囊等工序。内脏整理车间应有充足的温水和冷水供应。

（1）割取胃时，食管和十二指肠应留有一定的长度，以免胃内容物流出。

（2）分离肠管时，应小心摘除附着的脂肪和胰脏，除去肠系膜淋巴结、病变部位和寄生虫等，切忌将肠管撕裂、拉断。

（3）翻肠和倒胃应于固定的工作台上进行，翻出的胃肠内容物洗净后应集中放置于一定的容器中迅速冷却，不得长时间堆放，以免变质。

（4）分离心脏时应除去心包膜。

（5）除去肾包囊时不应破坏肾的完整性。

9. 皮张和鬃毛的整理

（1）皮张的整理 猪、牛、羊生皮是重要的副产品，经鞣制加工后，可以制成各种日用品和工业品。为了给制革工业提供优质的制革原料，除猪、牛、羊生前注意饲养管理，保护皮肤不受损伤外，对刚剥下的生皮需要进行初步整理。皮张整理时，应先抽取尾皮（牛），除去皮张上的泥土、粪污、残留的肉屑、脂肪、耳软骨、蹄、嘴唇等，然后采用干燥法、盐腌法或冷冻法进行防腐，再然后送皮革加工车间（厂）进一步加工，不得堆积和暴晒，以免皮张变质或老化。

（2）毛类的整理 猪鬃毛整理时，按色分类，用铁质梳除去绒毛、皮屑、灰渣和杂质后，按其长度进行分级、扎捆成束。泡烫后刮下的湿鬃毛，为了除去毛根上的表皮组织，可将其堆2～3d，通过发热分解促其表皮组织腐败脱落，然后加水梳洗，除去绒毛和碎皮屑，再摊开晒干后送往加工。也可采用弱苛性钠溶液蒸煮浸泡法，使表皮组织溶解，效果也较好。好的猪鬃一般是色泽光亮，毛根粗壮，无杂毛、绒毛、霉毛、表皮等。

从畜体上剪下的毛，应注意检疫和消毒，以免疫病的传染。同时也应注意毛的清洁和分级。在肉联厂所获得的毛，多是从宰后屠体煺下的毛。这种毛经过加工、清洗和消毒，也可以作为良好的轻工业原料。

10. 检验、盖印、称量、出厂

屠宰后要进行宰后兽医检验，检验合格者，盖"兽医验讫"印章，然后经过自动吊称称量后，入库冷藏或出厂。

（二）屠宰加工车间的卫生管理

屠宰加工车间的卫生管理是整个屠宰加工管理的核心部分，该车间的卫生状况直接影响到产品的质量，因此，屠宰加工车间的卫生管理必须做到制度化、规范化和经常化。具体要求如下。

（1）车间门口应设与门等宽的消毒池，人员进出必须从池中经过，池内的消毒液应定期更换，以保持药效。

（2）屠宰加工车间是兽医卫生检验人员履行职责、施行检验检疫的重要场所，因此，车间内应保持充足的光线，人工光源应达到要求的照度，光源发生故障后要及时修理，决不能让兽医卫生检验人员在暗光下进行检验操作。为增加车间的可见度，冬季应配备除雾、除湿设备。

（3）车间内设备和用具应坚固耐用，便于清洗消毒。车间内各岗位人员应尽职尽责，忠于职守。车间的地面、墙裙、设备、工具、用具等要经常保持清洁，每天生产完毕后用热水洗刷。除发现烈性传染病时紧急消毒外，每周应用2%的热碱液消毒1次，至下一班生产前再用流水洗刷干净。放血刀应经常更换和消毒。生产人员所用工具受污染后，应立即用82℃热水清洗和消毒。为此，在各加工检验点除设有冷热水龙头外，还应备有消毒液或热水消毒器。烫池的热水应每4~6h更换一次，清水池要有进有出，保持流动，保持清洁卫生。

（4）血液应收集在专用容器或血池中，经消毒或加工后方准出厂，不得任意外流。供医疗或食用的血液应分别编号收集，经检验确认为来自健康畜时方可利用。

（5）在整个生产过程中，要防止任何产品落地，严禁在地上堆放产品。废弃品要妥善处理，严禁喂猫、喂狗或直接运出厂外作肥料。

（6）屠宰加工车间内不得翻洗胃肠。

（7）禁止闲杂人员进入车间，参观人员进入车间，必须由专人带领并穿戴专用衣、帽和靴，参观过程中不得触摸肉品、用具和废弃物。

（8）严禁在屠宰加工车间进行急宰。

（三）急宰车间的卫生管理

急宰车间对隔离圈或贮畜场送来的、确诊为无碍肉品卫生的普通病或一般传染病患畜进行紧急宰杀的场所，因屠宰的是病畜禽，所以对其建筑设施的卫生要求更严格。急宰车间除应遵守屠宰加工车间的卫生原则外，还应有一些特殊的卫生要求。

（1）车间内的建筑和设备应适用于屠宰各种畜禽，并有更严密的防鼠、防蚊蝇设备。

（2）急宰车间的工作人员应相对稳定。外人不得进入车间，本车间与其他车间的工作人员在工作期间不得串动。

（3）在急宰车间工作的人员，应注意个人防护。

（4）凡送往急宰间的屠畜禽，需持有兽医开具的急宰证明。凡确诊为恶性传染病者，一律不得急宰；疑为炭疽的，需做血片检查。

（5）应设有专用的下水系统，其污水在排入公共下水道前，需经严格消毒。血液、废弃物和污物不许任意外流，未经彻底消毒，不得运出厂外。

（6）胴体、内脏、皮张均应妥善放置，未经检验不得移动。该车间生产的所有产品，均须经无害化处理后方可出厂。严禁将该车间的任何用具带出车间。

每次工作完毕后，应进行彻底消毒。对车间的地面及工作台板、用具等需用5%热氢氧化钠溶液或含6%有效氯的漂白粉液消毒，下次开始工作之前再用清水冲洗。金属用具不宜用5%的热碱水消毒，在消毒后应及时清洗，以防腐蚀生锈。

（四）生产人员的个人卫生与防护

1. 健康要求

在职人员应每半年进行一次健康检查，新招收的工人，必须在体检合格后方可进厂工作。凡患有开放性或活动性结核病、传染性肝炎、肠道传染病和化脓性皮肤病的工人，均应调离或暂停肉食生产工作，治愈后方可恢复工作。

2. 卫生要求

生产人员应有良好的卫生素养和卫生习惯，要勤洗澡、勤换衣、勤剪指甲。进入车间前应穿戴好经清洁和消毒的工作服、工作帽、口罩和胶靴等。工作服要每班换洗，胶靴应于工作完毕后洗刷干净。

3. 个人防护

生产人员的卫生防护，除做好定期的健康检查外，与水接触较多的工人应穿不透水的衣裤，并需配给护肤油膏；急宰车间的工作人员应配带无色平光镜、乳胶手套，配给工作服、工作帽和线手套；不得在车间内更衣，非工作时间不得着工作服装；车间内严禁进食、饮水、吸烟，不许随地吐痰，不许对着肉品咳嗽和打喷嚏；饭前、便后及工作前后要洗手。屠宰加工企业的全体工作人员，应定期接收必要的预防注射等卫生防护，以免感染人兽共患病。

二、家禽屠宰加工过程的兽医卫生监督

（一）家禽屠宰加工工艺与卫生监督

吊挂　电麻致昏　刺杀、放血　浸烫　煺毛　整理　净膛　预冷　分割　包装入库

图3-3　家禽屠宰工艺流程

1. 电麻致昏

家禽个体虽小，但好挣扎，挣扎会造成肌糖原的大量消耗，影响宰后肉的成熟。此外，挣扎时头颈的扭曲、两翅的煽动，极易造成车间的污染。所以，在放血前应予以致昏。致昏的方法很多，但目前多采用电麻致昏法。

研究结果和实践证明，若采用直流电，以90V电压、放血90s的效果为好；若采用脉冲直流电，则以100V的电压、480Hz的频率放血效果最好；若采用交流电，以50V的电压、60Hz的频率放血效果好。这三种方法中以直流电的致昏效果最佳。

2. 刺杀与放血

家禽的刺杀，要求保证放血充分，尽可能保持胴体完整，减少放血的污染，以利于保藏。常用的刺杀放血方法如下。

（1）颈动脉颅面分支放血法（动脉放血法）　该方法是在家禽左耳后方切断颈动脉颅面分支，其切口在鸡约1.5cm，鸭、鹅约2.5cm处，沥血时间应在2min以上。本法操作简便，放血充分，也便于机械化操作，而且开口较小，能保证胴体较好的完整性，污染面也不大，故目前大多采用这种放血方法。

（2）口腔放血法　用一手打开口腔，另一手持一细长尖刀，在上腭裂后约第二颈椎处，切断任意一侧颈总静脉与桥静脉连接处。抽刀时，顺势将刀刺入上腭裂至延脑，以促使家禽死亡，并可使竖毛肌松弛而有利于脱毛。用本法给鸭放血时，应将鸭舌扭转拉出口腔，夹于口角，以利于放血流畅，避免呛血。沥血时间应在3min以上。本法放血效果良好，能保证胴体外表的完整。但是

操作较复杂，不易掌握，稍有不慎，容易造成放血不良，有时也容易造成口腔及颅腔的污染，不利于禽肉的保藏。

（3）三管切断法（断颈法）　此为我国民间习惯采用的方法，即在禽的喉部横切一刀，在切断动、静脉的同时，也切断了气管和食管。本法操作简便，放血较快，但因切口过大，不但妨碍商品外观，而且容易造成污染，影响产品的耐藏性。所以，此法不适用于大规模屠宰加工厂。

无论采用哪种放血法，都应有足够的放血时间，以保证放血充分，并使屠禽彻底死亡后，再进入浸烫与煺毛工序。

3. 煺毛

屠宰时为了防止羽毛被血污染，应采用口腔放血法。家禽的煺毛方法有干拔和湿拔两种。拔毛时要注意把禽体上的片毛和绒毛都拔下来，尤其是鸭、鹅的绒毛，更具有经济价值。干拔法可最大限度地保持光禽和羽毛的质量，羽绒业收集羽毛多采用此法，但不易掌握，工效低，不便于机械化大批量加工，所以应用很少。屠宰加工时则多采用湿拔法。湿拔法又可分为烫毛、脱毛、清理残毛三道工序。

目前机械化屠宰加工时，浸烫水温和时间主要根据家禽的品种、年龄和季节而定。肉鸡浸烫水温为 58～61℃，而农民散养的土种鸡月龄较大，浸烫水温为 61～63℃，淘汰蛋鸡的浸烫水温为 60～62℃，鸭、鹅的浸烫水温为 62～65℃。浸烫时间一般控制在 1～2min。水温过高、时间过长会烫破皮肤，使脂肪熔化，水温过低、时间过短则羽毛不易脱离。在实际操作中，应注意下列事项：未死或放血不全的禽尸不能进行烫毛，否则会降低产品价值；浸烫水温和时间必须严格控制；浸烫热水应保持清洁，最好为流水，若为池水浸烫，则应注意换水（一般为2h换一次），以免浸烫水污浊而污染禽体。

浸烫后一般采用机械煺毛。机械煺毛主要利用橡胶指束的拍打与摩擦作用脱除羽毛，因此必须调整好橡胶指束与屠体之间的距离：距离过小，会因过度拍打屠体而导致骨折、禽皮破裂或翅尖出血；距离过大，则可能导致脱毛不全，影响速度。另外应掌握好处理时间。

浸烫、煺毛后，未煺净的残毛（尤其是绒毛）尚需用钳毛机或火焰喷射机烧毛的方法去除干净。

4. 净膛

（1）净膛形式　按去除内脏的程度不同，分为三种净膛形式。

①全净膛：从胸骨至肛门中线切开腹壁或从右胸下肋骨开口，除肺和肾脏保留外，将其余脏器全部取出，同时去除嗉囊。

②半净膛：由肛门周围分离泄殖腔，并于扩大的开口处将全部肠管拉出，其他脏器仍留于体腔内。

③不净膛：即脱毛后的光禽不作任何净膛处理，全部脏器都保留在体腔内。

（2）卫生要求

①净膛和半净膛加工时，拉肠管前应先挤出肛门内粪便，不得拉断肠管和扯破胆囊，以免粪便和胆汁污染胴体。体腔内不能残留断肠和应除去的脏器、血块、粪污及其他异物等。

②净膛和半净膛加工时，内脏取出后应与胴体一起进行检验。

③加工不净膛光禽时，宰前必须做好停食管理，延长停食时间，尽量减少胃肠内容物，以利于保存。

（二）家禽屠宰加工车间的卫生管理

家禽屠宰加工车间的卫生管理与家畜相似。企业要明确清洁卫生人员的职责和操作程序，明确清洁卫生的频率，实施有效的监控和相应的纠正预防措施。班前班后要对车间、设施设备进行彻底清洗消毒；在生产过程中，要定时对工具、操作台和产品接触到的传送带表面等进行清洗消毒；加强对员工手的清洗消毒，防止肉类受到交叉污染；对接触肉类的手套、工作服（围裙）和内、外包装材料也需进行必要的消毒，确实保持良好的卫生安全状态；在清洗消毒时，要采取科学合理的措施，防止对产品造成再污染。

三、家兔屠宰加工过程的兽医卫生监督

（一）屠宰前的准备

为了保持冻兔肉的卫生和质量，被宰活兔必须是来自非疫区的健康家兔。同时，在屠宰前，要根据健康家兔的基本要求进行严格的健康检查，并做到病、健兔分圈存放，确认健康的家兔，立即送到候宰间，并标以准宰记号，方可进行屠宰。

家兔在待宰期间，需经过 8h 以上的断食休息，是为了减少消化道中的内容物，防止在加工过程中肉质被污染，同时也便于整理内脏器官。家兔在安静的环境中进行充分地休息，有利于放血彻底。另外，还可使肝脏中的糖原分解成乳酸，分布于机体各部分，屠宰后能迅速达到尸僵和提高酸度，从而抑制微生物的繁殖。断食还可节省饲料，降低成本。在断食期间，应充分满足家兔的饮水，以保证其正常的生理机能，促使粪便的排出和放血充分，可获得品质优良的产品。同时，家兔饮水充分，有利于剥皮操作。在屠宰前 3h 停止供给家兔饮水，可防止在倒挂放血时胃内容物从食道流出。

（二）屠宰加工工艺

冻兔肉的加工工艺流程大体为：

活兔验收保养 → 送宰 → 击晕 → 宰杀、放血 → 淋浴 → 剥皮 → 截肢 → 修黏膜 → 剖腹 → 取内脏 → 检验内脏 → 质量检验 → 修割整理 → 清污 → 肉尸复检 → 分等级 → 预冷 → 拆骨 → 冷却 → 过磅 → 装箱 → 速冻

现代化的兔肉加工过程是采取机械流水线作业。用空中吊轨移动进行家兔的屠宰与加工，用机械方法代替手工操作，这不但减轻了繁重的体力劳动，提高了工作效率，而且还减少了污染的机会，保证肉质新鲜卫生。目前我国各地建造的兔肉加工厂，大都按照国际卫生组织的要求实施，以便打入国内外市场。目前冻兔肉加工的操作要点如下。

1. 击晕

击晕的目的在于使家兔暂时失去知觉，减少或消除屠宰时家兔的挣扎，便于操作放血。目前我国兔肉加工厂已广泛采用击晕方法，认为较好的方法是电击晕法（即电麻法），使电流通过兔体麻醉中枢神经引起晕倒。此法还能刺激心脏活动，使心搏升高，便于放血。电麻器如同长柄钳子，钳端附有海绵体，电压70V，电流0.75A，使用时先蘸5%的食盐水，然后插入家兔两耳后部，家兔触电后昏倒，即可宰杀。目前盛行的电麻转盘，操作则更为方便，其电流、电压同电麻器。

2. 宰杀、放血

现代化兔肉加工厂多采用机械化宰兔，这种方法可以减轻劳动强度，提高工效，防止兔毛飞扬，兔血飞溅。而农村和小型兔肉加工厂宰杀家兔时，以手工操作或半机械化操作为主。兔的致死方法有以下几种。

（1）棒击法　此方法是将兔的两耳提起，用圆木棒猛击家兔后脑，昏迷时立即放血，但被击中的头部有淤血，影响兔头的深加工质量。

（2）颈部移位法　即固定兔的后腿和头部，使兔身尽量延长，然后突然用力一拉，这样兔的头部弯向后方，从而使颈部移位致死，然后迅速放血。将所宰兔倒挂起来，用小利刀割断颈部动脉血管，放出体内血液致死。由于放血完全，可提高肉的质量和延长保存期。因此，这种宰杀方法一直被广泛采用。

（3）空气法　此法是在家兔的耳静脉注射一针空气，使之发生血栓而死，接着迅速放血。这种方法操作复杂，放血不净，易使肉质变性，不宜采用。

总之，无论采取何种屠宰方法，都必须放净血液。因为肉尸放血程度的好坏，对家兔肉的品质和贮藏起着决定性的作用。放血充分，肉质细嫩柔软，含水量少，保存时间长。放血不净，就会使肉中含水分多，色泽不美观，影响贮

存时间。根据实际操作，放血的时间不超过 3min。放血不净的原因，主要是因家兔疲劳过度或放血时间短所致；放血不净，胴体内残余的血液易导致细菌繁殖，影响兔肉质量。

3. 淋浴

将放血后的兔体，右后肢跗关节卡入挂钩，为防止兔毛飞扬、污染车间或产品，要用清水淋湿兔体，但不要淋湿挂钩和吊挂的兔爪。

4. 剥皮、去头

从左后肢跗关节处平行挑开至右后肢跗关节处，不要挑破腿部肌肉。再从跗关节处挑破腿皮，剥至尾根处，用力不要太猛，防止撕破腿部肌肉。作到手不沾肉、肉不沾毛。接触毛皮的手和工具，未经消毒或冲洗不得接触肉体。从第 2 尾椎处去尾，从跗关节上方 1~1.5cm 处截断左、右肢上的皮，再割断腹部皮下腺体和结缔组织，将皮扒至前肢处。剥离前肢腿皮，从腕关节稍上方 1cm 处截断前肢。剥离头皮后，从第一颈椎处去头。若使用剥皮机剥皮，则在去头后，截断前肢，随即从上身向下身剥皮。

5. 剖腹、取内脏

分开耻骨联合，从腹部正中线下刀开腹，下刀不要太深，以免开破脏器，污染肉体。然后用手将胸、腹腔脏器一齐掏出，但不得脱离肉体。接着按《出口冻兔肉检验规程》进行检验，即检查肉体和内脏器官时，应注意其色泽、大小，有无淤血，以及有无充血炎症、脓肿、肿瘤、结节、寄生虫和其他异常，还要特别注意检查蚓状突和圆小囊上的病变。检查完毕后，将脏器去掉，肝、肾、肺、心脏、肠、胃、胆等分别处理和保存。

6. 修割整理

在链条上先洗涮净血脖，从跗关节处截断右后肢，修净体表和腹腔内表层脂肪；修除残余的内脏、生殖器官、耻骨附近（肛门周围）的腺体、结缔组织和外伤；后腿内侧肌肉的大血管不得剪断，应从骨盆腔处挤出血液。

7. 清污

用洗净消毒后的毛巾擦净肉体各部位的血和浮毛，或用高压自来水喷淋肉体，冲去血污和浮毛，转入冷风道沥水冷却。

项目思考

1. 名词解释：致昏、净膛、胴体。
2. 屠宰加工车间的卫生管理要求是什么？
3. 猪屠宰加工各环节的卫生要求是什么？
4. 家禽屠宰加工各环节的卫生要求是什么？

项目四　畜禽的宰后检验

知识目标

1. 熟悉宰后检验的方法和要求，熟悉必检淋巴结与宰后检验的关系。
2. 掌握屠畜禽宰后检验的程序和方法。
3. 掌握屠畜禽宰后检验的处理。

技能目标

1. 能进行屠畜的头部和胴体检验。
2. 能进行家禽、家兔的宰后检验。
3. 会鉴别常见淋巴结的病理变化。

必备知识

一、屠畜的宰后检验

屠畜经过宰前检疫，仅能检出那些临床症状较明显的病畜，而处于潜伏期或发病初期症状不明显的病畜就难以发现，这些病畜往往只有在宰后通过观察胴体、脏器等所呈现的病变和异常现象，进行综合分析判断才能检出疫病，如猪咽炭疽、囊虫病和旋毛虫病等。只有通过宰后检验，才能发现不适于食用的胴体、脏器和组织，从而保证肉品卫生质量和消费者的食用安全。

（一）宰后检验的组织

1. 胴体和受检器官的编号

为了保证宰后检验工作顺利进行，发现异常病变时可及时追踪查找该病畜的相应的胴体和内脏，检验人员必须把待检的每一个家畜的胴体、离体的头、内脏和皮张编上统一的号码。常用的编号方法有贴纸号法、挂牌法和变色铅笔书写法、同步运行装置等。不管用哪种方法编号，一定要避免漏检或错号现象的出现。目前国内大中型肉类联合加工厂，一般应用脏器自动传送装置可将胴体和脏器分别放置在传送带、传送台上待检，做到编号统一，脏器与胴体同步进行检验。而小型屠宰场（厂）采取头和内脏的离体检验法，即将头、内脏和胴体放在一起待检。头和心、肝、肺悬吊起来，胃肠置于检验台上，或者采取倒挂方式，开膛后头和内脏不离体的同步检验。

2. 受检组织器官的选择

宰后检验是在流水生产线上伴随屠宰加工过程同步进行的，要求在较短的时间内，检验员通过对胴体和脏器的检验能够对疾病或病变做出正确的判定与处理。因此要求对受检的脏器与组织必须加以选择，选择那些病原微生物入侵门户和机体最易受侵害的和具有特殊检验意义的组织器官，才能准确反映疾病的感染、扩散、转移和严重损害的程度。

因此，宰后检验的主要靶器官组织是屠畜的心、肝、肺、肾、脾、肠道（尤其是小肠和直肠）、母畜的子宫和乳房等及其从这些脏器汇集淋巴液的局部淋巴结。对于头部、实质器官和淋巴结检验在宰后检验中均同等重要、不可忽视。

3. 宰后检验点的设置

在屠宰加工企业中，根据我国目前的工艺设备与技术条件及对屠畜的兽医卫生检验要求，宰后检验点的设置如下。

（1）猪的宰后检验点

①头部初检点：屠体经脱毛吊钩上滑轨后，初次检验头部的两侧颌下淋巴结、口、唇、鼻盘等组织。还有的屠宰场将颌下淋巴结的检验设在放血后入烫池之前进行。

②皮肤检验点：在脱毛之后，开膛之前。主要眼观检查皮肤的健康状况，有无病变或其他异常情况。

③"白下水"检验点：脾、胃、肠及相应的淋巴结的白下水检验，设在开膛暴露或摘出腹腔脏器之后进行。主要检验各内脏器官及肠系膜淋巴结变化。

④"红下水"检验点：肺、心、肝和相应的淋巴结的红下水检验，则在开膛暴露或摘出各器官后进行。主要检验各内脏器官和相应的淋巴结变化。

⑤旋毛虫检验点：开膛后取横膈膜肌脚肉检样，与胴体统一编号后送旋毛虫检验室检查。

⑥胴体检验点：在胴体劈半之前检验。主要检验胴体的主要淋巴结、脂肪、肌肉、胸膜、腹膜、骨髓、淋巴结和肾脏等重点部位。还应必须检验腰肌

判断是否感染囊尾蚴。

⑦咬肌检验点：由专人重点剖检咬肌，切开两侧咬肌主要检查是否感染猪囊虫。

⑧终末检验点：又称复检点。可疑病变屠体进一步检查，胴体复检、胴体质量评定。必要时辅以实验室检验。同时进行复检盖印。

（2）同步检验

在屠宰加工中，使屠畜解体的各部分——头、胴体、内脏同速运行，保持一定的相对关系，以便检验人员能在同一视野中对头、胴体和内脏进行全面观察和综合检验判断的检验方式。

实行同步检验法的工艺设备有两种：一种是在载运胴体的传送带近旁设一条与之同步运行的传送带，装设许多长方形的不锈钢盘，用以装运相应胴体的各脏器；另一种是一条带有悬挂式脏器输送盘的自动传送线，其优点是内脏检验与胴体检验同在一个操作平台上进行，便于在发现有病动物肉品或内脏后及时找出相应的内脏和胴体，并依照有关规定进行无害化处理。

（二）宰后检验的方法和要求

1. 宰后检验的方法

宰后检验包括胴体检验和内脏检验。以感官检验为主，必要时才辅以病理组织学检查和实验室的其他检查方法。

（1）感官检验

①视检：运用肉眼观察胴体的皮肤、肌肉、胸腹膜、脂肪、骨骼、关节、天然孔和各脏器的色泽、形态大小、组织状态等是否正常，做出判断或为进一步检验（包括剖检）提供线索。

②触检：用手直接触摸或借助检验刀具通过触压来判断组织器官的弹性、硬度，从而做出进一步判断的检验方法。这有利于发现深部隐蔽性或潜在性的变化，提高剖检的效率。

③剖检：借助检验器械切开屠体，并观察胴体和脏器的深层组织部分的变化，检查其病变的性质或应检部位有无异常病变。这对淋巴结、肌肉、脂肪、脏器深部位的病变的确诊是非常重要的检查方法。

④嗅检：通过嗅闻胴体或脏器有无特殊气味，从而判断肉品卫生质量的一种方法。有些病畜其胴体和组织器官无明显的病理变化，但带有特殊的气味，如患某些中毒性疾病屠宰后的胴体，只有依靠嗅觉嗅闻气味来判断。

（2）实验室检验　当感官检验对肉品不能准确判断利用价值时，必须用实验室检验的方法确定性检验以做出综合性判断。常用的方法有细菌学、血清学、理化学、组织病理学和寄生虫学检验。细菌学检验主要是采取有病变的血液、器官或组织直接涂片进行镜检，必要时再进行细菌分离、培养、生化反应和动物接种来加以判定病，查出病原体，检出疾病；血清学检验主要是针对某种疫病的特殊检验要求，采取沉淀反应、补体结合反应、凝集试验、免疫扩散和血液检查等方法检出疾病；理化检验主要是在完全依靠细菌学方法检验不准确时进一步开展的理化性检验，进而对肉食用价值做出判定；组织病理学检验主要是通过显微镜观察病料组织切片中特征性的病变和特殊结构，从而诊断疾病；寄生虫学检验主要是通过从采集的病料中检出虫卵、幼虫或成虫进行寄生虫病诊断。

2. 宰后检验的要求

由于宰后检验是在屠宰加工过程中进行并完成的，要求检验人员除了正确运用上述检验方法外，尚需注意以下几项要求。

（1）检验环节的要求　检验环节要与屠宰加工工艺流程密切配合，不能与生产的流水作业相冲突，所以宰后检验常被分作若干个检验点安插在屠宰加工过程中完成。

（2）检验内容的要求　宰后检验的按规定应检内容必须检查，并严格按国家标准规定的检疫内容、部位实施，不能人为地减少项目或漏检。检验之前先要对每一头动物的胴体、内脏、头、皮张统一编号，以便查对。

（3）剖检的要求　为保证肉品的卫生质量和商品价值，剖检只能在规定的部位，按一定的方向剖检，要求下刀准而快，切口小而齐，深浅适度。肌肉检查顺肌纤维走向切开，不准横切。剖开受检组织器官时，不能乱切或拉锯式的切割，避免造成切口过大或切面模糊不清的人为因素的干扰，给检验工作造成不便。

（4）保护环境的要求　为了防止肉品污染和环境污染，切开病变的脏器或组织应及时采取措施，并做到不污染周围胴体、不落地污染地面。尤其发现恶性传染病和一类动物检疫对象时，立即停宰，封锁现场，采取严格的防疫消毒措施。

（5）检验人员的要求　检疫人员每人应备有两套检验工具（检验刀和检验钩），以便在受到污染时能及时更换。被污染的工具立即置于消毒液中彻底消毒。同时，检疫人员上岗工作要做好个人防护。

（三）宰后检验被检淋巴结的选择

1. 选择被检淋巴结的原则

屠畜体内淋巴结数目众多，且分布很广，淋巴结收集所辖组织的淋巴液的情况又复杂多样，所以宰后剖检时，必须对淋巴结有所选择才能完成检验工作。选择被检淋巴结的基本原则：第一，选择收集淋巴液范围较广的淋巴结；

第二，选择分布部位浅表，易于剖检的淋巴结；第三，选择能反映特定病理过程的淋巴结。

2. 猪的被检淋巴结的选择

（1）头部被检淋巴结的选择 猪头部淋巴结主要有颌下淋巴结、腮淋巴结、咽后外侧淋巴结和咽后内侧淋巴结。

①颌下淋巴结：是头部检验第一步常规必检的淋巴结，位于下颌间隙皮下，左右下颌角下缘内侧，颌下腺的前方（如倒挂，在颌下腺下方），被腮腺口侧端覆盖（图4-1），呈卵圆形或扁的椭圆形，一般由1~7个小淋巴结构成。主要汇集来自头的前下半部皮肤、肌肉、舌、喉、扁桃体、唾液腺以及唇等部位的淋巴液；输出管主要走向咽后外侧淋巴结，另一部分经由颈浅腹侧淋巴结汇入颈浅背侧淋巴结。

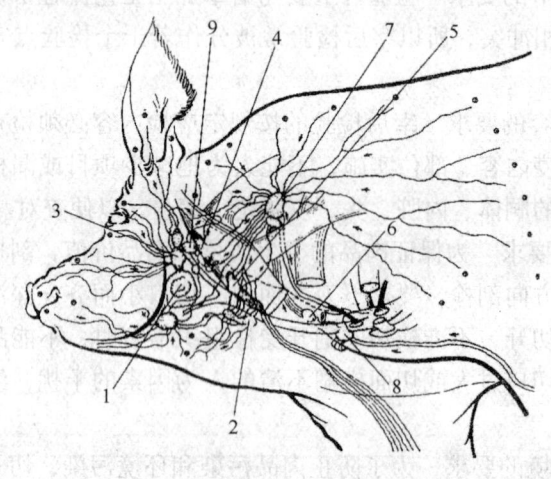

图4-1 猪头部和颈部淋巴结的分布
1—颌下淋巴结 2—颌下副淋巴结 3—腮淋巴结 4—咽后外侧淋巴结 5—颈浅腹侧淋巴结
6—颈浅中侧淋巴结 7—颈浅背侧淋巴结 8—颈后淋巴结 9—咽后内侧淋巴结

②腮淋巴结：位于下颌关节后下方，被耳下腺前缘覆盖（图4-1）。收集除下唇以外的大部分皮肤、肌肉、上唇、颊部、腮腺、颌下腺、耳内侧、眼睑等部位的淋巴液；输出管走向咽后外侧淋巴结。

③咽后外侧淋巴结：位于腮腺背侧后缘，腮淋巴结的后方，部分或完全被腮腺背侧端覆盖（图4-1），呈长条状，长1~2.5cm。收集颌下淋巴结、腮淋巴结和头部多数部位的淋巴液；输出管主要走向颈浅背侧淋巴结，少数走向咽后内侧淋巴结。

④咽后内侧淋巴结：位于咽的背外侧与舌骨枝间（图4-1），大小为

(2~3) cm×1.5cm。主要收集舌根和整个舌的深部、咬肌、头颈深部肌肉及腭部、咽部、扁桃体等部位的淋巴液；输出管直接走向气管淋巴导管。

以上各淋巴结中，咽后外侧淋巴结是较为理想的一组可选淋巴结，但在屠体解体时常被割破或留在胴体上，且该部位易受污染而不易检查，另外该淋巴结的输出管走向颈浅背侧淋巴结，当其受到侵害时，后者也会有一定的变化；由于猪炭疽、结核和猪肺疫的病变常局限在颌下淋巴结，因此，颌下淋巴结是猪头部检验的必检淋巴结，必要时可剖检咽后外侧淋巴结作为辅助检查。

(2) 胴体被检淋巴结的选择　猪胴体的淋巴结主要有颈浅淋巴结群、颈深淋巴结群、髂下淋巴结、腹股沟浅淋巴结、腹股沟深淋巴结、髂淋巴结和腘淋巴结。

①颈浅淋巴结：颈浅淋巴结群分为背侧、中间和腹侧三组。主要汇集头颈部、胴体前半部的淋巴液（图4-1）。

背侧组即颈浅背侧淋巴结，又名肩前淋巴结。位于肩关节的前上方，肩胛横突肌和斜方肌的下面，长3~4cm。主要汇集整个头部、颈上部、前肢上部、肩胛与肩背部的皮肤、肌肉和骨骼、肋胸壁上部与腹壁前部上1/3处的淋巴液。输出管走向进入气管淋巴导管或直接入颈静脉。

中间组和腹侧组，前者位于锁枕肌下方，后者于颈静脉背侧与肩关节至腮腺脉间的颈静脉沟内，沿着锁枕肌前缘分布，其上方、下方分别与咽后外侧淋巴结、颌下副淋巴结相邻近。主要汇集颈的中部、下部、前躯体部、前肢、胸廓及腹壁前下部1/3部分的淋巴液。

颈浅淋巴结汇集的淋巴液，都经由颈浅背侧淋巴结输入气管淋巴导管。颈浅淋巴结收集的淋巴液，都经由颈浅背侧淋巴结输入气管淋巴导管。由此可见，颈浅背侧淋巴结直接或间接地汇集了来自咽后外侧淋巴结、颈浅腹侧与中侧淋巴结、前肢部分和猪体前半部绝大部分组织的淋巴液。其他的淋巴液，经颈深淋巴结补充收集。

②颈深淋巴结：颈深淋巴结群分为颈前、颈中、颈后组。各组均沿气管分布在喉头至胸腔入口（图4-1），收集头颈深处部分组织和前肢大部分组织的淋巴液，其输出管走向气管淋巴导管。其中以颈后组（又称颈深后淋巴结）较为重要，主要直接汇集前肢绝大部分的淋巴液，并接受颈前和颈中组输出的淋巴液。

③髂下淋巴结：又称股前淋巴结或膝上淋巴结，位于膝前的皱褶内，股阔筋膜张肌前缘皮下（图4-2），呈扁椭圆形，大小为2cm×(4~5)cm，在脂肪内包埋。收集来自第11肋骨后、膝关节以上部位的皮肤和表层肌肉的淋巴液；输出管主要走向腹股沟深淋巴结，有的经髂内淋巴结。

④腹股沟浅淋巴结：母猪又称乳房上淋巴结或乳房淋巴结，公猪又称阴囊

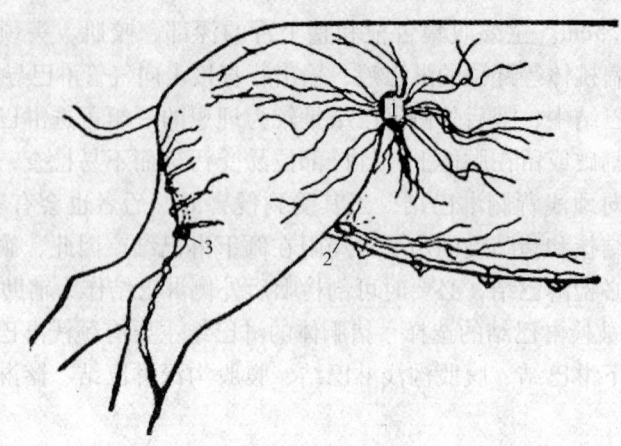

图4-2 猪体后半部体表淋巴结分布和淋巴流向
1—髂下淋巴结 2—腹股沟浅淋巴结 3—腘淋巴结

淋巴结。位于最后乳头的稍后上方2cm左右或平位的腹壁皮下脂肪里（图4-2），大小为（1~2）cm×（3~8）cm。收集躯体后半部下方和侧方浅层组织、乳房和各生殖器官的淋巴液；输出管走向腹股沟深淋巴结以及髂内、髂外淋巴结。

⑤腘淋巴结：包括腘浅和腘深组淋巴结。宰后检验主要检查腘浅淋巴结，位于股二头肌和半腱肌间跟腱后的皮下组织中，外包脂肪（图4-2）。主要汇集膝关节以下与蹄部以上的整个后肢组织的淋巴液；输出管走向髂内淋巴结或腹股沟深淋巴结。

⑥腹股沟深淋巴结：一般分布在髂外动脉分出旋髂深动脉后、进入股管前的血管侧旁，有时邻近旋髂深动脉的起始处，或与髂内淋巴结紧连在一起（图4-3）。主要汇集猪躯体后半部的淋巴液；其输出管走向髂内淋巴结。猪的此淋巴结有的缺乏，有的或并入髂内淋巴结。

⑦髂淋巴结：分为髂内、髂外淋巴结。髂内淋巴结位于腹主动脉分出髂外动脉的起始部，旋髂深动脉起始部位的前方（图4-3），大小为（4~5）cm×1.5cm；髂外淋巴结位于旋髂深动脉前后两支的分叉处。除汇集来自腹股沟深淋巴结的淋巴液外，还直接收集腰下部骨骼、肌肉、骨盆部肌肉及器官淋巴液；输出的淋巴液，大部分经髂内淋巴结输入乳糜池，少部分由髂外淋巴结直接输入乳糜池。髂内淋巴结是胴体后半部最重要的淋巴结，尤其在腹股沟深淋巴结缺失时，更需要剖检此淋巴结。因此，这组淋巴结在宰后检验中具有重要意义。

由此可见，屠猪宰后检验时选择必检的头部和胴体淋巴结是颌下淋巴结、颈浅背侧淋巴结（即肩前淋巴结）、腹股沟浅淋巴结、髂内淋巴结。必要时，可增加检查颈深后淋巴结、腹股沟深淋巴结、髂下淋巴结和腘淋巴结。

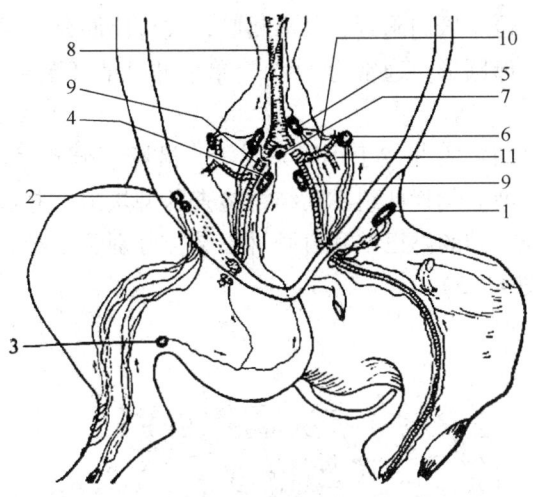

图 4-3 猪体后半部（一侧）淋巴结分布和淋巴流向
1—髂下淋巴结 2—腹股沟浅淋巴结 3—腘淋巴结 4—腹股沟深淋巴结 5—髂内淋巴结
6—髂外淋巴结 7—腱淋巴结 8—腹主动脉 9—髂外动脉 10—旋髂深动脉 11—旋髂深动脉分支

（3）内脏被检淋巴结的选择 检查猪的内脏时，主要检查的淋巴结有支气管淋巴结、肝淋巴结和肠系膜淋巴结等。

①支气管淋巴结：位于气管分出支气管的交叉处，分为左叶、右叶、中叶和尖叶四组（图4-4）。通常只检左、右支气管两组淋巴，以了解肺部感染的状况。输出管走向纵膈前淋巴结，后入胸导管。

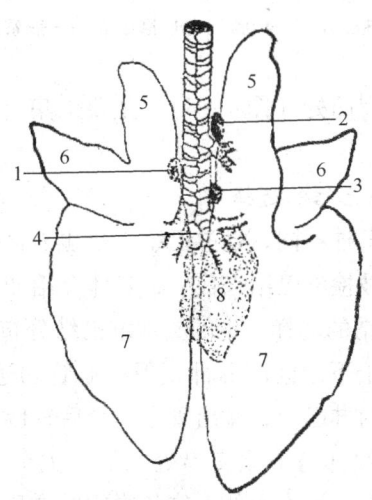

图 4-4 猪肺淋巴结分布
1—左支气管淋巴结 2—尖叶淋巴结 3—右支气管淋巴结
4—中支气管淋巴结 5—尖叶 6—心叶 7—膈叶 8—复叶

②肝淋巴结：位于肝门附近，紧靠胰脏，被包脂肪层，常在摘除肝脏时被割掉。肝淋巴结呈卵圆形，通常为2~7个单个淋巴结（图4-5）。主要收集肝脏的淋巴液。

③肠系膜淋巴结：主要位于小肠系膜上，沿肠管分布呈串珠状或条索状。主要收集小肠淋巴液。剖检此组淋巴结可检查肠型炭疽，并进一步了解小肠区段感染情况。另外，结肠淋巴结和盲肠淋巴结，分别位于结肠旋襻里、回肠末端与盲肠之间（图4-5）。

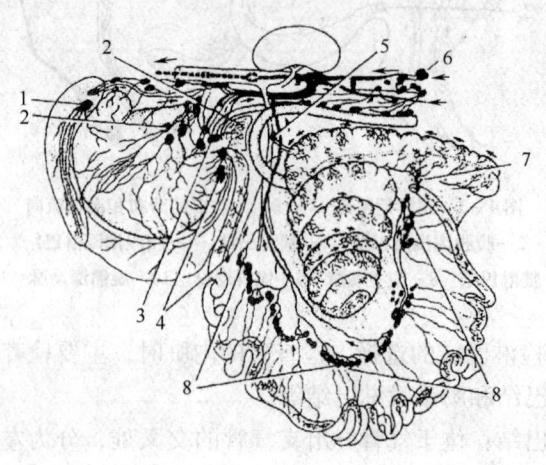

图4-5 猪腹腔脏器淋巴结分布
1—脾淋巴结 2—胃淋巴结 3—肝淋巴结 4—胰淋巴结 5—盲淋巴结
6—髂内淋巴结 7—回肠、结肠淋巴结 8—肠系膜淋巴结

④胃淋巴结：位于胃门处（图4-5），主要汇集胃壁黏膜层、肌层和浆膜层的淋巴液。

3. 牛、羊的被检淋巴结的选择

虽然牛、羊两动物畜种不同，且淋巴结大小也有区别，但其被检淋巴结情况类似。这里以牛主要被检淋巴结来代表，具体介绍如下。

（1）头部被检淋巴结的选择 牛的头部淋巴结分布见图4-6。

①颌下淋巴结：位于下颌间隙后部，下颌血管切迹的后方，颌下腺外侧。主要收集头下部各组织的淋巴液；输出管走向咽后外侧淋巴结。

②腮淋巴结：位于颈部与下颌交界处、下颌关节后方，前半部暴露于皮下，后半部被腮腺所覆着。汇集头部上位各组织的淋巴液；输出管咽后外侧淋巴结。

③咽后内侧淋巴结：位于咽部后方、两舌骨支末梢间。收集咽、舌根、鼻

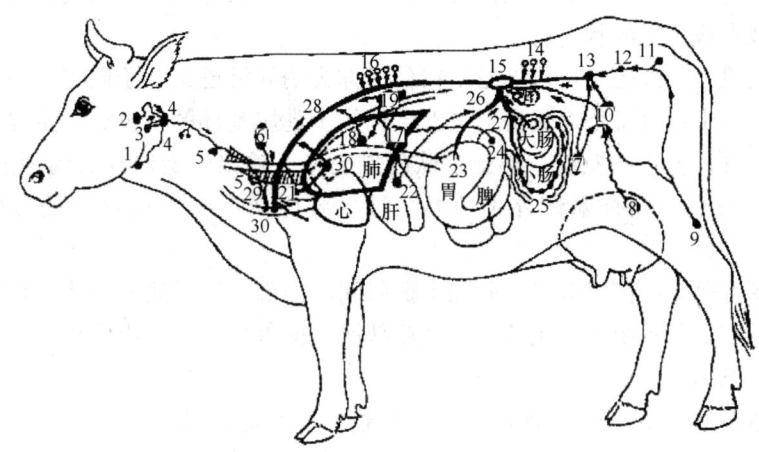

图 4-6 牛全身主要淋巴结分布和淋巴循环示意图

1—颌下淋巴结　2—腮淋巴结　3—咽后内侧淋巴结　4—咽后外侧淋巴结　5—颈深淋巴结
6—颈浅淋巴结　7—髂下淋巴结　8—腹股沟浅淋巴结　9—腘淋巴结　10—腹股沟深淋巴结
11—坐骨淋巴结　12—荐淋巴结　13—髂内淋巴结　14—腰淋巴结　15—乳糜池　16—肋间淋巴结
17—纵隔后淋巴结　18—纵隔中淋巴结　19—纵隔背淋巴结　20—支气管淋巴结
21—纵隔前淋巴结　22—肝淋巴结　23—胃淋巴结　24—脾淋巴结
25—肠系膜淋巴结　26—腹腔淋巴干（收集部分肝、胃的淋巴）
27—肠淋巴干（由大肠、小肠淋巴结的输出管汇集而成）
28—胸导管　29—气管淋巴导管　30—颈静脉

腔后方、扁桃体、舌下腺与颌下腺等处的淋巴液；输出管走向咽后外侧淋巴结。

④咽后外侧淋巴结：位于寰椎的侧前方，颈和下颌支的交界处，被腮腺所覆盖。汇集的淋巴液，除来自上面三组淋巴结的液体外，还可直接收集头部大部分区域和颈部上 1/3 部分的淋巴液；输出管直接走向气管淋巴导管。

为了保留汇集淋巴液范围广泛的咽后外侧淋巴结，是牛、羊头部检验最为理想的淋巴结。故在卸头时沿第三、四气管环之间割下。如生产中解体割破此淋巴结或保留在胴体上，可检验咽后内侧淋巴结和颌下淋巴结。

（2）胴体被检淋巴结的选择

①颈浅淋巴结：又名肩前淋巴结。位于肩关节前方的稍上部，表面被臂头肌和肩胛横突肌所覆盖。主要收集胴体前半部大多数组织的淋巴液；输出管走向胸导管。检查此组淋巴结，可基本清楚前躯的健康状况。

②髂下淋巴结：位于膝襞内、股阔筋膜张肌的前缘。主要汇集来自第 8 肋至臀部的皮肤和部分表层肌肉的淋巴结；输出管走向腹股沟深淋巴结和髂内淋

巴结。检查该淋巴结以了解胴体后躯部两侧体壁及腰部至臀部的皮肤和部分浅层肌肉被疾病感染的状况。

③腹股沟浅淋巴结：此淋巴结在公畜称为阴囊淋巴结，于阴囊上方、阴茎的两侧各一个；母畜称之乳房上淋巴结，位于乳房基部的后上方。主要收集外生殖器和母畜乳房部及股、小腿皮肤的淋巴液；输出管走向腹股沟深淋巴结。剖检的目的在于检查胴体外生殖器、母牛乳房及后躯下腹壁等处被感染的情况。

④腘淋巴结：位于股二头肌和半腱肌间的内部，腓肠肌外侧头的浅层。主要收集后肢上各组织、飞节下方至蹄部肌肉的淋巴液；输出管也主要走向腹股沟深淋巴结。

⑤髂内淋巴结：位于最后腰椎下方髂外动脉起始部。主要汇集来自腰下部、臀部和股部部分肌肉、生殖器官与泌尿器官的淋巴液，且收集来自髂下淋巴结、髂外淋巴结、腹股沟深淋巴结等的淋巴液；输出管直接输入乳糜池。剖检该淋巴结，能了解腰下部、臀部、股部部分肌肉及生殖器官、泌尿器官被疾病感染的情况。

⑥腹股沟深淋巴结：位于髂外动脉分出股深动脉的起始部的上方，在倒挂的胴体上，其位于骨盆腔横径线稍下方，距骨盆边缘侧方 2~3cm。汇集来自髂下淋巴结、腘淋巴结、腹股沟浅淋巴结输送的淋巴液以外，还直接收集从第8肋起体后半部多数的淋巴液；其输出管一部分由髂内淋巴结输入乳糜池，其余直接输入乳糜池（图4-6），该淋巴结外形较大，剖检时易找到，是牛、羊胴体检验的首选淋巴结。剖检该淋巴结，可了解胴体整个后半部组织器官的健康情况。

综上所述，宰后检验牛、羊胴体时（包括头部），依次检查咽后外侧淋巴结、颌下淋巴结、颈浅淋巴结、腹股沟深淋巴结和髂下淋巴结。必要时酌情增检咽后外侧淋巴结、髂内淋巴结和腘淋巴结。

（3）内脏被检淋巴结的选择　检查牛羊内脏常选择的淋巴结有纵膈淋巴结、支气管淋巴结、肝淋巴结和肠系膜淋巴结。这些淋巴结收集相应脏器组织的淋巴液，其输出管的走向与猪基本相同。其中纵隔淋巴结是胸腔中最重要的淋巴结，肝门淋巴结和肠系膜淋巴结均对疾病反应较为敏感，是重要的内脏淋巴结。

4. 淋巴结常见的病理变化

在病原微生物的作用下，淋巴结会出现相应的病理性变化，检验人员可根据淋巴结相应的病理形态学变化来作为诊断疾病的重要依据。淋巴结的常见病理变化如下。

（1）充血　淋巴结轻度肿大，表面发红或有血丝，切面潮红，按压时有血液流出。主要见于炎症初期。

（2）水肿　淋巴结肿大，被膜紧张且有光泽，切面外翻，色苍白，多汁且质地软，可见流出多量透明的液体，有时发生水肿的淋巴结还有出血现象。常见于水肿病。

（3）浆液性炎症　淋巴结明显肿大，被膜紧张，质地柔软，切面红润湿润或有出血，按压时多量黄色或淡红色混浊液流出。常见于急性传染病。

（4）出血性炎症　淋巴结肿大，被膜紧张，深红或黑红色，切面稍隆起多汁，呈深红色至灰白相间的大理石样花纹，或呈暗红色斑点散在其中，或呈不同程度的弥漫性红染。常见于急性败血型传染病，如炭疽、猪瘟和猪肺疫等。

（5）化脓性炎症　淋巴结肿大，柔软，切面外翻，湿润，隆起，在淋巴结表面或切面散在大小不一的灰白色或黄白色的坏死灶，按压时脓汁流出，有时整个淋巴结形成为一个大脓肿，触压时有波动感，多见于化脓性细菌感染和化脓疮。

（6）急性变质性炎症　淋巴结肿大、松软，切面红褐色，实质如粥状，易于刮下。有的区域有坏死灶。当组织发生广泛坏死后，可转化成化脓性炎症，收集这些炎症区域淋巴液的淋巴结内会形成脓肿。

（7）急性增生性炎症　淋巴结肿大、松软，切面隆起且多汁，见灰白色混浊颗粒，外观似脑髓，称为"髓样变"。有时伴发乳白色或橙黄色坏死灶。主要见于猪气喘病和其他某些急性传染病。

（8）慢性增生性炎症　主要是结缔组织增生形成肉芽组织的一种结局性病变。常见于慢性经过的传染病，如结核病、鼻疽和猪慢性气喘病等。表现为淋巴结体积增大，结构致密，质地坚实，切面呈灰白色湿润而有光泽。病程较长，易与周围组织发生粘连。

（9）特异性增生性炎症　某些特异性病原微生物所致的肉芽肿性炎或者传染性肉芽肿所致，多见于一些特殊的传染病病变，如结核病形成的结核结节，鼻疽形成的鼻疽结节和放线菌病形成的放线菌肿等。肉眼见淋巴结肿大或肿大不明显，质地坚硬，切面呈灰白色，有粟米大至蚕豆大的结节形成，其中心呈干酪化坏死，并常常伴有钙盐颗粒沉积。严重时整个淋巴结发生钙化。

（10）寄生虫性淋巴结炎　在动物患锥虫病或梨形虫病时，表现出淋巴结肿大，网状内皮细胞与浆细胞增生。而患弓形虫病后网状内皮细胞大量增加。感染马原虫、肠结节虫时，淋巴结出现化脓、干酪化，甚至钙化等病变。

（11）色素沉着　有色动物中如老龄的青马常常发生色素沉着，外观呈灰黑色或者黑色。在牛、羊感染肝片形吸虫时，肝淋巴结呈黑色素沉着感。

（四）宰后检验的程序和要点

宰后检验安排为若干个环节穿插在屠宰加工过程中，一般分为头部检验、内脏检验、胴体检验三个基本环节。

1. 猪的宰后检验程序

（1）头部检验　通过放血刀口顺长方向切开下颌区的皮肤及肌肉，在左、右下颌角内侧向下方各作一平行切口，从切开部的深处检查下颌淋巴结，观察其状态及其边缘的组织有无水肿或胶样浸润，是否有出血、化脓、结节、干酪化坏死灶等，主要检查目的是咽炭疽和结核病、化脓性炎症。再沿两侧下颌骨平行处切开咬肌，观察有无黄豆大小乳白色的囊尾蚴虫体寄生。之后检验咽喉黏膜、会厌软骨和扁桃体等有无异常，主要检验猪瘟、猪肺疫。并观察鼻盘、唇、齿龈和可视黏膜，主要检验口蹄疫、猪传染性水泡病和萎缩性鼻炎等疫病以及有无黄染等病变。

（2）皮肤检验　指带皮猪在脱毛后开膛前进行皮肤检验，主要检查皮肤的完整性和色泽变化；对耳根、四肢外内侧、胸腹部和背部等进行检验，检查有无各种出血病变，如出血点或斑，疹块、痘疮、黄染和放血不良等。应特别注意一般疾病与传染病、寄生虫病出血的区别，多数因传染病所致的出血病灶直入到皮肤深层，如水洗、刀刮、挤压或煮沸后均不消失，而一般疾病病变常发生在皮肤表层和固有层，如用刀刮易掉。鞭伤、电麻、疲劳等非生物病原均可造成皮肤变化。如遇到可疑病猪，似猪瘟的广泛性出血点；猪丹毒方形、菱形，紫红色或黑紫色的疹块等；猪肺疫皮肤变绀。当怀疑为传染病所致，应立即标上记号，不准解体，在岔道处运至病猪检验点，由检验员全面剖检以诊断疫病性质，可避免扩大污染范围。

（3）内脏检验　要求内脏和胴体对照检查、综合判定为原则，根据内脏器官摘出的顺序，离体检查一般由胃肠开始，依次检查脾、肺、心、肝、肾、乳房、子宫或睾丸，视检脏器的各种异常变化。

①胃、肠、脾的检验：先视检胃肠浆膜和肠系膜，然后剖检肠系膜淋巴结，注意肠炭疽或其他如结核结节、猪瘟坏死灶等；必需时将胃、肠移至指定地点进行剖检，重点检查口蹄疫，注意黏膜的变化：色泽、充血、出血、水肿或胶样浸润、溃疡、糜烂和坏死等。

随后继检检验脾脏，检查其形态、大小和色泽的异常，触检被膜和实质弹性与硬度，检查有无肿胀、淤血、楔形梗死等，必需时剖检脾髓。注意有无败血型炭疽、猪瘟、猪丹毒、结核病和巴氏杆菌病等。

②心、肝、肺检验：从肺开始，观察其形状、色泽、大小和表面情况，然后触摸两肺叶，有无结节、硬块等，必要时可剖检有硬结的部分和肺内支气

管。注意有无各种的炎症变化和结核结节、寄生虫（如肺丝虫、棘球蚴）等，还要观察有无肺呛水、呛血、电麻所致的肺出血等变化。剖检左、右支气管淋巴结。

接着进行心脏检验，先检查心包有无增厚、化脓、纤维素渗出和粘连等，剖开心包观察心包液的性质和含量多少，检查心脏外形、色泽、大小及心外膜的状态，注意有无出血点斑；然后于左心室壁纵斜切开，检查心肌、心内膜、房室瓣和血液凝固状态，尤其注意二尖瓣上有无慢性猪丹毒引发的菜花样赘生物及心肌上有无猪囊尾蚴寄生。

最后进行肝脏检验，观察肝外形，色泽、大小、表面有无损伤及胆管状态，触检弹性及硬度，若发现硬结时应剖检。然后翻转肝脏，检查脏面，注意有无变性、坏死、肿瘤等病变。剖检肝淋巴结，必要时剖检肝实质和胆管、胆囊。

③肾脏检验：一般多连在胴体上同胴体检验一并进行，有时也单独进行。先剥离肾包膜，视检外表形状、大小、色泽情况，触检其质地，检查有无淤血、出血、肿胀、萎缩粘连、坏死等病变。必要时纵向剖检肾实质，观察肾盂内有无出血、渗出物、结石等病变。

④子宫、睾丸和乳房检验：乳房的检验可与胴体一道进行或单独进行，检查的是结核病、放线菌病。如有感染布鲁菌可疑时，病公畜检查睾丸是否肿大、睾丸、附睾有无异常；母畜检查子宫，尤其注意浆膜有无出血，黏膜有无小结节变化。

(4) 胴体检验　一般在劈半后进行以下方面的检查。

①判定放血程度：观察胴体色泽、浅层血管和肌肉切口的情况来判断其放血程度。放血程度的好坏是评价肉品卫生质量的主要指标之一，尤其要注意因病引起的放血不良，其特征为肌肉色发暗，肋骨两侧小血管中有血液滞留，当切开肌肉时，断面上可见到暗红色的区域，挤压时可流出少量血滴，且放血后体内的血液不会流出，往往到翌日颜色变得明显（由于血红素浸润扩散所致）。所以如遇到此种可疑情况时，放血程度的判定最好可延至屠宰的次日再进行，可与因屠宰加工放血不当的屠畜相区别。

②检查病变：仔细视检皮肤、皮下组织、肌肉、脂肪、胸腹膜、骨骼、关节及腱鞘等状态，注意有无出血、皮下和肌肉水肿、脓肿、蜂窝织炎、肿瘤、外伤、肌肉色泽异常和四肢病变等。如猪患猪瘟、猪肺疫、猪丹毒时，皮肤上常有特殊的出血点或出血斑。患急性传染病的生猪宰后脂肪和肌肉常放血不良或色泽不正常；在蹄部检查，应注意蹄叉部皮肤有无水泡、破溃等。

③剖检：剖检猪具有代表性的颈浅背侧淋巴结、腹股沟浅淋巴结和髂内侧淋巴结时，观察有无充血、出血、水肿、坏死等变化，及时摘除病变淋巴结。

必要时可增加其他相关淋巴结的剖检。接着剖检两侧腰肌，检查有无囊尾蚴，如发现有虫体寄生，就应增加剖检肩胛部、股臀和腹部肌群，查清虫体的在胴体的分布情况和感染强度。如肾脏和乳房留在胴体上，则需同时检查。

（5）旋毛虫检验　主要采用肉眼检查和实验室压片检验的方法。有条件的检查，可采用集样消化法。猪等动物开膛摘取内脏后，从胴体左、右横膈膜肌脚处各采取样品（两侧质量均约30g），与胴体编同一号码，送旋毛虫实验室检验。如检验发现旋毛虫后，应由胴体采取第2份肉样复查。结果肯定，即可在胴体上打上适当的标记，并控制屠体的其他部分，同时提出处理意见。

（6）摘除三腺　在肉品检验中，摘除甲状腺、肾上腺及病变淋巴结被习惯称作摘除"三腺"。要求检验员必须做到严格的检查与监督，避免造成甲状腺中毒、肾上腺中毒和病变淋巴结危害食用者身体健康的恶性事件的发生。在剥皮或褪毛后、净膛之前摘除猪的甲状腺，在净膛后、胴体初检前摘去肾上腺，局部轻微病变的淋巴结摘除即可，但为恶性疫病性质的淋巴结，应与病害肉同时作无害化处理。

（7）复检　为了最大限度地控制病肉出厂，胴体经上述初步检验后，还需经过一道复检（即终末检验），综合判定检疫结果，并监督检查三腺的摘除情况，确定所检出的各种病害肉无害化处理方法，填写宰后检疫记录。这项工作通常与胴体的分级、盖检印结合起来进行。

在上述各环节检验中，若出现单凭感官检验不能做出确切诊断的疑似病畜，应在相应检验点的组织器官上打上预定的标记，方便化验人员正确采取病料，以进行实验室检验，确定疫病的性质。

2. 牛、羊的宰后检验程序

（1）头部检验

①牛头检验：首先检验鼻镜、唇、齿龈、口腔黏膜及舌面，注意观察有无水泡、溃疡或烂斑，主要检查牛瘟、口蹄疫、蓝舌病等疫病；接着触检舌体，眼观上、下颌骨状态，以检查放线菌肿；然后沿舌骨枝内侧纵向切开，剖检咽后内侧淋巴结，舌根侧方的颌下淋巴结，观察咽喉部黏膜和扁桃体的状况；最后顺舌系带纵向将舌肌与内外咬肌切开，检查牛囊尾蚴。如检验水牛注意观察舌肌上有无住肉孢子虫等。当咽后外侧淋巴结附着在头上时，也应同时检查。

②羊头的检验：重点视检头部的皮肤、唇和口腔黏膜的状况，尤其注意有无痘疮、水泡或溃疡等变化，主要检查口蹄疫、羊痘和蓝舌病等。一般羊不剖检淋巴结。

（2）牛、羊的内脏检验

①胃、肠、脾的检验：牛应检查胃肠浆膜状况，必要时剖检肠系膜淋巴结和胃黏膜，注意瘤、瓣胃有无假膜、瘤胃黏膜有无卡他性、出血性、纤维素性

或坏死性炎症变化，主要检查牛瘟。再后检查肠系膜和胃网膜是否感染细颈囊尾蚴。

牛、羊脾脏的检查在开膛后首先进行，视检形状、大小、色泽，检查有无梗死；触检必要时，剖检脾髓。若遇脾肿大，怀疑为炭疽的牛，应立即采取相应的措施。

②心、肝、肺检验：从肺开始，观察其形状、色泽、大小和表面情况，然后触摸两肺叶，有无结节、硬块等，必要时可剖检有硬结的部分和肺内支气管。注意有无各种炎症变化和结核结节、寄生虫（如棘球蚴）等，还要观察有无肺呛水、呛血、电麻所致的肺出血等变化。剖检支气管淋巴结和纵隔后淋巴结。若食道与气管连在一起时，还需检查食道有无住肉孢子虫寄生。

接着进行心脏检验，先检查心包有无增厚、化脓、纤维素渗出和粘连等，剖开心包观察心包液的性质和含量多少，检查心脏外形、色泽、大小和心外膜的状态，注意有无出血点斑；然后于左心室壁纵斜切开，检查心肌、心内膜、房室瓣和血液凝固状态，应注意有无虎斑心性的变化。

最后进行脏检验，观察肝外形，色泽、大小、表面有无损伤和胆管状态，触检弹性和硬度，若发现硬结时应剖检。然后翻转肝脏，检查脏面，注意有无变性、坏死、肿瘤等病变。剖检肝淋巴结，必要时剖检肝实质和胆管、胆囊。应注意肝实质有无棘球蚴寄生，胆管内有无肝片吸虫。

③肾脏检验：一般多连在胴体上同胴体检验一并进行，有时也单独进行。视检外表形状、大小、色泽情况，触检其质地，检查有无淤血、出血、肿胀、萎缩粘连、坏死等病变。必要时纵向剖检肾实质，观察肾盂内有无出血、渗出物、结石等病变。通常肾脏不切检，仅作视检与触检，若发现有可疑病变时，才切开检查。将肾上腺割除掉。

④子宫、睾丸和乳房检验：乳房的检验可与胴体一道进行或单独进行，检查的是结核病、放线菌病和化脓性乳房炎。触检弹性，剖检乳房淋巴结，必要时剖检乳房实质。如有感染布鲁菌可疑时，病公畜检查睾丸是否肿大、睾丸、附睾有无异常；母畜检查子宫，尤其注意浆膜有无出血，黏膜有无小结节变化。

（3）胴体检验 牛胴体检验首先观察其放血程度，检查皮下组织、脂肪、肌肉、腹膜、关节等有无异常；注意胸腹膜上有无结核结节（珍珠病）、腹膜炎、脂肪坏死和黄染；然后剖检股部内侧肌、内腰肌和肩胛外侧肌有无淤血、水肿、出血、变血等病变，有无囊泡状或细小的寄生性病变，注意有无囊尾蚴寄生；最后剖检两侧髂下淋巴结、颈浅淋巴结、腹股沟淋巴结是否正常有无肿大、出血、淤血、化脓、干酪变性和钙化结节病灶。

羊的胴体检全以肉眼观察为主，触检为辅，观察体表有无病变和带毛情况，胸腹腔内有无炎症和肿瘤病变，有无寄生性病灶，肾脏有无病变；触检髂下和肩前淋巴结有无异常；一般不剖检淋巴结，当发现可疑病羊胴体时，再详细检查淋巴结。

在上述各环节检验中，若出现单凭感官检验不能做出确切诊断的疑似病畜，应在相应检验点的组织器官上打上预定的标记，方便化验人员正确采取病料，以进行实验室检验确定疫病的性质。

（五）屠畜宰后检验的处理

1. 宰后检验结果登记

宰后检验必须准确统计被检屠畜的数量，并将检验中发现的各种传染病、寄生虫病和病变由专人进行详细登记。登记的项目包括屠宰日期、胴体编号、屠畜种类、性别、产地名称、畜主姓名、屠畜标识、疾病或病变名称、病变组织器官及病理变化、检验人员结论和处理意见等。当发现某种严重的畜禽疫病时，及时启动疫情通报制度并采取有效措施。并凭标识编码追溯疫源。屠宰加工企业要坚持经常性做好登记工作，各项检疫记录应填写完整，可以积累大量资料，方便查阅，以供综合性研究的需要，同时可提高动物性食品卫生检验技能和公共卫生管理机制，对畜禽、畜禽产品追溯制度都具有重要意义。

2. 宰后检验结果处理

胴体和内脏器官经宰后检验后，检疫人员可作出综合性判定结果，并提出处理意见。检验后常用的处理方法有以下几种。

（1）适于食用 健康无病、品质良好的肉品及内脏符合国家卫生标准，盖以兽医验讫印章，可不受限制新鲜出厂（场）。经检疫合格者，检疫员在其胴体上加盖统一的检疫验讫印章，签发《动物检疫合格证明（产品）》。

（2）有条件食用 对于肉质良好，患有一般传染病或轻度感染寄生虫病或普通疾病的胴体、内脏，根据病变性质和危害程度，经高温处理，有效达到无害处理的目的，同时病原因素消失，消费者可以有条件地食用。高温处理即应用高压蒸煮法和一般煮沸法将胴体等进行无害处理。高压蒸煮法：把胴体切成重不超过 2kg，厚不超过 8cm 的肉块，放在密闭的高压锅内，在 112kPa 压力下蒸煮 1.5~2h。一般煮沸法：将胴体切成与上述大小相同的肉块，放在普通锅内煮沸 2~2.5h（从水沸时算起），使肉块深部温度达到 80℃以上，切开时，深部肌肉呈灰白色或灰色，切开无红色血水流出时即可。

（3）不可食用 凡是患严重的传染病、寄生虫病或中毒性疾病及有害化学物质残留的病猪及其产品应全部或严重病变部分和其他有碍肉品卫生部分作化制或销毁处理。

①化制：指在一定的技术设备条件下，将屠畜及其产品炼制成骨肉粉和工

业油等可利用产品的无害化处理方法。根据《GB 16548—2006 病害动物和病害动物产品生物安全处理规程》的规定，化制适用于除销毁对象以外的其他疫病的染疫动物，以及病变严重、肌肉发生退行性变化的动物的整个尸体或胴体、内脏。

干化法是利用具有高压干热消毒作用的干化机，通过循环于干化机身夹层中的热蒸汽提供热能，使被处理物不直接与热蒸汽接触，而是在干热和压力的作用下，使脂肪熔化、蛋白质凝固并杀灭病原微生物的一种无害化处理方法。干化法优点是炼制过程快，油脂中水分和蛋白质含量较低，油渣适于作饲料。其缺点是不能化制大块原料和全尸。

湿化法利用具有高压蒸汽消毒作用的湿化机，让高压饱和蒸汽直接与被处理物接触，在高温湿热与高压的作用下，使被处理物中的脂肪熔化、蛋白质凝固并杀灭病原微生物的一种无害处理方法。湿化法的优点是杀菌力比干化法强，可以有效地处理和利用大型家畜全尸，无需解体。湿化法的缺点是所得到的油脂含水量高，部分油脂被乳化而使油脂色泽不良且不耐贮藏，所得油渣不能作饲料，只能作肥料。

干化法和湿化法在特点上可以互补，因此大型肉类联合加工厂应同时具有上述两套设备，以分别处理不同的原料。

②销毁：凡患有重要人兽共患病或危害性大的畜禽传染病的动物尸体、宰后胴体和脏器，必须在严格的监督下用焚烧、深埋、湿化（通过湿化机）等方法予以销毁。

焚烧：将病害动物尸体、病害动物产品投入焚化炉或用其他方式烧毁碳化。

深埋：本法不适用于患有炭疽等芽孢杆菌类疫病，以及牛海绵状脑病、痒病的染疫动物及产品、组织的处理。具体掩埋要求如下：掩埋地应远离学校、公共场所、居民住宅区、村庄、动物饲养和屠宰场所、饮用水源地、河流等地区；掩埋前应对需掩埋的病害动物尸体和病害动物产品实施焚烧处理；掩埋坑底铺 2cm 厚生石灰；掩埋后需将掩埋土夯实，病害动物尸体和病害动物产品上层应距地表 1.5m 以上；焚烧后的病害动物尸体和病害动物产品表面，以及掩埋后的地表环境应使用有效消毒药喷洒消毒。

3. 检验后的盖印

宰后检验的肉品按照国家有关规定需加盖检验印章和肉品品质检验印章。检疫员对作无害处理的胴体及产品上加盖统一专用的处理印章，并监督屠宰厂（场）做好处理工作，同时认真填写处理记录存档。

宰后检验的盖检印《GB/T 17996—1999 生猪屠宰产品品质检验规程》，一般分为四类（图 4-7）：

第一类，认为肉品质良好、适于食用的胴体和脏器，应盖以兽医验讫印戳；

第二类，认为经无害化处理后可供食用的胴体和内脏，盖以高温的印戳；

第三类，病变比较严重，已不适于食用的胴体和脏器，盖以非食用的印戳；

第四类，鉴定评价为应销毁的胴体和脏器，应盖以销毁的印戳。

加施盖印的部位，国有肉联厂屠宰检验后第一类一般在胴体左、右臀部各盖以一检验合格印戳，第二、三、四类应在胴体多处盖以相应戳；而定点屠宰场宰后检验的盖印要求，第一类为沿胴体中线两侧的皮肤10cm处加盖动物防疫监督机构统一使用的滚动长条形的"兽医验讫"印戳，第二类盖以高温印，第三、四类应盖以销毁印戳，且应在胴体多处加盖以印戳。

盖检印所用的颜料和化学药品要符合下列要求：对人体无害，易于染印在组织表面，颜色鲜艳，干得快且不起皱，烹调或加工时易于退色。

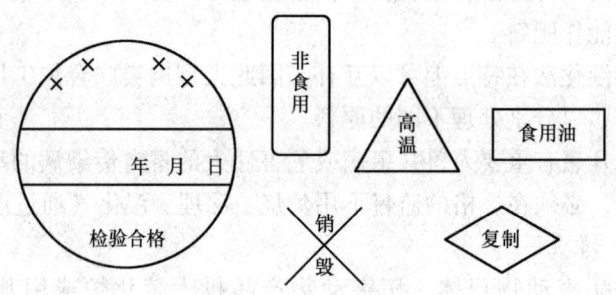

图4-7 宰后检验处理章印模

4. 宰后检验合格的动物产品书面证明

我国规定对于经屠宰检疫合格的产品，除应在胴体加盖验讫印章标志外，运输或销售前，尚需由动物检疫机构出具动物产品检疫合格证明。

5. 疫情报告

在屠宰检疫中，检疫人员发现动物疫情时，按有关规定向畜牧兽医行政管理部门及时报告。

（1）宰后发现炭疽等恶性严重传染病或其疑似的病猪，应立即停止屠宰工作，严格封锁现场，采取相应的防疫措施，将可能被污染的场地、工具和用品等进行彻底的消毒。在保证消灭一切疾病的传染源后，方可恢复屠宰。对患猪的污物等经消毒后方可移出厂外。

（2）若宰后发现各种恶性传染病时，其同群的屠猪处理办法同宰前。

（3）发现疑似炭疽等严重恶性传染病屠体和组织器官时，应密封病变部分，立即送至化验室进行实验检查。

（4）若宰后发现人畜共患传染病时，立即采取防范措施隔离观察与病猪接触过的人员，并做出相应的处理。

（5）检验人员详细记录宰后检验结果和处理情况，填写完整存档保存 5 年以上，以备统计和查阅。

二、家禽的宰后检验

家禽的宰后检验与家畜的宰后检验不同。在宰后检验中，鸡没有淋巴结，只有淋巴小结，鹅和鸭也仅在颈胸和腰部有两群简单的淋巴结，且很小，不方便剖检。所以，对家禽进行宰后检验时，与家畜的宰后检验不同，对于宰后全净膛者只检查胴体和内脏本身的状况，宰后半净膛者只能检查胴体表面和肠管、不净膛者只能检查胴体表面。

（一）胴体检验

1. 检查屠宰加工质量和卫生状况

先检查有无未拔尽的细毛、毛桩及皮肤破损，然后观察头、放血口等处附着的污物是否清除，整个体表是否清洁、完整。

2. 判定放血程度

观察体表的颜色和皮下血管的充盈度，判定放血是否良好。家禽的正常皮肤淡黄略呈红色，具有光泽，皮下血管不暴露，肌肉切面无血滴渗出。若皮下血管充盈，皮肤色暗红，胴体宰杀口有残留血迹或凝血块，则判定为放血不良；皮肤紫红色，皮下血管为充盈状态，是濒死期屠宰的病禽；禽的尾、翅尖部呈鲜红色，常常是未死透的活禽被浸烫致死所致。

3. 检查禽的头部

仔细观察头、冠、髯及各天然孔有无异常变化，如有无出血、水肿、结节、溃疡、嗉囊积食或积液的变化，眼、口腔、鼻腔有无过多分泌物，口腔内有无假膜等病变。必要时，可切开检查。

4. 检查体表、体腔

观察体表的完整性和清洁度，有无异常变化，如外伤、水肿、淤血斑、坏死、化脓及关节肿大等。检查肛门有无充血、出血、下痢、是否紧缩和清洁情况。检查有无充血、出血、化脓、结节、纤维素性炎等病变。半净膛家禽体腔可用开张器撑开泄殖腔用电筒的光线进行检查。必要时剪开体腔；全净膛家禽体腔需检查内部有无赘生物、寄生虫和传染病病变，注意是否有粪便和胆汁的污染。

（二）内脏检验

1. 全净膛家禽内脏的检验

加工的家禽，取出内脏后依次进行检验。

（1）肝脏　检查外表、色泽、大小、形态和硬度、胆囊有无变化、充盈度、出血点。如发生肿大且有黄白色斑纹和结节的肝脏可疑为鸡马立克病、鸡白痢或禽结核，肝脏外表有坏死斑点则可疑为禽霍乱感染。

（2）心脏　心包膜是否粗糙，有无炎性变化；心包腔是否有积液，心脏是否有出血，心冠脂肪、心外膜有无出血点、心脏的肥厚程度及有无形态变化、结节、赘生物等。

（3）脾脏　是否有充血、淤血、肿大、变色，有无灰白色和灰黄色结节等。

（4）胃　腺胃和肌胃有无异常，必要时应剖检。剥去肌胃角质层（俗称"鸡内金"）后，观察有无出血、溃疡，剪开腺胃，除去内容物，注意腺胃乳头是否肿大，腺胃与肌胃交界处有无充血、出血点或溃疡的变化。

（5）肠道　视检整个肠管浆膜及肠系膜有无充血、出血、结节，特别注意小肠和盲肠，盲肠扁桃体的变化，必要时剪开肠管检查肠黏膜，检查有无出血、淤血、肿胀、坏死、溃疡和内容物异常变化。

（6）卵巢　母禽应注意检查卵巢是否完整，有无变形、变色、变硬等，如发生卵黄性腹膜炎。

（7）必要时可检查肺、肾有无变化　检查肺有无炎症、淤血、结节等变化。检查肾有无肿大、充血、出血、尿酸盐沉积等。

2. 半净膛家禽内脏的检验

采取半净膛加工的家禽，肠管拉出后，按全净膛的方法仔细检验。

3. 不净膛家禽内脏的检验

不净膛的光禽一般不检查内脏，但在体表检查怀疑为病禽时，可单独放置，最后剖开胸腹腔，仔细检查体腔和内脏。

（三）复检

对在生产线上检出的可疑光禽，一律连同脏器送复检台逐步复核检查并综合判断。对于检验后判定为劣质的光禽不可食用，一般作工业用或销毁。为查明病变性质，可做必要的实验室检查。登记被检家禽种类、数量、检验时间、检验后结果和处理的详细情况等，要将检验记录保存 2 年以上。

三、家兔的宰后检验

家兔宰后检验时，为了不使用手直接接触肉体而造成污染，常用有齿镊子和尖头剪刀（或小刀）来回固定和翻转，分别按照胴体、腹腔和胸腔脏器三个部分进行检查。

（一）胴体检查

1. 判定放血程度

首先观察胴体的外观，观察肌肉的颜色是否正常，判断放血是否完全。正常的兔肉颜色为粉红色，如呈深红色或暗红色，则应判明是老龄兔还是放血不全。若为放血不良，用刀横肉断肌肉时，切面往往渗出小血滴；脂肪黄染而凝似黄疸时，可剪开背部、臀部肌肉和肾脏，观察肌肉和肾盂的色泽。

2. 检查体表和淋巴结

检查体表时，首先观察四肢内侧有无创伤、脓肿。再视检各部主要淋巴结有无肿胀、出血、化脓、坏死、溃疡等病变。如果发现各处淋巴结肿大，尤其是颈部、颌下、腋下、腹股沟淋巴结深红色并有坏死病灶者，应考虑野兔热和坏死杆菌病。

3. 检查胸腹腔病变

以左手持镊子固定左侧腹部肌肉，右手持剪，将右侧腹部撑开，暴露出胸腹腔，检查胸腹腔内有无炎症、出血、化脓、结节等病变，有无寄生虫寄生。同时观察留在胴体上的肾脏有无病变（正常兔肾呈棕红色）。

（二）腹腔脏器的检验

1. 胃肠

在开腔、出腔后，挂在肉体上进行。先仔细观察胃肠是否被划破而沾有粪污，若有，立即从传送线上剔除。

观察胃肠的浆膜、黏膜有无充血、出血和溃疡（注意巴氏杆菌病）；观察盲肠蚓突和圆小囊有无散发性和弥漫性灰白色小结节或肿大（如伪结核）；肠道，尤其是小肠黏膜是否有许多灰白色小结节（如肠球虫）；盲肠、回肠后段和结肠前段浆膜、黏膜有无充血、水肿或黏膜坏死、纤维化（泰泽氏病）；注意胸腹膜上有无豆状囊尾蚴。

2. 脾脏

检查脾脏的大小、色泽，注意有无充血、出血、结节、硬化等病变。脾脏肿大，有大小不一、数量不等的灰白色结节，若其切面呈脓样或干酪样，是伪结核病的特征；若其切面有淡黄色或灰白色较硬的干酪样坏死并有钙化灶，则为结核病。

3. 肝脏

将心、肝、肺取出后,放在该兔肉体下方的检验台面上,对照肉体进行检验。检查肝脏的硬度、大小、色泽,注意有无脓肿和坏死病灶,以及胆囊、胆管有无病变或寄生虫寄生。如肝脏表面有针点大小的灰白色小结节,应考虑沙门菌病、泰泽病、野兔热、李氏杆菌病、巴氏杆菌病、伪结核病;巴氏杆菌、葡萄球菌、支气管败血波氏杆菌感染时,肝脏常有脓肿;肝患球虫病时,肝脏实质有淡黄色、大小不一、形态不规则,一般不突出于表面的脓性结节。

4. 肾脏

在取出胃肠后,即可看到连在肉体上的肾脏。观察肾脏有无充血、出血、变性及结节。如果肾脏一端或两端有突出于表面的灰白色或暗红色、质地较硬、大小不一的肿块,或在皮质部有粟米大至黄豆大的囊泡,内含透明液体,则是肿瘤或先天性囊肿的特征。

5. 子宫和腹腔

注意子宫和腹腔有无积脓,表面有无纤维蛋白性附着物(巴氏杆菌病、葡萄球菌病),并检查有无寄生虫(如棘球蚴病、豆状囊尾蚴病)。

(三)胸腔脏器的检验

1. 肺脏

观察肺的形态、色泽、硬度等有无变化,注意肺和气管有无炎症、水肿、出血、化脓、结节等病变。

2. 心脏

注意心包腔有无积液,心脏表面有无粘连或纤维蛋白性渗出物附着;心肌有无充血、出血、变性等病变。

> 实操训练

屠猪的宰后检验

(一)技能目标

通过实训掌握屠猪宰后检验和常见疫病的鉴别检验的要点,发现和检出不适合人类食用或已染疫、有害的胴体及组织器官;同时初步掌握屠猪宰后检验的基本操作方法。

（二）场地和器材

选择一个定点屠宰场或肉类联合加工厂；检验刀具，每人一套；防水围裙、袖套及长筒靴、白色工作衣帽、口罩、乳胶手套和线手套等，每人一套。

（三）方法步骤

1. 编号

实施宰后检验之前，首先将分割开的胴体、内脏、头蹄和皮张统一编上相同的号码，以便于各检疫点发现异常及疫病备查。编号的方法多采用有色铅笔书写标号，或贴号牌在该胴体的前面，方便对照检查。大型的屠宰场（厂）或肉类联合加工厂多采用同步检验方法，进行头、蹄、内脏和胴体的现场检验。

2. 头部检验

（1）剖检颌下淋巴结　颌下淋巴结位于下颌间隙的后部，颌下腺的前端（如倒挂时，在颌下腺下方），其表面被耳下腺口侧所覆盖。剖检术式：一般由两人操作，助者右手握屠猪的右前蹄，左手持长柄钩固定颈部切口右壁的中部，向右牵拉做一扩张切口。检验者左手持钩，钩住切口右壁的中间部位，向左方牵开切口，右手握刀起于切口，向其深部纵向切到喉头软骨处，接着以喉头为中心，朝下颌骨的内侧，分别左、右各作一个弧形切口，在下颌骨内侧左、右方处，找到两个卵圆形的颌下淋巴结进行剖检（图4-8）。主要观察其是否肿大，切面色泽是否为砖红色，有无坏死灶及周边有无水肿或胶样浸润的异常变化。

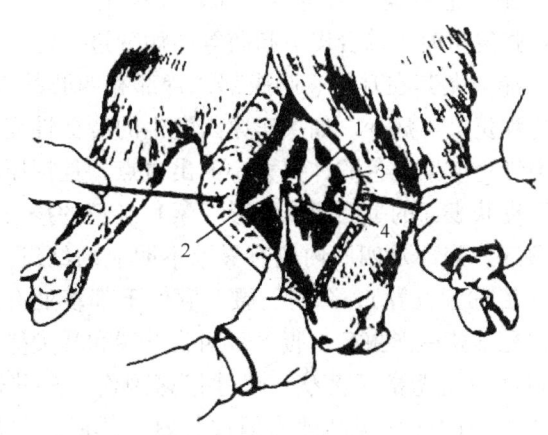

图4-8　猪头部检验

1—咽喉隆起　2—下颌骨　3—颌下腺　4—下颌淋巴结

(2) 剖检咬肌　检查猪囊虫时，若头部连在肉尸上，可用检验钩钩着颈部断面咽喉部的提头，在左、右侧咬肌处分别与下颌骨平行切口，切开两侧咬肌，检查有无囊尾蚴寄生。如果已割头，则在检验台上剖检两侧咬肌（图4-9）。

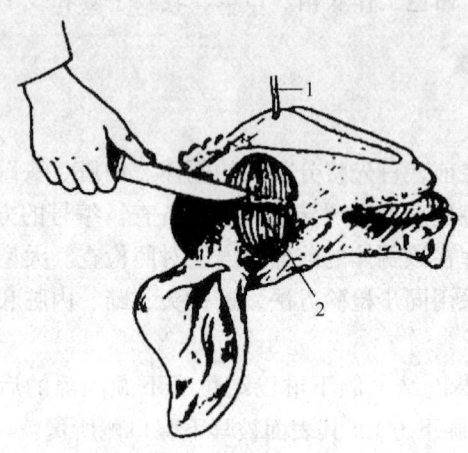

图4-9　猪咬肌检验
1—提起猪头的铁钩　2—被切开的咬肌

头部检验注意检查口蹄疫、猪传染性水泡病等疫病。必要时可增加剖检扁桃体和颈部淋巴结，观察其局部有无出血性炎、溃疡、坏死，切面有无楔形的灰红或砖红色的小病灶，尤其注意有无针尖大的坏死点。

3. 皮肤检验

一般带皮猪应在烫毛后编号时进行，而剥皮猪是在头检后清洁猪体时初检，然后待剥离皮张复检时，结合皮下脂肪等的病变进行综合诊断。主要检查皮肤的完整性和色泽，尤其在耳根、胸腹部、背部和四肢的内外侧有无充血、出血、疹块、痘疮和黄染等病变。如疾病原因发生的特征性变化：全身皮肤广泛性地出现不均匀红色或紫红色的针尖大小的出血点，且指压不退色者主要见于猪瘟；出现凸于皮肤表面的呈圆形或方形（紫）红色的疹块且指压退色者为猪丹毒；仅在耳颈部、胸部及四肢内侧有界限不明显的红斑，结合其他症状，可判断为猪肺疫（俗称大红脖）；颈背、腰、躯体下部多处有紫斑，耳壳发乌且耳尖干坏死，常见于猪弓形虫病；腹下、四肢下端和耳尖等末梢部位出现紫红色出血点则为猪性败血型链球菌病；慢性仔猪副伤寒皮肤还会出现痂样湿疹。检验员将上述皮肤的病变与其他病因进行鉴别诊断，要及时剔出疑似病猪，保留猪肉尸和组织脏器，便于复检时再作最后整体判断并同步处理。

4. 内脏检验

(1) 白下水检验　即胃、肠和脾检验，分为非离体检查和离体检查两种方式。重点注意有无猪瘟、猪丹毒、败血型炭疽和副伤寒等疫病。

非离体检查法多在开膛之后，脏器未摘离肉尸之前进行检查。按照内脏器官原活体时自然位置，由后向前检查。开膛后，先在胃左侧找到脾脏，视检其大小、形态、颜色，并触检质地弹性。必要时切开脾脏检查。接着提起空肠观察肠系膜淋巴结，主要检查肠炭疽。肠系膜淋巴结检查主要剖检前肠系膜淋巴结。在回盲瓣处一手抓住肠管，暴露链状的前肠系膜淋巴结，持刀做"八"字形切口，观察其大小、色泽、质地，检查有无充血、出血、坏死及增生性炎症和胶冻样渗出物等变化。最后视检胃肠浆膜面整体情况，有无出血、坏死、溃疡、梗死、结节和寄生虫性变化。注意猪蛔虫、猪棘头虫、结节虫、鞭虫等如在胃肠道大量寄生，猪蛔虫数量较多时可从肠管外直接发现虫体。

离体检查在胃、肠、脾摘除后，放置在内脏检验台上进行白下水检验。首先编号，接着视检脾、胃肠浆膜面（视检的内容同上），必要时切开脾脏；然后检查肠系膜淋巴结。一般要求胃放置在检查者的左前方，把大肠圆盘摆在检查者面前，再用手将此两者间肠管较细、弯曲较多的空肠部分提起，肠系膜在大肠圆盘上铺开，可见一长串珠状隆起的肠系膜淋巴结群。剖检肠系膜淋巴结进行检查（图4-10）。

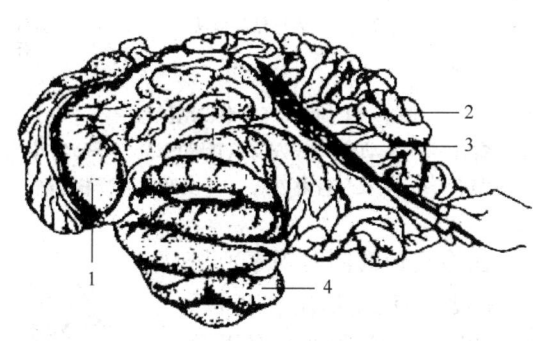

图4-10　胃肠放置法
1—胃　2—小肠　3—肠系膜淋巴结　4—大肠圆盘

（2）红下水检验　即肺、心和肝的检查，也是包括非离体和离体检查两种方式。

非离体检查：当屠宰加工摘除白下水后，割开胸腔，把肺、心、肝一并拉出胸腹腔，使其自然悬垂于肉体下面，从肺到心、肝依次检查。

离体检查：离体检查的方式分为悬挂式和平案式两种。首先要求编号；悬挂式是把脏器挂钩挂在同步运行的检验轨道上受检，此方式基本上同于非离体检查；平案式是将脏器置于检验台受检，脏器的纵膈面（两肺的内侧）向上，检验者立在左肺叶的右侧,近脏器的后端(膈叶端)处检查。

红下水检查按肺、心、肝的顺序采用视检、触检和剖检的方法,全面检查各脏器进行综合性判断,尤其注意观察咽喉黏膜与心耳、胆囊等器官的状况,避免出现漏检现象。

①肺脏的检验:主要查看肺表面的色泽、形状,有无充血、气肿、水肿、出血、化脓、淤血、坏死、肺寄生虫等病变,并触摸其弹性。注意与物理性刺激的肺出血和呛血相区别。必要时可剖检支气管淋巴结(图4-11)和肺实质,进一步观察有无局灶性炭疽、肿瘤或小叶性及纤维素性肺炎等变化。

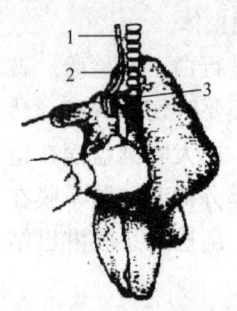
(1)肺左支气管淋巴结剖检法

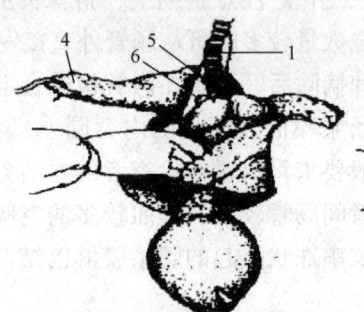
(2)肺左支气管淋巴结剖检法

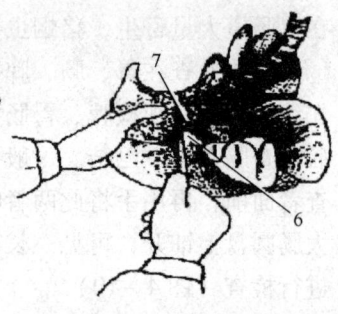
(3)肺尖叶支气管淋巴结和右支气管淋巴结剖检法

图4-11 肺支气管淋巴结检验
1—食管 2—主动脉 3—左支气管淋巴结 4—肺尖叶
5—气管 6—右支气管淋巴结 7—尖叶支气管淋巴结

②心脏的检验:在检验肺的同时视察心脏外表色泽、大小、硬度,有无炎症、变性、出血、囊虫等病变,触摸心肌僵硬度有无异常。必要时剖切左心,注意二尖瓣有无花菜样疣状物(慢性猪丹毒)。猪心脏切开术式见图4-12。

③肝脏的检验:先观察肝的形状、大小、色泽有无异常,触检其弹性;最后剖检肝门淋巴结(图4-13)及左外叶肝胆管和肝实质,有无脂肪变性或颗粒变性、淤血、出血、纤维素性炎、肝硬变或肿瘤等,注意有无肝片吸虫、华枝睾吸虫等寄生虫。

猪心、肝、肺平案检验法见图4-14。

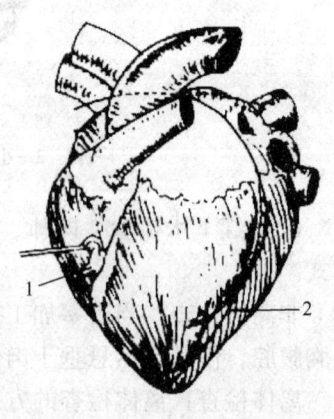

图4-12 猪心脏切开术式
1—左纵沟 2—纵剖心脏切开线

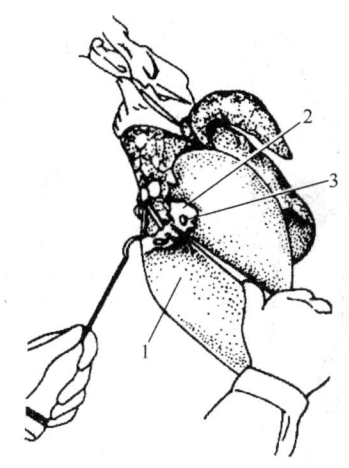
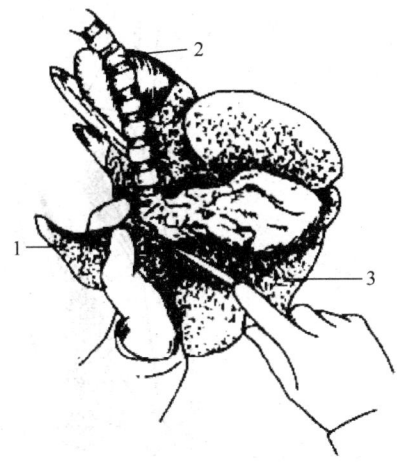

图 4-13 肝门淋巴结剖检
1—肝的膈面
2—肝门淋巴结周围的结缔组织
3—被切开的肝门淋巴结

图 4-14 猪心、肝、肺平案检验
1—右肺尖叶 2—气管 3—右肺膈叶

5. 胴体检查

屠宰加工过程中，胴体多在架空轨道上倒挂，依次编号检查。

(1) 判定放血程度检查 放血不良的肌肉颜色发暗，剖检时切面上可见暗红色区域，皮下静脉血液滞留，挤压可有少量血滴流出。依据肉尸放血不良程度，检疫人员可初诊该肉尸是来自疫病还是宰前衰弱或疲劳等因素引起，再综合判断。

(2) 胴体检查 整体视检胴体的皮肤、皮下组织、肌肉、脂肪胸腹膜、关节和筋腱等处有无异常。若感染猪瘟、猪肺疫、猪丹毒等疫病时，皮肤上常有特殊的出血点或出血斑等病变。

(3) 腰肌的检验 检验人员用检验钩先固定胴体后，再用刀于荐椎与腰椎结合部做一深切口，沿此切口向下紧贴脊椎切开，使腰肌与脊柱分离开来；这时再移动检验钩，拉伸腰肌展开，顺肌纤维走向做 3~5 条平行的切口，视检切面有无猪囊虫寄生（图 4-15）。

(4) 剖检淋巴结 胴体检验中必检的淋巴结有腹股沟浅淋巴结、腹股沟深淋巴结、股前淋巴结、颈浅背侧淋巴结，必要时再剖检颈深后侧淋巴结和腘淋巴结。剖检时应沿其长轴切开。

腹股沟浅淋巴结（即乳房淋巴结）胴体倒挂时，位于最后一个乳头平位或稍后上方皮下脂肪内。剖检时，检验员用钩钩住最后乳头稍上方的皮下组织向

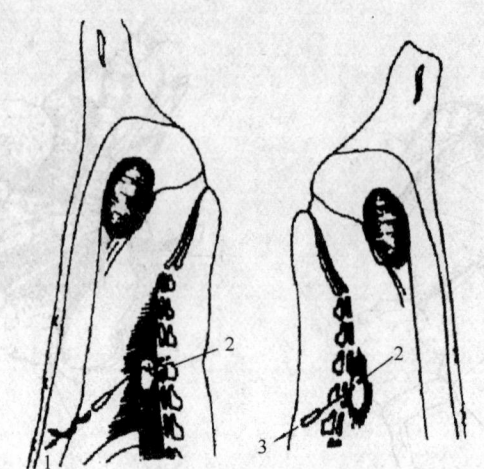

(1) 左侧肾脏剥离肾包膜术式　(2) 右侧肾脏剥离肾包膜术式

图 4 – 15　腰肌和肾脏的检验
1—肉钩牵引及转动的方式　2—刀尖挑拨肾包膜切口方向
3—钩子着钩部位和剥离时牵引方向

外牵拉，检验刀从脂肪层正中部位切开，即可发现被切开的腹股沟浅淋巴结（图 4 – 16）。

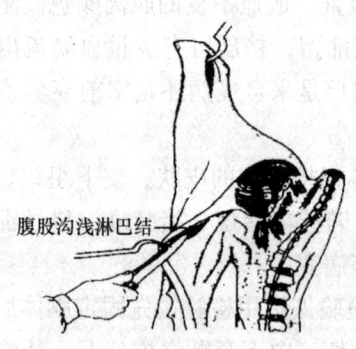

腹股沟浅淋巴结

图 4 – 16　猪腹股沟浅淋巴结检验

腹股沟深淋巴结剖检时，先沿腰椎假设一垂线 AB（图 4 – 17），再从第 5、6 腰椎结合处斜向上方虚引一直线 CD，使其与线 AB 相交为 $35°\sim45°$。然后沿 CD 线切开脂肪层，可见到髂外动脉，沿此动脉在旋髂深动脉分叉上方处可找到腹股沟深淋巴结。同时在髂外动脉和腹主动脉分叉附近可找到髂内淋巴结。注意腹股沟深淋巴结分布靠近在髂外动脉分出旋髂深动脉旁，甚至有时与髂内淋巴结连在一起。

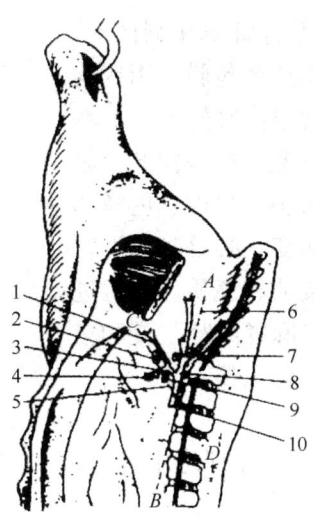

图 4-17 猪腹股沟淋巴结检验
1—髂外动脉 2—腹股沟深淋巴结 3—旋髂深动脉 4—髂外淋巴结
5—检查腹股沟淋巴结的切口线 6—沿腰椎假设 AB 线
7—腹下淋巴结 8—髂内动脉 9—髂内淋巴结 10—腹主动脉

股前淋巴结（图 4-18）、颈浅背侧淋巴结（即肩前淋巴结）位于肩关节的前上方，肩胛横突肌和斜方肌的下面。可采用切开皮肤的剖检法，检查时在被检胴体的颈基部虚设一横线 AB，再虚设纵线 CD，垂直且平分 AB 线，然后在两线交点处向背脊方向移动 2~4cm 处以刀垂直刺入颈部组织，并向下垂直切开 2~3cm 长的肌肉组织，检验钩牵拉开切口，即可找到被少量脂肪包围的该淋巴结（图 4-19）。剖检该淋巴结，观察其变化。

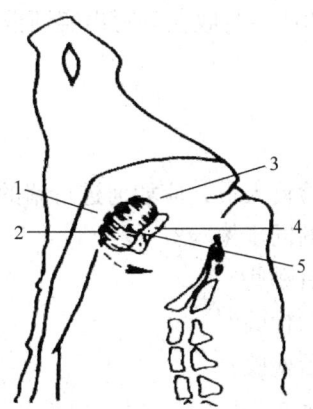

图 4-18 猪股前淋巴结检验
1—腰 2—切口线 3—剖检下刀处 4—耻骨断面 5—半圆形红色肌肉处

(5) 肾脏的检验 一般肾脏附在胴体上，检验不剖开检查。先用刀剥离肾包膜，用钩钩住肾盂，并用刀沿肾脏中间纵向轻轻划下，然后刀外倾用刀背将肾包膜挑起，用钩拉开，暴露肾脏，观察肾的形状、大小、弹性、色泽和有无出血、化脓、坏死灶病变。必要时再沿肾脏边缘纵切开肾实质，对皮质、髓质、肾盂进行观察，注意区别猪瘟的"麻肾卵肾"变和猪丹毒的"大红肾"变。摘除肾上腺。

6. 旋毛虫检验

具体操作将在项目五的实操训练中进行，本实训暂不进行本项检验。

7. 复检

检疫人员认定是健康无染疫的合格胴体，应在胴体上加盖肉检验讫印章，内脏加封检疫标志，同时出具动物产品检疫合格证明。

对不合格的胴体，在胴体上加盖无害化处理验讫印章，并在动物防疫监督机构监督下，进行相应的无害化处理。

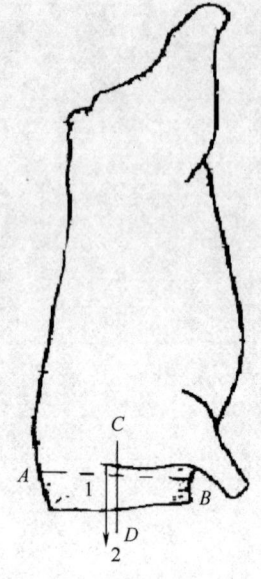

图 4-19 猪肩前淋巴结检验
AB—颈基底宽度
CD—AB 线的等分线
1—肩前淋巴结 2—术式示意

（四）实训报告

叙述猪的颌下淋巴结、肩前背侧淋巴结、腹股沟浅淋巴结、腹股沟深淋巴结的剖检术式，总结屠猪宰后检验的程序和操作方法，记录观察到的病理变化并加以分析，并根据实训的体会与收获等写出实训报告。

项目思考

1. 作为定点屠宰场的检疫人员，应如何进行猪的头部检验？
2. 如何进行生猪屠宰的同步检验？
3. 淋巴结的常见病变有哪些？
4. 如何进行家禽的宰后检验？
5. 如何进行家兔的宰后检验？

项目五　畜禽病的鉴定与卫生处理

知识目标

1. 了解和掌握畜禽传染病的鉴定和卫生处理。
2. 了解和掌握畜禽常见寄生虫病的鉴定和卫生处理。
3. 掌握畜禽一般病变的鉴定和卫生处理。

技能目标

1. 能对炭疽、口蹄疫、狂犬病、疯牛病、布氏杆菌病、结核病等进行鉴定和卫生处理。
2. 能对弓形虫、旋毛虫、囊虫、住肉孢子虫进行检验和卫生处理。
3. 能进行禽流感、新城疫、鸡传染性法氏囊病、鸡马立克病等的检验和卫生处理。
4. 能对组织器官病变进行鉴定和卫生处理。

必备知识

一、屠畜常见传染病的鉴定与卫生处理

（一）炭疽

炭疽是由炭疽杆菌引起的多种家畜、野生动物和人的一种急性、热性、败血性传染病。临床特征是突发高热，迅速死亡，可视黏膜发绀和天然孔出血。剖检以尸僵不全、血凝不良、呈煤焦样，皮下和浆膜下结缔组织出血性胶样浸

润和脾肿大等败血症变化为特征。人感染本病均可导致败血症死亡。

1. 宰前鉴定

（1）最急性型与急性型　见于牛、羊。其特征为：突然站立不稳，全身痉挛，迅速倒地，高热，呼吸困难，天然孔出血，血凝不全，常在数小时内死亡。

（2）亚急性型　症状与急性型相似，但表现缓和。牛、马的痈型炭疽可见颈、胸、腹、咽喉、外阴等部皮肤出现明显的局灶性炎性肿胀或炭疽痈，开始热，不久则变冷无痛，甚至软化龟裂，发生坏死，形成溃疡。

（3）咽峡型　猪多见。典型症状为咽喉部和附近淋巴结肿胀，体温升高，严重时，黏膜发绀，呼吸困难，最后窒息而死。但很多病例，临诊症状不明显，屠宰后才发现有病变。

（4）肠型炭疽　常伴有便秘或腹泻，轻者可恢复，重者死亡。猪炭疽的败血型极少见。

2. 宰后鉴定

（1）痈型炭疽　牛宰后多见。主要病变是痈肿部位的皮下有明显的出血性胶样浸润，病区淋巴结肿大，周围水肿，淋巴结切面呈暗红色或砖红色，并有点状、条状或巢状出血。

（2）咽峡型炭疽　猪最为常见。咽峡部一侧或双侧的颌下淋巴结肿大、充血，周围组织有明显的水肿和胶样浸润，淋巴结的切面呈淡粉红色、樱桃红色或砖红色，并有数量不等的紫黑或黑红色小坏死灶。此外，扁桃体也常发生充血、水肿、出血和溃疡，表面常被覆一层灰黄色痂膜，横切时痂膜下有暗红色楔形或犬齿的病灶，涂片镜检，可找到炭疽杆菌。

（3）肠型炭疽猪　肠型炭疽主要见十二指肠和空肠前半段的少数或全部肠系膜淋巴结肿大、出血、坏死，其病变与咽型炭疽相似。肠型炭疽痈邻近的肠系膜呈出血性胶样浸润，散布纤维素凝块，肠系膜淋巴结肿大、出血，切面呈暗红色、樱桃红色或砖红色，质地硬脆。与病变肠管、肠系膜淋巴结相连的淋巴管，也有出血性红线样或虚线状。

（4）肺型炭疽　较少见，膈叶上有大小不等的暗红色实质肿块，切面呈樱桃红色或山楂糕样，质地硬脆，致密，有灰黑坏死灶。支气管淋巴结和纵隔淋巴结肿大，周围胶样浸润。

3. 卫生处理

（1）宰前在畜群中发现炭疽病畜，应采取不放血方法扑杀、销毁。可疑病畜，必须进行血片检查。未经检查，不得先行屠宰放血。

（2）炭疽患畜的胴体、内脏、皮毛和血（包括被污染的血），应于当天用不漏水的工具运送指定地点，全部作工业用或者销毁。

（3）被炭疽污染或可疑被污染的胴体、内脏应在 6h 内高温处理后出厂，不能在 6h 内进行者应作工业用或销毁。血、骨、毛等只要有被污染的可能，均应作工业用或销毁。

（4）屠宰车间的地面、设备和离地面 2m 以内的墙壁，所有被炭疽病畜停留所经过的圈舍和场院，应用 20% 的漂白粉溶液或 10% 烧碱溶液或 5% 甲醛溶液进行彻底消毒，清除所有的粪便和污物并焚烧。金属器械和用具应用 0.5% 碱水在有盖锅内煮沸 30min，必须注意，所有消毒工作应于宰后 6h 之内完成。

（5）发现炭疽后，对确认未被污染的胴体、内脏及其副产品，不受限制出厂。

（二）结核病

结核病是由结核分枝杆菌引起的人畜共患的一种慢性传染病。在屠畜中常见于牛，其次是猪和鸡。人多由饮用含有牛型结核分菌的生牛乳而感染。其特点是在多种组织器官形成结核结节和干酪样坏死或钙化结节等病理变化。

1. 宰前鉴定

结核病患畜生前的共同症状，渐进性消瘦和贫血，患牛最为明显。

（1）肺结核　咳嗽，呼吸困难，呼吸音粗厉，伴有啰音或摩擦音。

（2）乳房结核　有的表现为单纯的乳房肿胀，肿胀界线不清，无热无痛；有的表现为表面有凹凸不平的坚硬肿块或乳房实质有多个不痛不热的坚硬结节。泌乳期可见乳汁薄如水，颜色微绿，内含大量白色絮片和碎屑。

（3）肠结核　表现为便秘和下痢交替出现，或持续下痢。

（4）淋巴结核　猪较多见，常见有颌下淋巴结、咽淋巴结和颈淋巴结等。特征是淋巴结肿大发硬，无热痛。

（5）生殖器官结核　性机能紊乱，性欲亢进，妊娠畜流产，公畜睾丸肿大，阴茎发生结节、糜烂。

（6）脑结结核和脑膜结核　神经症状，如运动或感觉障碍，癫痫样发作。

2. 宰后鉴定

胴体消瘦，器官或组织形成结核结节或干酪样坏死是结核病的特征。结核病变可发生在体内任何器官和淋巴结。肉检中，牛以肺、胸膜支气管淋巴结的结核病变最为多见；其次，消化器官的淋巴结、腹膜和肝也常发生。猪的结核病变最常见于头部和肠系膜淋巴结。羊的结核病变常见于胸壁、肺和淋巴结。禽结核多发生于肠道、肝脾、骨骼和关节。

3. 卫生处理

（1）患全身性结核病，且胴体瘠瘦者，其胴体和内脏作工业用或销毁。

（2）患全身性结核而胴体不瘠瘦者，病变部作工业用或销毁，其余高温处理后出厂。

（3）胴体部分淋巴结有结核病变时，有病变淋巴结割下作工业用或销毁，淋巴结周围部分肌肉高温处理后出厂，其余部分不受限制出厂。

（4）肋膜或腹膜局部有病变时，病变处割下作工业用或销毁，其余部分不受限制出厂。

（5）内脏或内脏淋巴结发现结核病变时，整个内脏作工业用或销毁，胴体不受限制出厂。

（6）患骨结核的家畜，有病变的骨剔出作工业用或销毁，胴体和内脏高温处理后出厂。

（三）布鲁菌病

布鲁菌病是由布鲁菌引起的人畜共患传染病。家畜中牛、羊和猪最为易感。其特征是生殖器官和胎膜发炎，引起流产、不育和各种组织的局部病灶。人可通过与病畜或带菌动物及其产品的接触或食用未经消毒的病畜肉、乳而感染。

1. 宰前鉴定

牛感染此病时，妊娠母畜引起流产，可以发生在妊娠的任何时期，最常发生在第6至第8个月。流产时除在数日前表现分娩预兆象征，如阴唇乳房肿大，荐部与肋部下陷，以及乳汁呈初乳性质等外，还有生殖道的发炎症状，即阴道黏膜发生粟粒大红色结节，由阴道流出灰白色或灰色黏性分泌液。流产时，胎水多清朗，但有时混浊含有脓样絮片。常见胎衣滞留，特别是妊娠晚期流产者。流产后常继续排出污灰色或棕红色分泌液，有时恶臭，分泌液迟至1~2周后消失。公牛有时可见阴茎潮红肿胀，更常见的是睾丸炎及附睾炎。急性病例则睾丸肿胀疼痛。还可能有中度发热与食欲不振，以后疼痛逐渐减退，约3周后，通常只见睾丸和附睾肿大，触之坚硬。

羊感染此病时也是妊娠母羊流产，多发生于妊娠3~4个月时，其他症状也基本相同。

猪最明显的症状也是流产，多发生在妊娠4~12周。有的在妊娠2~3周即流产，有的接近妊娠期满即早产。公猪常见睾丸炎和附睾炎。有时在开始即表现全身发热，局部疼痛不愿配种，但通常是逐渐发生，即睾丸及附睾的不痛肿胀。较少见的症状还有皮下脓肿、关节炎、腱鞘炎等，如椎骨中有病变时，还可能发生后肢麻痹。

2. 宰后鉴定

如发现屠畜有下列病变之一时，应考虑有布鲁菌病的可能。

（1）猪有阴道炎、睾丸炎及附睾炎，化脓性关节炎、骨髓炎、子宫黏膜有较多的高粱米粒大的黄白色结节，颈部及四肢肌肉变性；牛、羊患阴道炎、子宫炎、睾丸炎及附睾炎。

（2）肾皮质部出现有麦粒大小的灰白色结节。

（3）管状骨或椎骨中积脓或形成外生性骨疣，使骨外膜表面呈现高低不平的现象。

3. 卫生处理

（1）屠畜宰前有症状，并在宰后发现病变，确认为布鲁菌病者，其胴体、内脏需作工业用或销毁。毛皮盐渍 60d 后出厂，胎儿毛皮盐渍 3 个月后出厂。

（2）宰前诊断为阳性但无症状、宰后检验无病变的家畜，其生殖器和乳房作工业用或销毁。胴体和内脏高温处理后出厂。

（3）鉴于布鲁菌病在人畜间易于传染，凡与牧畜、畜肉、皮毛接触多的人员，如屠宰工人和皮、毛、乳、肉加工人员应做好预防接种工作，操作时注意加强个人防护。

（四）口蹄疫

口蹄疫是由口蹄疫病毒引起的偶蹄动物的一种急性、热性、高度接触性传染病。口蹄疫能侵害多种（33 种）动物，而以偶蹄兽最易感染。家畜对口蹄疫最易感染的是牛、骆驼、羊，猪次之。犊牛比成年牛易感染，病死率也高。在野生动物也有发病。其临床特征是口腔黏膜、蹄部和乳房皮肤发生水泡和溃烂。人易感染，小儿易感性较高，常发生胃肠炎。

1. 宰前鉴定

病牛精神委顿，流涎，在唇内面、齿龈、舌面和颊部黏膜发生蚕豆至核桃大的水泡，采食反刍完全停止。经一昼夜破裂形成浅表的红色糜烂，水泡破裂后，体温降至正常，糜烂逐渐愈合，全身症状逐渐好转，如有细菌感染，发生溃疡，在口腔发生泡的同时或稍后，趾间及蹄冠表现红肿、疼痛、迅速发生泡，并很快破溃，然后逐渐愈合。乳头皮肤有时也可出现水泡，很快破裂形成烂斑，泌乳量显著减少，本病一般取良性经过，约经 1 周即可痊愈。如果蹄部出现病变时，则病期可延至 2~3 周或更久。病死率很低，一般不超过 1%~3%。但恶性口蹄疫的病死率高达 20%~50%，主要是由于病毒侵害心肌所致。哺乳犊牛患病时，水泡症状不明显，主要表现为出血性肠炎和心肌麻痹，死亡率很高。

羊潜伏期 1 周左右，病状与牛大致相同，但感染率较牛低，山羊多见于口腔，呈弥漫性口膜炎，水泡发生于硬腭和舌面，羔羊有时有出血性胃肠炎，常因心肌炎而死亡。

猪潜伏期 1~2d，病猪以蹄部泡为主要特征，主要症状是跛行。病初体温升高至40~41℃，精神不振，食欲减退或废绝。口黏膜（包括舌、唇、齿龈）形成小水泡或糜烂。蹄冠、蹄叉、蹄踵等部出现局部发红，微热、敏感等症状，不久逐渐形成米粒大、蚕豆大的水泡，水泡破裂后表面出血，形成糜烂，如无细菌感染，1周左右痊愈。

2. 宰后鉴定

口腔、蹄部出现水泡和烂斑，咽喉、气管和前胃黏膜见有圆形糜烂，胃肠有时出现出血性炎症。心脏因心肌变性而扩张，左心室壁和室中隔往往发生明显的脂肪变性和坏死，继而可见不整齐的斑点和灰白色的条纹，形似虎皮斑纹，特称"虎斑心"。肺有气肿和水肿，腹部、胸部、肩胛部肌肉中有淡黄色麦粒大小的坏死灶。

3. 卫生处理

（1）宰前确诊或疑似口蹄疫病畜时，将所有屠畜全部扑杀，病畜停留场所严格消毒。

（2）患畜整个胴体、内脏和其他副产品作工业用或销毁。

（3）同群动物和疑似被污染的胴体、内脏等高温处理后出厂。毛皮消毒后出厂。

（五）猪传染性水泡病

猪传染性水泡病又称猪水泡病，是由猪传染性水泡病病毒引起的急性传染病。特征为蹄部、口腔、鼻端和腹部皮肤发生水泡，与口蹄疫相似，但牛、羊等家畜不发病。人有感染性，于口腔、手足等部位发生大小不等的水泡，由绿豆大到鸽蛋大。一部分病人在眼、鼻、外阴、肛门及其他部位的皮肤黏膜处也可出现水泡，泡液初起清澈，后渐浑浊，四周绕以红晕，口腔黏膜如唇、舌等部位的水泡易于破溃，形成浅表性溃疡，常有灼痛而影响进食。

1. 鉴定

体温升高，全身症状为精神沉郁，食欲减退或停食，肥育猪显著掉膘。特征在蹄冠、蹄叉、蹄底等部形成水泡，融合破溃，行走艰难，严重者卧地不起，蹄壳脱落。有时在鼻端、舌面、乳房上也形成水泡或烂斑。

2. 鉴别诊断

水泡疹只感染猪，口蹄疫和水泡性口炎不仅感染猪，而且牛、羊、马均可感染。鉴别这种疾病，必须依靠中和试验、动物接种试验和病原特性检验。

3. 卫生处理

宰前发现的，将患畜扑杀后销毁；宰后发现的，胴体和副产品全部销毁。

(六)猪丹毒

猪丹毒是由丹毒丝菌引起的一种人畜共患的急性、热性传染病。主要表现为急性败血型和亚急性疹块型,也有的为慢性关节炎或心内膜炎。本病主要发生于猪。人也可通过食肉感染,主要是丹毒丝菌从损伤的皮肤或黏膜侵入,称为"类丹毒病"。

1. 宰前鉴定

(1)急性败血型　体温升高至42℃,呈稽留热,喜卧阴湿地方,食欲废绝,间有呕吐,离群独卧。发病1~2d后,皮肤上出现红斑,耳、腹及腿内侧较多见,指压时退色。

(2)亚急性疹块型　在颈、肩、胸、腹、背和四肢等处皮肤上出现圆形、方形、菱形或不规则形的红色疹块,疹块稍高出皮肤表面,边缘部分呈灰紫色,有的表面中心产生小水泡,或变成痂块。有的痂块自然脱落,留下缺毛的疤痕。

(3)慢性型　四肢关节,特别是腕关节、跗关节常发生关节炎发生无能无力障碍。有的病猪皮肤成片坏死脱落,也有耳壳或尾巴甚至蹄壳全部脱落的。

2. 宰后鉴定

(1)急性败血型　胴体的耳根、颈部、胸前、腹壁和四肢内侧等处皮肤上,见有不规则的鲜红色斑块,指压退色。红斑可相互融合成片,微隆起于皮肤表面。全身淋巴结充血肿胀,呈红色或紫红色。脾肿大明显,质地柔软,呈樱桃红色,切面外翻。肾脏肿大淤血,皮质部可见大小、多少不等的小点状出血。肺充血、水肿。心包积液,心冠脂肪充血发红,心内外膜点状出血,胃肠黏膜呈急性卡他性炎症变化。

(2)亚急性疹块型　皮肤上有特征性疹块,内脏病变同败血症。

(3)慢性型　主要病变是在二尖瓣上有菜花样赘生物,此外有关节炎和坏死等变化。

3. 卫生处理

(1)急性猪丹毒的胴体、内脏和血液作工业用或销毁。

(2)其他类型且病变轻微者,胴体和内脏高温处理后出厂,血液作工业用或销毁,皮张消毒后利用,脂肪炼制后食用。

(3)皮肤上仅见灰黑色痕迹而皮下无病变的病愈丹毒猪,将患部割除后出厂。

(七)痘病

痘病是由痘病毒引起的急性、热性传染病,临床上以皮肤和黏膜上发生特殊的丘疹和疱疹为特征。在典型病例，由丘疹变为水泡以至脓疱，干涸结痂，脱落后痊愈。

1. 宰前鉴定

（1）绵羊痘在所有的动物痘中，绵羊痘是最具有破坏性的。病初体温升高到41～42℃，黏膜、结膜充血，眼、鼻流出黏性或脓性液体，无毛或少毛的部位出现丘疹、红斑。可表现为水泡、脓疱甚至结痂等不同形式。黏膜糜烂，有的形成脓疱，之后形成溃疡或坏疽。

（2）牛痘、山羊痘　多发生于乳房。

（3）猪痘　主要发生于躯干的下腹部和肢内侧以及背部或体侧等处。

2. 宰后鉴定

除皮肤有病变外，猪的口、咽、气管和支气管黏膜也有痘疹病变，绵羊呼吸道黏膜有出血性炎症，咽及第一胃有痘疹或溃疡。肺有圆形灰白色结节。鸡的皮肤型痘病的特征性病变是局灶性上皮形成结节状增生。如果是白喉型病例，则在黏膜表面形成微隆起、白色不透明结节，迅速增大，并常愈合而成黄色、奶酪样坏死的伪白喉，不易剥去，如将其剥去可见出血糜烂。

3. 卫生处理

（1）绵羊和猪的胴体有全身性出血或坏疽并确认为痘病者，作工业用或销毁。患良性痘疮而全身营养良好者，将痘疮割去后出厂。头蹄有病变者，割除病变部分后出厂。

（2）牛胴体割去病变部分后，不受限制出厂。

（3）皮张干燥后出厂，或以不漏水工具直接运至制革厂加工。

（八）沙门菌病

沙门菌病是由沙门菌属细菌引起的人畜多种疾病的总称。本病对幼畜有较大危害性，常表现为败血症或胃肠炎，也可使妊娠母畜发生流产，是引起人类食物中毒的主要因素之一，所以本病在公共卫生上备受人们的关注。

1. 宰前鉴定

（1）猪沙门菌病　又称猪副伤寒。急性病例多为败血症型表现，猪发热、呆钝和虚弱，耳朵、腹部和股内侧皮肤先呈朱红色，后为蓝红色。慢性病例多为肠炎型表现，瘦弱贫血，长期顽固性腹泻，粪便呈糊状，具有恶臭味。

（2）牛沙门菌病　犊牛主要表现为胃肠炎、关节炎或肺炎，又称犊牛副伤寒。成年牛多为慢性或隐性感染，表现为腹泻，可有关节炎的症状。

（3）羊沙门菌病　表现与猪、牛沙门菌病相似，母羊可发生流产。

（4）兔沙门菌

①腹泻型：主发于断奶后的仔兔，病兔体温升高，有全身症状，呈顽固性

下痢，通常经 1~7d 死亡。

②流产型：流产多发生于妊娠 1 个月前后，流产后病兔多数死亡。流产后未死而康复的母兔多不易受孕。

2. 宰后鉴定

（1）猪　急性病例多为败血症表现，耳根、胸前和腹下皮肤呈青紫色或有紫红色斑点，全身浆膜有点状出血，胃肠道卡他性炎症。慢性病例胴体表现为脱水，消瘦，被毛粗乱。肠道病变多集中在回肠和大肠部，肠系膜淋巴结肿大、灰红色，呈髓样肿胀。脾脏肿大。

（2）牛　慢性型的主要病变是肺脏呈卡他性、化脓性肺炎。肝脏有副伤寒结节散布。有时跗关节及肘关节也有炎症变化。急性型主要是出血性胃肠炎变化，成年牛胃肠黏膜潮红，常杂有出血或盖有假膜，脾脏高度肿大而柔软、肠系膜淋巴结肿大，切面点状出血。

（3）羊　主要呈出血性卡他性胃肠炎变化。

（4）兔　超急性死亡病例见多个脏器淤血，胸腹腔积聚浆液以致浆液呈血样液体，急性病例肝脏有小坏死灶，脾肿大，肠淋巴结水肿，肠黏膜有淋巴滤泡肿胀，坏死后形成溃疡，有的病例肠黏膜淤血、出血、黏膜下水肿。流产母兔有化脓性子宫炎。

3. 卫生处理

血液和内脏作工业用或销毁，胴体经有效高温处理后出厂。

（九）猪链球菌病

猪链球菌病是一种人畜共患的急性、热性传染病，由 C、D、E 及 L 群链球菌引起的猪疾病的总称。表现为急性出血性败血症、心内膜炎、脑膜炎、关节炎、哺乳仔猪下痢和妊娠猪流产等。可致猪败血症肺炎、脑膜炎、关节炎和心内膜炎，可感染特定人群，可致死亡，危害严重。

1. 宰前鉴定

败血型病猪出现体温升高达 41~42℃，食欲减退，眼结膜充血、流泪，有浆液性鼻液，便秘，皮肤有出血斑点。慢性病例主要表现为关节炎，跛行或站立不稳。脑膜炎型病例出现共济失调、盲目运动、全身痉挛等症，最后衰竭死亡。淋巴结脓肿型呈颌下淋巴结化脓性炎症，表现为局部隆起，触诊硬固，有热痛。

2. 宰后鉴定

病猪皮肤出现紫斑，黏膜出血。浆膜腔积液，含有纤维素。全身淋巴结有不同程度的肿大、充血和出血。肺充血肿胀。心包积液，淡黄色，心内膜有出血斑点。脾肿大，暗红色，易脆。肠系膜水肿。脑膜充血、出血，脑脊髓液混浊，增量，有多量白细胞。慢性病例表现心内膜炎和关节炎。

3. 卫生处理

患猪胴体和内脏经高温处理后出厂。

（十）巴氏杆菌病

巴氏杆菌病主要是由多杀性巴氏杆菌引起的，发生于各种家畜、家禽、野生动物和人类的一种传染病的总称。动物急性病例以败血症和炎性出血过程为主要特征，人的病例罕见，且多呈伤口感染。

1. 宰前鉴定

（1）猪巴氏杆菌病　又称"猪肺疫"。最急性型俗称"锁喉风"，通常不见症状，突然死亡。急性者，体温升高，颈下咽喉部发热、红肿、坚硬，严重者向上延及耳根，向后可达胸前，咳嗽，呼吸极度困难，呈犬坐姿式。皮肤发绀，耳根、四肢内侧有红斑，伴有脓性结膜炎。慢性者表现持续性咳嗽，呼吸困难，腹泻，消瘦。

（2）牛巴氏杆菌病　又称牛出血性败血病。病牛体温升高至41～42℃，精神沉郁，食欲减退或废绝，反刍停止，结膜潮红，呼吸、脉搏加快。水肿型者在头颈、咽、胸、肛门和四肢出现水肿，吞咽、呼吸困难。肺炎型者主要表现纤维素性胸膜肺炎症状。此时病牛出现呼吸困难，痛苦干咳，流鼻汁，后呈脓性或带有血色。胸部叩诊有疼感。肺部听诊有支气管呼吸音及水泡性杂音。水肿型及肺炎型是在败血型的基础上发展起来的。本病的病死率可达80%以上。

（3）羊巴氏杆菌病　病羊表现体温升高，呼吸加快，咳嗽，食欲减退或废绝，结膜潮红且有分泌物，颈、胸部水肿，腹泻，消瘦。

（4）兔巴氏杆菌病

①鼻炎型：是常见的一种病型，其临诊特征是有浆液性、黏液性或黏液脓性鼻漏。鼻部的刺激常使兔用前爪擦揉外鼻孔，使该处被毛潮湿并缠结。此外还有打喷嚏、咳嗽和鼻塞音等异常呼吸音存在。

②地方流行性肺炎型：最初的症状通常是食欲不振和精神沉郁，常因败血病而迅速而亡。

③败血型：死亡迅速，通常不见临诊症状。如与其他病型（常见的为鼻炎和肺炎）联合发生，则可看到相应的临诊症状。

④中耳炎型：又称斜颈病，单纯的中耳炎可以不出现临诊症状，在认出的病例中，斜颈是主要的临诊表现。斜颈是感染扩散到内耳或脑部的结果，而不是单纯中耳炎的症状。严重的病例吃食、饮水困难，体重减轻，可能出现脱水现象。如感染扩散到脑膜和脑则可能出现运动失调和其他神经症状。

2. 宰后鉴定

（1）猪巴氏杆菌病　多呈现纤维素性胸膜肺炎变化，肺明显实变，尖叶、心叶和膈叶有不同程度坏死区，周围水肿气肿，切面呈大理石样花纹。胸膜粗糙，有纤维素附着，并且与肺粘连。心外膜出血，心包、胸腔积液。脾和淋巴结出血，肺水肿。

（2）牛巴氏杆菌病　剖检可见颌下、咽后和纵膈淋巴结水肿、出血。全身浆膜与黏膜散布点状出血。咽喉部、下颌间、颈部与胸前皮下组织发生水肿，切开后流出微混浊的淡黄色液体。肺组织发生实变，颜色从暗红到灰白，切面呈大理石样，并有黄色坏死灶。胸腔积有淡黄色絮状纤维素浆液。胃肠呈急性卡他性或出血性炎。

（3）羊巴氏杆菌病　常见颈部和胸部水肿，胸腔积有纤维素渗出液，肺水肿、实变，胃肠黏膜出血，肝有坏死灶。

（4）兔巴氏杆菌病

①鼻炎型：病变是鼻漏从浆液性向黏液性、黏液脓性转化，鼻孔周围皮肤发炎，鼻窦和副鼻窦内有分泌物，窦腔内层黏膜红肿。

②地方流行性肺炎型：通常呈急性纤维素性肺炎变化，以肺的前下方最为常见。表现为实变，肺实质内可能有出血，胸膜面可能有纤维素覆盖，可能有脓肿存在，脓肿为纤维组织所包围，形成脓腔或整个肺炎叶发生空洞。

③败血型：因死亡十分迅速，大体或显微变化很少见到。

④中耳炎型：主要是一侧或两侧鼓室有奶油状的白色渗出物。有时鼓膜破裂，脓性渗出物流入外耳道。中耳或内耳感染如扩散到脑，可出现化脓性脑膜脑炎的病变。

3. 卫生处理

（1）肌肉无病变或病变轻微时，将病变割除，胴体和内脏高温处理后出厂。

（2）肌肉有病变时，胴体、内脏与血液作工业用或销毁。

（3）皮张经消毒后出厂。

（十一）狂犬病

狂犬病是由狂犬病病毒引起的一种人和所有温血动物共患的急性接触性传染病，俗称疯狗病，又称恐水症。临床特征是神经兴奋和意识障碍，继之局部或全身麻痹而死。

1. 宰前鉴定

可根据被犬咬的病史，以及特征的症状建立诊断。主要表现是吞咽困难，唾液增多，精神兴奋，异常狂暴如摇尾、嘶鸣或哞叫、攻击其他动物或人。有的则表现精神沉郁，常躲在暗处，最后麻痹而死。

2. 宰后鉴定

无特殊病变。尸体消瘦，有咬伤、裂伤，常见口腔和咽喉黏膜充血或糜烂，胃内空虚或有多种异物，如木片、石块儿、破布、鬃毛等，中枢神经实质和脑膜肿胀、充血或出血。病理组织学检查，于大脑海马角或小脑神经细胞内发现内基氏小体。

3. 卫生处理

（1）屠畜被狂犬咬伤后 8d 内未显现狂犬病症状的，胴体、内脏经高温处理后利用。超过 8d 者不准屠宰，采取不放血的方法扑杀后销毁。

（2）不能证明其确实咬伤日期的，一般不作食用。

（3）对狂犬病畜采取不放血的方法扑杀并销毁。

（十二）钩端螺旋体病

钩端螺旋体病是由钩端螺旋体引起的一种人畜共患的自然疫源性传染病。家畜中主要发生于猪、牛、犬、马、羊次之。通常经浸泡在水中的皮肤、黏膜或被污染的食物感染人。大多数家畜呈隐性感染，少数急性发病的特征是发热、贫血、黄疸、血红蛋白尿、出血性素质、流产、皮肤和黏膜坏死、水肿。

1. 宰前鉴定

患畜体温升高，贫血，水肿，出现黄疸和血红蛋白尿。鼻镜干燥，唇和齿龈呈坏死性溃疡，耳、颈、背、腹下、外生殖器官等处皮肤坏死脱落。有些病例可发生溶血，眼结膜潮红或黄染，皮肤黄染或坏死。

2. 宰后鉴定

比较特殊的病变是皮下组织、全身黏膜、肌肉、骨骼、胸腹膜和内脏均呈黄色。皮肤坏死，肝脏肿大，胆囊充满黏稠胆汁。肾脏贫血和间质性炎，慢性经过时肾脏变硬，特别是潜伏型常以肾脏变化为特征。脾脏中度肿大。血液稀薄，久不凝固。肺水肿，心、肠等脏器常有出血点。

3. 卫生处理

（1）处于急性期发热和表现高度衰弱的病畜，不准屠宰。

（2）宰后病变明显，胴体呈黄色并在 1d 内不消失者，胴体和内脏作工业用或销毁。

（3）宰后未见黄疸或黄疸病变轻微，放置 1d 后基本消失或仅留痕迹者，胴体和内脏高温处理后出厂，肝脏销毁。

（4）皮张用浸渍法加工、盐腌或保持干燥状态，2 个月后出厂利用。

（5）处理钩端螺旋体病畜及其产品时，必须加强个人防护措施。

(十三) 破伤风

破伤风又称强直症、锁口风，是由破伤风梭菌引起的一种人畜共患的急性、创伤性、中毒性传染病。临床特征是病畜全身肌肉或某些肌群呈现持续性的痉挛，对外界刺激的反射兴奋性增高，神志正常。各种动物都能发生破伤风。

1. 鉴定

病畜骨骼肌强直性痉挛，反射兴奋性增高。两耳竖立，鼻孔张大，眼球不能运动，眼睑半闭，瞬膜明显外露，牙关紧闭，头颈伸直，背腰发硬，活动不自如，腹部紧缩，尾根翘起，四肢强直，状如木马，进退转弯困难。猪、牛、羊多横卧不起，四肢直伸向后方。

2. 宰后

无特征性剖检病变。仅有肺充血水肿，实质器官变性，骨骼肌和心肌有变性坏死灶，躯干和四肢的肌间结缔组织有浆液性浸润，有小点出血。

3. 卫生处理

（1）肌肉无病变者，将创口割除后，不受限制出厂。

（2）肌肉有局部病变者，病变部分作工业用或销毁，其余部分和内脏高温处理后出厂。

（3）肌肉多处有病变者，胴体、内脏全部作工业用或销毁。

(十四) 牛海绵状脑病

牛海绵状脑病又名疯牛病，是由朊病毒引起的牛的一种中枢神经系统疾病。其临床表现和病理变化与人的克雅氏病十分相似，共同特征是潜伏期长、进行性共济失调、震颤、姿势不稳、知觉过敏、痴呆等神经症状，转归都是以神经细胞受到破坏、大脑蜕变而死亡。

1. 宰前鉴定

病牛最常见的症状是触觉和听觉高度过敏，脖颈伸直，耳朵朝后。精神异常，表现为异常恐惧，烦躁不安。运动障碍，表现为四肢过度伸展，后肢运动失调，肌肉震颤，起立困难，重者躺卧不起。患牛体重和泌乳量下降，最后全身衰竭而死。

2. 宰后鉴定

病理变化主要发生在中枢神经系统。脑组织神经元数目减少，脑两侧灰质神经呈对称性海绵样病变，脑神经核的神经元核周围空泡化，一般在延髓、脑桥和中脑处的脑横切面的切片中较常见，变化也较一致，尤其在延髓间脑部神经实质最严重。少数病例可见大脑淀粉样病变。

对疑似病牛进行剖检，可采取其脑部组织制作切片，经 HE 染色后镜检，根据患牛脑干神经元空泡变化和海绵状变化的出现与否进行判定。

3. 卫生处理

（1）病牛或疑似病牛，严禁食用，一律扑杀销毁。对其接触牛群也要全部处理，尸体焚毁或深埋 3m 以下。

（2）牧场、畜舍的垫料、器具等被污染物应尽量销毁，不能销毁的器具可用 0.5% 以上的次氯酸钠溶液经 2h 或 1~2mol/L 苛性钠溶液经 1h 消毒。

（3）对处理病例时发生的外伤，用次氯酸钠溶液彻底消毒。

（十五）恶性水肿

恶性水肿是由腐败梭菌引起的家畜和人的一种创伤性急性传染病。临床特征是创伤及其周围呈现气性炎性水肿，并伴有全身性毒血症的症状。马和绵羊最易感，猪次之，牛和山羊易感性不大。人也可由伤口感染。

1. 宰前鉴定

在感染创伤的周围，出现弥漫性气性肿胀，肿胀迅速向周围蔓延。肿胀初期坚实有热有痛，后变为无热无痛，触之有捻发音。随着局部气性炎性水肿的急性发展，全身症状也趋恶化，体温升高至 41~42℃，精神沉郁，食欲废绝，呼吸困难，心脏衰弱，有时腹泻，粪便恶臭。牛、羊在分娩时感染本病，表现阴唇肿胀，阴道黏膜充血发炎，会阴部和腹下部呈现气性炎性水肿，阴道排出污秽的红褐色恶臭液体。

2. 宰后鉴定

可见水肿部皮下和肌间结缔组织有大小不等的出血点，有红黄色乃至暗红色液体浸润，含有气泡，具有酸臭味。病变部肌肉松软呈煮肉样，容易撕裂，严重者呈暗红色或暗褐色。局部淋巴肿大，实质器官变性，肺充血、水肿，心肌浊肿，心包腔积液。因分娩而感染者，子宫水肿，黏膜上被覆有污秽的粥状物；盆腔结缔组织和阴道周围组织明显水肿，并有气泡，局部淋巴结水肿。猪有时还发生胃型恶性水肿，胃壁显著增厚，硬似橡皮。胃黏膜潮红、肿胀，有时出血，黏膜下和浆膜下结缔组织以及肌间有淡红色酸臭并混有气泡的浆液浸润。肝脏含有气泡。

3. 卫生处理

（1）宰前发现恶性水肿病畜，禁止屠宰。

（2）宰后发现的，全部胴体、内脏、毛皮、血液销毁。被污染的胴体、内脏高温处理后出厂。

（十六）猪瘟

猪瘟是猪瘟病毒引起的一种猪的急性、热性、败血性传染病。以高热稽留和小血管壁变性引起的广泛出血、梗塞和坏死等为特征。在自然条件下，除猪外，该病毒对人和其他畜禽均无致病性，但在发病过程中，常有猪霍乱沙门杆菌或其他沙门杆菌以及巴氏杆菌继发感染，因此未经适当处理的病猪肉及其副产品，除了散播病原因素外，还能成为细菌性食物中毒的缘由。

1. 宰前鉴定

（1）最急性型　表现为急性败血病症状，突然发病，高热稽留，皮肤和黏膜发绀，有出血点。

（2）急性型　精神高度沉郁，发热，食欲减退，寒战，背拱起，后肢乏力，步态蹒跚，重症全身痉挛。两眼无神，眼结膜潮红，口腔黏膜发绀或苍白。在耳、鼻、腹下、股内侧、会阴等处可见出血斑点，先便秘后腹泻。公猪阴鞘内积有恶臭尿液。

（3）亚急性型　与急性型相似，体温升高，扁桃体、舌、唇及齿龈出现溃疡。身体多处皮肤见有出血点。

（4）慢性型　消瘦，便秘与腹泻交替出现，腹下、四肢和股部皮肤有出血点或紫斑。扁桃体肿大。

2. 宰后鉴定

（1）最急性型　黏膜、浆膜和内脏有少量出血斑点，但无特征性病变化。

（2）急性型　全身皮肤，特别是颈部、腹部、股内侧、四肢等处皮肤，有暗红或紫红的小点出血或融合成出血斑。脂肪、肌肉、浆膜、黏膜、喉头、胆囊、膀胱和大肠也有出血点。全身部分淋巴结呈出血性炎症变化，淋巴结肿大、暗红、质地坚实，切面外观呈大理石纹样。脾出血性梗死。肾脏苍白色，有暗红色出血点。胃肠黏膜潮红，散布许多小出血点。

（3）亚急性和慢性型　病变常见于肺和大肠，前者肺切面呈暗红色，质地致密，间质水肿、出血，局部肺表面有红色网纹，后者肺脏表面有黄色纤维素，间质增厚，呈大理石纹样。肺脏、心包和胸膜发生粘连。大肠病变常见于结肠和盲肠，肠黏膜上有轮层状溃疡。

3. 卫生处理

（1）猪瘟病猪整个胴体、内脏、血液作工业用或销毁。

（2）猪瘟患猪的同群猪只和怀疑被污染的胴体和内脏作高温处理，皮张消毒后出厂。

（十七）牛瘟

牛瘟是由牛瘟病毒引起的主要发生于牛的一种败血性传染病，俗称烂肠瘟。骆驼、绵羊、山羊、黄羊等都可感染此病，但易感性较小，猪和野猪也可能受到感染。急性病程的特征是黏膜坏死性炎症，消化道黏膜的病变则更具有特征性。

1. 宰前鉴定

特征性症状是口腔黏膜的变化。初期流涎，口角、齿龈、颊内面和硬腭黏膜呈斑点状或弥漫性潮红，以后形成一层均匀的灰色或灰黄色假膜，极易脱落，露出形状不规则、边缘不整的出血烂斑。病畜排出稀糊状污灰色或褐棕色具恶臭的粪便，有时带血和脱落的黏膜。眼、鼻黏膜潮红或溃烂，流出浆液至脓性分泌物。

2. 宰后鉴定

主要病变是消化道。口腔黏膜，特别是唇内侧、齿龈、舌下、舌侧面等处在弥漫性充血的背景上，见有结节或边缘不整齐的红色溃疡或糜烂，覆盖灰黄色麸皮样假膜。瓣胃中有大量干硬食物。真胃空虚，幽门区和皱襞处显著充血，常有麸皮假膜或具褐色痂皮溃疡，小肠和直肠黏膜红肿，密布点状出血，黏膜上皮坏死，形成假膜。胆囊肿大2~3倍，充满胆汁，胆囊黏膜树枝状充血或出血，形成溃疡。肝、肾、心实质变性。

3. 鉴别诊断

牛瘟与恶性卡他热的症状有相似的地方，但后者常有两眼的角膜炎伴以纤维蛋白性虹膜炎，牛瘟仅见有结膜炎而角膜则始终保持透明。恶性卡他热有神经症状，而牛瘟没有。

4. 卫生处理

（1）宰前发现者，立即停止生产，封锁现场并向有关部门报告疫情。
（2）病牛胴体、内脏、血液、骨、角、皮张全部作工业用或销毁。
（3）被污染的胴体、内脏经高温处理后出厂，皮张消毒后出厂。
（4）宰后发现者，立即停止屠宰，封锁、消毒，采取防疫措施。
（5）粪污销毁，污水严密消毒。

（十八）恶性卡他热

恶性卡他热又称恶性头卡他或坏疽性鼻卡他，是由恶性卡他热病毒引起牛的一种急性、热性传染病。特征是上呼吸道、头窦、口腔及胃肠道等黏膜发生急性卡他性纤维素性炎症，伴发角膜混浊和非化脓性脑膜脑炎。

1. 宰前鉴定

病牛体温升高至 41~42℃，呈稽留热，皮温不正常，额窦及角根部发热。所有典型病例几乎都是双眼同时患病，表现羞明、流泪，结膜充血，角膜混浊。鼻镜糜烂，覆有干痂。鼻孔流出黏性或脓性发臭的分泌物，鼻黏膜高度潮红，有的覆有灰色易碎的纤维蛋白性假膜，剥落后留下溃疡面。口腔黏膜潮红，流涎，尤其是齿龈、唇内、硬软腭和颊部常见组织坏死，并形成污黄色斑点或假膜，甚至不同大小和外形的溃疡。咽部发炎的，则表现吞咽和呼吸困难。粪便先干后稀，有时混有血液或纤维蛋白碎片。病势严重者则虚弱昏迷，或磨牙哞叫；部分体表淋巴结明显肿胀。

2. 宰后鉴定

除上述具有诊断意义的眼、鼻腔、口腔的特征性病变外，可见头颈、皮下和肌肉出血和水肿；咽部、会厌及食管黏膜也见有糜烂或溃疡与充血、出血变化；心外膜小点出血，肺脏常有急性支气管肺炎灶。真胃和肠黏膜有炎症变化，泌尿道黏膜潮红，有点状出血。全身淋巴结肿大，呈棕红色，其周围显示胶浸润，切面隆突、多汁，偶见坏死灶。

3. 卫生处理

（1）病变仅局限于头部（眼、鼻腔、口腔）或气管、肺及胃肠的，割除患部作工业用或销毁，其他部分高温处理后出厂。

（2）多数器官和胴体（或淋巴结）有病变，全部作工业用或销毁。

（十九）山羊传染性胸膜肺炎

山羊传染性胸膜肺炎俗称"烂肺病"，是由丝状支原体引起山羊特有的一种接触性传染病。以3岁以下的山羊最易感。以高热、咳嗽、肺和胸膜发生浆液纤维素性炎，并继发肺组织肉变坏死为特征。

1. 宰前鉴定

病羊体温升高，呼吸困难，咳嗽干痛，有浆液性、黏液性乃至带铁锈色鼻液。叩诊多在一侧有浊音区，听诊呈支气管呼吸音和摩擦音。按压胸壁有痛感。高热稽留，痛苦呻吟，头颈伸直，背腰拱起。眼睑肿胀并有浆液性、黏液性或脓性分泌物。

2. 宰后鉴定

病变多局限于胸部。胸腔内积有多量黄色渗出液，暴露于空气后有纤维蛋白凝块沉淀。胸膜上附有疏松的纤维蛋白絮片，肺胸膜和肋胸膜发生粘连。肺脏病变表现为纤维素性肺炎，肺实质内出现坚硬的、淡红色或暗红色、大小不等的肝变区。支气管淋巴结和纵隔淋巴结肿大，切面多汁并有出血点。心包腔内积有混杂纤维素的黄色液体。脾脏肿大，断面呈紫红色。心、肝、肾等器官变性。胆囊扩张，充满胆汁。

3. 卫生处理

（1）胴体与内脏有病变的，病变部分割除作工业用或销毁，其余部分不受限制出厂。

（2）胸腔有炎症的，胸腔器官及邻近部分作工业用或销毁。

（3）被炎性渗出物污染的胴体或内脏，洗净经高温处理后出厂。

（4）羊皮经消毒或在隔离的条件下晒干后出厂，或用不漏水工具直接运至制革厂加工。

（二十）气肿疽

气肿疽又称鸣疽，俗称黑腿病，是由气肿疽梭菌所致反刍动物的一种急性、热性、败血性传染病。特征是在肌肉丰满的部位发生气性肿胀。主要发生于数月龄至4岁的青年牛，黄牛最易感。

1. 宰前鉴定

病牛体温高达41～42℃，甚至42℃以上，精神沉郁，反刍停止。在股、臀、肩、颈部等肌肉丰满的部位发生气性炎性水肿。肿胀部气体很快沿皮下及肌间向四周扩散，肿胀部皮肤干燥、紧张，呈紫黑色，触诊硬固，有捻发音。肿胀破溃或切开时，流出污红色带泡沫的酸臭液体，多伴发跛行。

2. 宰后鉴定

特征病变是在肌肉丰满的部位发生出血性气性炎性水肿，患部皮肤肿胀，按压有捻发音，切开病变部，患部肌肉呈暗红或黑褐色，压有捻发音，触之易碎；切开流出酸臭味的液体且有气泡。局部淋巴结急性肿胀，切面布满出血点。体腔内有褐红色混浊渗出物，胸膜、腹膜及心包膜上覆有灰红色纤维蛋白及胶冻状渗出物，心肌变性呈灰黄色或黑红色，并有出血点。肺充血，水肿。

3. 卫生处理

（1）宰前发现患畜，禁止屠宰。

（2）宰后全部胴体、内脏、毛皮、血液销毁。被污染的胴体、内脏高温处理后出厂。

（二十一）羊快疫

羊快疫是由腐败梭菌引起的一种急性传病。特征是发病突然，病程短促，真胃出血性、坏死性炎。绵羊多发，山羊较少见。发病羊多在6个月至2岁。

1. 宰前鉴定

突然发病，常在症状出现前死亡，病羊常死于放牧途中或圈舍内，多为肥壮的羊只。有些羊死前有腹痛、臌气，最后痉挛而死。有的离群独处，不愿走动。有的口鼻流出带血色泡沫。

2. 宰后鉴定

真胃和十二指肠黏膜充血肿胀，并散在有出血斑点，黏膜下水肿，肠道内有大量气体。前胃黏膜常自行脱落，瓣胃内容物多干且硬。

前躯皮下有血色胶样浸润，有时含有气泡。咽喉黏膜出血性胶样浸润，气管黏膜覆有血样黏液。肝脏肿大，质脆、土黄色如煮熟样。肾充血，个别病例有轻度软化现象。胸、腹腔积有或多或少的红色浑浊液体。心包积液，色黄色，有时呈胶样。心内外膜有出血点，心肌脆弱，呈淡的黄灰色，似煮熟样。全身淋巴结水肿。

3. 卫生处理

（1）宰前发现恶性水肿病畜，禁止屠宰。

（2）宰后发现者，全部胴体、内脏、毛皮、血液销毁。被污染的胴体、内脏高温处理后出厂。

（二十二）羊肠毒血症

羊肠毒血症又称类快疫，俗称软肾病，是由 D 型魏氏梭菌致绵羊的一种急性毒血症。以突然发病、病程短促和死后肾脏软化为主要特征。发生有明显的季节性，多在夏初青草萌发和秋季牧草结籽季节。

1. 宰前鉴定

突然发病，一类以抽搐为特征，另一类以昏迷和静静死去为特征。前者肌肉颤抖，眼球转动，磨牙，口水多，腹泻，倒地痉挛，左右翻滚，鼻流血沫，头颈伸缩，2~4h 死去。后者步态不稳，感觉过敏，角膜反射消失，腹泻，3~4h 死去。

2. 宰后鉴定

皮下及肌肉出血，可在无毛处见有暗红色斑点，胸、腹腔、心包腔积液，心内外膜出血，心脏扩张，心肌松软。肠黏膜特别是小肠黏膜出血严重，致使整个肠段内壁呈红色，有的还出现溃疡，故有"血肠子病"之称。肠系膜胶样浸润，肠系膜淋巴结急性肿大。特征性病变是肾脏软化，实质呈红色软泥状。肝脏肿大，呈灰土色，质地脆弱，被膜下有带状或点状出血。脾肿大，但不软化。其他实质器官也有变性。

全身淋巴结肿大，呈急性淋巴结炎，表面湿润，切面呈黑褐色。

3. 卫生处理

（1）宰前发现恶性水肿病畜，禁止屠宰。

（2）宰后发现者，全部胴体、内脏、毛皮、血液销毁。被污染的胴体、内脏高温处理后出厂。

(二十三) 小反刍兽疫

小反刍兽疫 (PPR) 是小反刍兽的一种以发热、眼、鼻分泌物、口炎、腹泻和肺炎为特征的急性病毒病。世界动物卫生组织 (OIE) 将其列为 A 类疫病。PPR 病毒感染绵羊和山羊可引起临床症状，而感染牛则不产生临床症状。该病在密切接触的动物之间可通过空气传播。

1. 宰前鉴定

自然发病仅见于山羊和绵羊。山羊发病严重，绵羊也偶有严重病例发生。一些康复山羊的唇部形成口疮样病变。感染动物临诊症状与牛瘟病牛相似。急性型体温可上升至41℃，并持续3~5d。感染动物烦躁不安，背毛无光，口鼻干燥，食欲减退。流黏液脓性鼻漏，呼出恶臭气体。在发热的前4d，口腔黏膜充血，颊黏膜进行性广泛性损害、导致多涎，随后出现坏死性病灶，开始口腔黏膜出现小的粗糙的红色浅表坏死病灶，以后变成粉红色，感染部位包括下唇、下齿龈等处。严重病例可见坏死病灶波及齿垫、腭、颊部及其乳头、舌头等处。后期出现带血水样腹泻，严重脱水，消瘦，随之体温下降。

2. 宰后鉴定

尸体剖检病变与牛瘟病牛相似。患畜可见结膜炎、坏死性口炎等肉眼病变，严重病例可蔓延到硬腭及咽喉部。皱胃常出现病变，而瘤胃、网胃、瓣胃很少出现病变，病变部常出现有规则、有轮廓的糜烂，创面红色、出血。肠可见糜烂或出血，尤其在结肠直肠结合处呈特征性线状出血或斑马样条纹。淋巴结肿大，脾有坏死性病变。在鼻甲、喉、气管等处有出血斑。

3. 卫生处理

宰前发现者，病畜采用不放血的方法扑杀后销毁。宰后发现者，胴体、内脏和副产品均销毁。

二、家禽常见传染病的鉴定与卫生处理

(一) 禽流感

禽流感是由 A 型流感病毒引起的家禽和野禽的一种从呼吸系统到全败血症等多种疾病的综合征。鸡和火鸡易感性最高，鸭、鹅很少感染。本病又称为真性鸡瘟，或称欧洲鸡瘟。

1. 宰前鉴定

流行初期的病例可不见明显症状而突然死亡。症状稍缓和者可见神情沉郁，头翅下垂，鼻分泌物增多，常摇头，企图甩出分泌物，严重的可引起窒息、流泪、颜面浮肿、冠和肉髯肿胀、发绀、出血、坏死，脚鳞变紫，下痢，

有的还出现歪脖、跛行和抽搐等神经症状。蛋鸡产蛋率下降，蛋质量下降。

2. 宰后鉴定

特征性病变是口腔、腺胃、肌胃角质膜下层和十二指肠出血。颈胸部皮下水肿。胸骨内面、胸部肌肉、腹部脂肪和心脏均有散在性的出血点。头部青紫，结膜肿胀、有出血点。口腔和鼻腔积有黏液，并混有血液。头部眼周围、耳和肉髯水肿皮下有黄色胶样液体。肝、脾、肾常见灰黄色小坏死灶。卵巢和输卵管充血或出血。鸡见卵黄性腹膜炎。

3. 卫生处理

（1）宰前发现者，病禽采用不放血的方法扑杀后销毁。

（2）宰后发现者，胴体、内脏和副产品均销毁。

（二）鸡新城疫

鸡新城疫又名亚洲鸡瘟，是由新城疫病毒引起的一种急性热性败血性传染病。鸡最易感，火鸡、鹌鹑和鸽也可轻度感染，水禽则具有极强的抵抗力。其特征是呼吸困难、下痢、神经紊乱以及浆膜和黏膜出血。

1. 宰前鉴定

病鸡精神委顿，行动迟缓，体温升高，食欲减退或废绝，羽毛蓬乱，冠和肉髯青紫色或黑色，眼半闭合。常发咳嗽，呼吸困难，张口伸颈，常发出咯咯声。口腔和鼻腔中有大量积液，常作吞咽和摇头动作。嗉囊内充满液体和气体。将病鸡倒提时，从口中流出液体。排出黄色、绿色或灰白色恶臭稀便，有时混有血液。病程长时，常出现神经症状。表现下肢瘫痪，翅下垂，全身肌肉运动不协调，头颈向一侧或向后扭曲，行走时转圈或倒退。

2. 宰后鉴定

全身黏膜、浆膜和内脏出血，腺胃黏膜的出血溃疡最为常见。肌胃角质层下也有出血点，小肠、盲肠发生出血性坏死性炎症，并常见覆有假膜的溃疡。鼻腔、喉头、气管和支气管中积有多量污黄色黏液。喉头和气管黏膜充血或有出血小点。肺充血，气囊增厚。心尖和心冠有出血点。

3. 卫生处理

（1）宰前发现者，病禽采用不放血的方法扑杀后销毁。

（2）宰后发现者，胴体、内脏和副产品均销毁。

（三）禽伤寒

禽伤寒是由鸡伤寒沙门菌引起的一种主要发生于鸡和火鸡的禽类败血性传染病。多发生于成年鸡，鸭、鹅也可感染。病原菌有时可引起人的食物中毒。

1. 宰前鉴定

病禽体温升高，精神沉郁，肉髯、冠和黏膜苍白，羽毛蓬乱。食欲减退或消失，口渴喜饮。粪便呈黄绿色或褐黄色粥状物。

2. 宰后鉴定

肝、脾肿大 3~4 倍，淤血，肝脏外观淡褐色或古铜色，切面散布有粟粒大小的灰白色坏死点。卵泡出血、变形。公鸡睾丸常有病灶。

3. 卫生处理

卫生处理与禽副伤寒相同。

（四）禽副伤寒

禽副伤寒是由鼠伤寒沙门菌、肠炎沙门菌、鸭沙门菌等沙门菌引起的传染病。各种家禽野禽均易感。食用带菌的禽肉可引起人的沙门菌食物中毒。

1. 宰前鉴定

（1）急性型　多见幼禽，鸭发病特别普遍和严重。病禽精神沉郁，反应挤堆，排水样便，肛门周围常被粪便污染。呼吸困难，常见痉挛性抽搐，头向后仰，病鸭常很快死亡。

（2）慢性型　多见于成年禽，病禽极度消瘦和血痢，有时关节肿大而跛行，有时呈现转圈、轻瘫，甚至麻痹。

2. 宰后鉴定

（1）急性型　肠黏膜呈现出血性卡他，盲肠黏膜多有糜烂或坏死病灶。肝脏肿大，黄色，质脆，散在有针尖大小或较大的灰白色坏死灶。

（2）慢性型　可见胴体极度消瘦，脱水，肠黏膜坏死，肝脾肿大，卵巢的卵泡和输卵管变形、发炎，有时继发腹膜炎。

3. 卫生处理

（1）宰前确诊或可疑的病禽，急宰处理。

（2）胴体无病变或病变轻微者，高温处理后出厂，内脏和血液作工业用或销毁。

（3）胴体有明显病变或消瘦者，胴体和内脏全部作工业用或销毁。

（五）禽结核病

禽结核是由禽结核分枝杆菌种慢性消耗性传染病。主要发生于鸡，也可传染于人。

1. 宰前鉴定

病初症状不明显，食欲正常，后期病鸡委顿，冠、肉髯及可视黏膜苍白，羽毛蓬乱，骨显露。部分病鸡可能有顽固性下痢或跛行。但表现为进行性消瘦，体重减轻，翅下垂，不喜运动，极度消瘦，胸骨显露。

2. 宰后鉴定

结核病变最多见于肝脏、骨骼和关节，其次是脾脏和肠管，再次肺脏。结核结节大小不一，一般由针头大到粟粒大。肝和肠的结节可达豌豆大，且突出于器官表面。结核结节常呈灰白色或淡黄色，切开时见有结缔组织包囊，很少钙化。肠结核有时可形成溃疡。鸭结核病灶则多限于肺和肾，肠和肠系膜次之。常见粟粒大透明小结节或融合为豌豆大至榛子大或橄榄果大小的干酪样病灶。

3. 卫生处理

(1) 胴体瘠瘦者，胴体和内脏作工业用或销毁。

(2) 胴体非瘠瘦者，病变部分作工业用或销毁，其余部分高温处理后出厂。

(3) 仅内脏发现结核病变者，内脏作工业用或销毁，胴体不受限制出厂。

(六) 禽霍乱

禽霍乱也称禽巴氏杆菌病，是由多杀性巴杆菌引起的一种急性败血性传染病。各种禽类均有易感性，家禽中以鸡、鸭、鹅最为易感，火鸡也可感染。

1. 宰前鉴定

可按病程分为最急性、急性和慢性三型，急性型和慢性型居多。

(1) 最急性型　发病急骤，常突然摇头倒地，死前看不到明显的临床症状，或于死前体温升高，冠呈蓝紫色，较肥或高产的禽容易发生。

(2) 急性型病鸡体温升高到43～44℃，全身症状明显。常有腹泻，排出黄色稀粪。减食或不食，渴欲增加。呼吸困难，口、鼻分泌物增加。鸡冠和肉髯变青紫色，有的病鸡肉髯肿胀，有热痛感。产蛋鸡停止产蛋。最后衰竭、昏迷而死亡，病程短者约半天，长者1～3d，病死率很高。病鸭有拍水表现，常因呼吸困难而张口呼吸，并常摇头，故有"摇头瘟"之称，常于1～3d死亡。

(3) 慢性型　病禽日渐消瘦，精神委顿。冠及肉髯显著肿大，苍白。常见关节肿大，甚至化脓，跛行。严重者鼻流黏液，鼻窦肿大，喉部蓄积分泌物，影响呼吸。

2. 宰后鉴定

(1) 最急性型　常见不到明显的病变，仅见心冠状沟部有针尖大的出血点，肝脏有细小的灰黄色坏死灶。

(2) 急性型　可见各处黏膜、浆膜及皮下组织呈现不同程度的出血点，十二指肠严重急性卡他性或出血性肠炎，内容物带血，心外膜有程度不同的出血，心冠和纵沟部的出血最为多见，往往血点密布，呈喷射状，心包扩张，蓄积较多的混有纤维素的淡黄色液体。肺充血，水肿，表面有出血点。肝脏肿大，柔软，呈棕色或棕黄色，质地脆弱，表面和切面散布针尖大至针头大灰黄色或灰白色坏死灶。

（3）慢性型　病变因细菌侵害的器官不同而异。当呼吸道症状为主时，见到鼻腔和鼻窦内有多量黏性分泌物，某些病例见肺硬变。局限于关节炎和腱鞘炎的病例，主要见关节肿大变形，有炎性渗出物和干酪样坏死。公鸡的肉髯肿大，内有干酪样的渗出物，母鸡的卵巢明显出血，有时在卵巢周围有一种坚实、黄色的干酪样物质，附着在内脏器官的表面。

3. 卫生处理

（1）血液、内脏作工业用或销毁，胴体高温处理后出厂。

（2）羽毛消毒后出厂。

（七）鸡马立克病

鸡马立克病是马立克病毒所致鸡的一种以淋巴样细胞增生为特征的肿瘤性疾病。主要发生于18周龄以下接近性成熟的小鸡。几周龄的幼鸡病程更为急剧。

1. 宰前鉴定

宰前鉴定可按临床症状分为以下四个类型：

（1）神经型　以周围神经的淋巴细胞浸润而引起的一翅或一腿进行性麻痹为特征，表现为患翅或患腿拖拉在地，或两腿前后分开呈劈叉状；两腿同时受害者，则倒地不起。一些病例头颈歪斜，呼吸困难，嗉囊胀大。

（2）内脏型　一般只表现冠和肉髯苍白或黄染，极度贫血，进行性消瘦，精神委顿，闭眼，嗜睡，下痢，以至完全不能站立等。

（3）眼型　虹膜色素消失，变成灰白色，呈白色环形或完全"白眼"，瞳孔收缩或变形，甚至失明。

（4）皮肤型　皮肤上可见大小不等灰白色肿块或结节，有时形成以毛囊为中心的疥癣样小结节，并有结痂。

2. 宰后鉴定

（1）神经型　常为一侧臂神经、坐骨神经或内脏大神经增粗（有的肿大2~3倍），呈色或黄白色，因水肿、变性而呈半透明状，神经干的横纹消失.偶见大小不等的黄白皂结节，使神经变得粗细不均匀。脊神经节增大，病变蔓延至相连的脊髓组织中。

（2）内脏型　常见性腺、脾、肝、肾、肠管、肾上腺、骨骼等发生淋巴细胞瘤性病灶。比正常者大数倍，颜色变淡，或出现不一致的淡色区。在器官的实质内呈灰白色的肿瘤结节，小者如粟粒大，大者直径数厘米，结节的切面平滑，呈灰白色。卵巢病变最为常见，显著肿大，形成很厚的皱褶，外观似脑回状。腺胃和肠管壁增厚、坚实，从浆膜或切面均可见到肿瘤性硬结节病灶。肌肉形成小的灰白色条纹以至肿瘤结节。法氏囊常萎缩，无肿性结节形成。

（3）眼型　虹膜的正常色素消失，呈圆形环状或斑点状以至弥漫的灰白色，所以俗称鸡白眼病或灰眼病。

（4）皮肤型　与宰前检查所见相同。

3. 卫生处理

确诊为马立克病的病禽或整个胴体和副产品，均做销毁处理。

（八）鸡淋巴细胞性白血病

鸡淋巴细胞性白血病，是禽白血病病毒所致鸡的一种慢性肿瘤性疾病。14周龄以下的幼鸡很少发病，性成熟期的鸡发病率最高。

1. 宰前鉴定

病鸡一般无特征性症状。可能出现冠和肉髯苍白、皱缩。食欲不振，全身衰弱，消瘦。个别病鸡有下痢和腹部膨大现象。

2. 宰后鉴定

常侵害肝、脾和法氏囊，其他器官如肾、肺、性腺、心、胃肠系膜和骨髓等也可能受到损害，出现大小和数量不等的肿瘤病变。根据肿瘤的形态和分布，可分为结节型、颗粒型、弥漫型和混合型四种类型，其中以弥漫型最为常见。

（1）弥漫型　病变器官呈弥漫性增大，如肝脏可增大数倍（故称大肝病），质地脆弱。色泽灰红，表面和切面散在着白色颗粒状病灶，肝脏外观呈大理石纹样。这是淋巴细胞性白血病的一个主要特征。

（2）结节型　多呈球型扁平隆起，单个或大量散布于器官表面和实质，直径 0.5~5cm，与周围界限清楚。形状虽似结核结节，所不同的只是质地柔软，切面光亮。

（3）颗粒型　肝肿大，有多量灰白色小点，肝表面呈颗粒状而高低不平。

（4）混合型　表现为肝内有大量灰白色或灰黄色大小不等的瘤体，形态各异，有的呈颗粒状，有的呈结节状，有的呈弥漫性大片病灶。

3. 鉴别诊断

本病与内脏马立克病相似，在检验时应注意鉴别。

4. 卫生处理

一旦确诊的病鸡，不论肿瘤病变的轻重和多少，一律作工业用或销毁。

（九）鸡传染性法氏囊

鸡传染性法氏囊病又称腔上囊炎，是传染性法氏囊病病毒所致鸡的一种急性高度接触性传染病。该病常发生于3~15周龄的雏鸡和育成鸡，3~6周龄的鸡多发，3周龄以下的鸡感染后不表现临床症状，但可引起严重的免疫抑制。火鸡和鸭也能自然感染。

1. 宰前鉴定

早期症状是啄自身肛门周围的羽毛，饮水量增加，随后发生下痢，排淡白色或淡绿色稀粪，肛门周围的羽毛被粪便污染或沾污泥土，随着病程的发展，饮欲减退，逐渐消瘦，步态不稳，行走摇摆，头下垂，眼睑闭合，羽毛蓬松而无光泽，打堆，后期体温低于正常，严重脱水，衰竭死。

2. 宰后鉴定

患鸡或死亡鸡的胸肌、大腿肌常常出现条状及斑点状的出血点。各处脂肪组织和皮下均可见到点状出血，十二指肠、腺胃和总泄殖腔的黏膜上常有出血病变，肾脏肿大呈灰白色，输尿管扩张，有的在输尿管腔内贮存有尿酸盐。最特征性的病变在法氏囊，感染初期（4~6d）法氏囊肿大，外观呈黄白色或灰白色，剖开后见内部贮有奶酪样和浑浊的黏液，感染后7~10d发生法氏囊萎缩，周围的胶状物也随之消失，囊的实质变得小且硬。

3. 卫生处理

（1）宰前发现本病，应急宰。

（2）病变部分化制或销毁，胴体和内脏做高温处理。

（3）血液和羽毛消毒后出厂。

（十）鸡传染性支气管炎

鸡传染性支气管炎是由冠状病毒传染性支气管炎病毒所致鸡的一种急性、高度接触性传染病，30d龄内的鸡极易感染，6周龄以上的小鸡和成年鸡也可感染发病。

1. 宰前鉴定

6周龄以上的小鸡和成年鸡最明显的症状是呼吸困难，气管啰音，打喷嚏，咳嗽，一般不见流鼻汁。产蛋量下降，并产软壳蛋、畸形蛋或粗壳蛋。蛋的质量变差，如蛋白呈稀薄水样，蛋黄与蛋白分离及蛋白黏着于壳内膜上一般不出现下痢，但被侵害肾脏的毒株感染时，可引起肾炎和肠炎，常见急剧下痢。

2. 宰后鉴定

主要病变是气管、支气管和鼻腔有卡他性炎症。产蛋母鸡的腹腔内常见有液状的卵黄物质，卵泡充血、出血、变形，18d内发病后恢复的鸡只，见输卵管发育异常，致使成熟期不能正常产蛋。

3. 卫生处理

病变部分作工业用或销毁，胴体高温处理后出厂。

（十一）鸡传染性喉气管炎

鸡传染性喉气管炎是由鸡传染性喉气管炎病毒所致鸡的一种急性接触性呼吸道传染病，本病传播快，病死率较高。主要侵害喉、气管等呼吸器官和眼结膜。特征是呼吸困难，咳嗽并咳出含有血液的渗出物，剖检可见气管黏膜肿胀、出血并形成糜烂。

1. 宰前鉴定

急性患鸡的特征性症状是鼻孔中有分泌物和呼吸时发出湿性啰音，继而咳嗽和喘气。很多病鸡精神委顿，蹲伏于地上或栖架上。严重病例呼吸困难，吸气时张嘴伸头，作尽力吸气的姿势。喘气时可听到喷嚏和痉挛性的咳嗽，间或喷出带血的黏液或凝固的血液。由于过量的炎性渗出物和血液在咽喉、气管或鸣管积聚，常使鸡窒息死亡。检查口腔时，可见喉部黏膜上有淡黄色凝固物附着，不易擦去。病鸡迅速消瘦，鸡冠发紫，有时排绿色稀粪。最后衰竭而死亡。症状较轻者仅见生长迟缓，产蛋减少，流泪，结膜炎，眶下窦肿胀，持续性鼻液分泌增多。

2. 宰后鉴定

主要病变见于喉部和气管。病初黏膜呈黏液性炎症，至中后期发生黏膜变性、坏死和出血，常覆有黄白色纤维素性干酪样假膜。有时喉部和气管完全被渗出物所充满。有的病例见脱落的上皮组织和血凝块。炎症也可扩散到支气管、肺和气囊。轻症病例只见眼睑及眶下窦上皮肿胀和充血。

3. 卫生处理

（1）病变仅限于喉头与支气管者，病变部分作工业用或销毁，其他部分高温处理。

（2）内脏出现病变时，连同喉头与支气管一并作工业用，其他部分高温处理。

（十二）鸡传染性贫血

鸡传染性贫血是鸡传染性贫血病毒所致鸡的一种传染病。鸡是本病毒的唯一感染者，所有年龄的鸡都可感染，自然发病主要见于2～4周龄鸡，有混合感染时发病可超过6周龄。特征是再生障碍性贫血，全身淋巴组织萎缩，而导致免疫抑制。

1. 宰前鉴定

病鸡精神委顿，发育受阻，鸡冠、肉髯及可视黏膜苍白，皮肤出血，有的皮下出血，可能继发坏疽性皮炎。血液学检查，红细胞和血红蛋白明显降低，白细胞和血小板减少。

2. 宰后鉴定

肌肉、内脏器官苍白，血液稀薄。胸腺萎缩，或完全退化。骨髓萎缩是最特殊的变化，表现为骨髓脂肪化，呈淡黄色。部分病例法氏囊萎缩。肝肿大，发黄或有坏死斑点，腺胃黏膜出血。严重者肌肉和皮下出血。

3. 卫生处理

宰前发现本病，采用不放血的方法扑杀后销毁。宰后发现的，胴体、内脏和副产品均销毁。

（十三）禽痘

禽痘是由禽痘病毒所致鸡和火鸡的一种急性、热性高度接触性传染病。鸭和鹅偶尔可感染。

1. 宰前鉴定

临床上可分为皮肤型、白喉型和混合型。

（1）皮肤型　在无毛和少毛部位，特别是冠、肉髯和眼睑等处，开始生成灰白色小结节，突出于皮肤表面，随后扩大并融合结痂，痂皮脱落后，留下白色瘢痕。重症病鸡（特别是仔鸡）可能出现精神委顿，食欲消失，体重减轻，甚至死亡。

（2）白喉型　病变主要在口腔和咽喉部分，先形成黄色斑，后融合成黄白色隆起的斑块，上覆一层假膜。呼吸和吞咽困难，常发出嘎嘎声。

（3）混合型　冠、肉髯、眼睑及皮肤上出现痘疹，同时口腔也发生白喉样病变。

2. 宰后鉴定

除上述病变外，在眶下窦、气管等处可发现灰白色结节状的痘疹，灰黄白色干酪样假膜或白喉性假膜、糜烂和溃疡。肝实质变性并散布小坏死灶，肾变为黄色，心外膜出血，胃肠黏膜有卡他性出血性炎症，有时并见痘疱，体腔内积有浆液性渗出物。

3. 卫生处理

（1）病变仅限于头部者，头部作工业用或销毁，其余部分不受限制出厂。

（2）内脏有病变者，内脏作工业用或销毁，胴体不受限制出厂。

（3）胴体局部皮肤有病变而肌肉无变化者，病变部销毁，其余部分经高温处理后出厂。

（4）全身痘疹较多，且内脏又有病变者，全部销毁。

三、屠畜常见寄生虫病的鉴定与卫生处理

（一）囊尾蚴病

囊尾蚴病又称囊虫病，是由绦虫的幼虫所引起的一种人畜共患寄生虫病。多种动物均可感染此病。人吃进生的囊尾蚴病肉，即可在肠道中发育成有钩绦虫（猪肉绦虫）或无钩绦虫（牛肉绦虫）。人感染绦虫病后，往往出现贫血、消瘦、腹痛、消化不良、拉稀等症状。

囊尾蚴主要寄生于骨骼肌和心肌的肌间结缔组织，虫体外面围以致密的结缔组织包膜。正常发育的囊尾蚴，为一半透明的卵圆形囊泡，囊内充满透明液体，并有一个嵌入囊中的小米粒大的乳白色头节。

1. 鉴定

（1）猪囊尾蚴 病猪囊尾蚴病是寄生于人体小肠内的有钩绦虫的幼虫——猪囊尾蚴在猪体内寄生所引起的疾病。

轻症的囊尾蚴病在临床上不易觉察，严重感染时才呈现症状，如患猪走路前肢僵硬，后肢不灵活，左右摇摆，似醉酒状，不爱活动，反应迟钝；如果寄生在舌部，则咀嚼、吞咽困难；寄生在咽喉，则声音嘶哑；寄生在眼球，则视力模糊；寄生在大脑，则出现痉挛，或因急性脑炎而突然死亡。

猪囊尾蚴多寄生于肩胛外侧肌、臀肌、咬肌、深腰肌、心肌、脑部、眼球等部位，所以我国规定猪囊尾蚴主要检验部位为咬肌、深腰肌和膈肌，其他可检验部位为心肌、肩胛外侧肌和股内侧肌等。肌肉中有许多椭圆形白色半透明的囊泡，囊内充满液体，囊壁上有一个圆形、粟粒大的乳白色头节，显微镜检查可见头节的四周有4个圆形吸盘和2圈角质小钩。

（2）牛囊尾蚴病 牛囊尾蚴病是寄生于人体内的无钩绦虫的幼虫——牛囊尾蚴在牛体内寄生所引起的疾病。

牛囊尾蚴与猪囊尾蚴外形相似，囊泡为白色的椭圆形，大小为 $8mm \times 4mm$。囊内充满液体，囊壁上附着无钩绦虫的头节，头节上有4个吸盘，但无顶突和小钩，这正是与猪囊尾蚴的主要区别。囊尾蚴主要寄生在牛的咬肌、舌肌、颈部肌肉、肋间肌、心肌和膈肌等部位。我国规定牛囊尾蚴主要检验部位为咬肌、舌肌、深腰肌和膈肌。

（3）绵羊囊尾蚴 病绵羊囊尾蚴病是由绵羊带绦虫的幼虫——绵羊囊尾蚴在体内寄生引起的绵羊的一种疾病。人不感染此病。

绵羊囊尾蚴主要寄生于心肌、膈肌，还可见于咬肌、舌肌和其他骨骼肌等部位。我国规定羊囊尾蚴主要检验部位为膈肌、心肌。绵羊囊尾蚴囊泡呈圆形

或卵圆形，较猪囊尾蚴小。

2. 卫生处理

（1）整个胴体在去除皮下脂肪和体腔脂肪后作化制处理。

（2）胃、肠、皮张不受限制出厂。除心脏以外的其他脏器检验无囊尾蚴的，也不受限制出厂。

（3）患畜胴体剔下的皮下脂肪和体腔脂肪，炼制食用油。

（二）旋毛虫病

旋毛虫病是由旋毛线虫寄生于哺乳动物体内所引起的一种人畜共患寄生虫病。多种动物均可感染，屠畜中主要感染猪和狗。本病对人危害较大，能致人死亡。人感染旋毛虫多与吃生猪肉、狗肉，或食用腌制与烧烤不当的含有旋毛虫包囊的肉类有关。因此，本病在公共卫生上甚为重要，因此宰后对肌肉旋毛虫的检验是十分必要的。

1. 鉴定

（1）旋毛虫压片镜检法　猪体内肌肉旋毛虫常寄生于嚼肌、舌肌、喉肌、颈肌、咬肌、肋间肌和腰肌等处，其中膈肌部位发病率最高，并多聚集在筋头和肌肉表面。我国规定旋毛虫的检验方法是，自胴体两侧横膈肌脚各取一小块肉样，先撕去肌膜作肉眼观察，然后顺肌纤维方向随机剪取米粒大肉样 24 块，进行压片镜检。肌旋毛虫包囊与周围肌纤维有明显的界限，镜下包囊内的虫体呈螺旋状。被旋毛虫侵害的肌肉发生变性、肌纤维肿胀、横纹消失，甚至发生蜡样坏死。

（2）旋毛虫的集样消化法　检查时按胴体的编号顺序，以 5~10 头猪设为一组，每头猪胴体采取膈肌样 5~8g，分别放在相应顺序标号的塑料袋内送检。将组织捣碎，加入胃蛋白酶溶液消化，过滤和沉淀，镜检观察有无旋毛虫幼虫或包囊。

2. 鉴别诊断

旋毛虫包囊特别是钙化和机化的包囊，镜检时易与囊尾蚴、住肉孢子虫及其他肌肉内含物相混淆，应加以区别，见表 5-1。

表 5-1　猪囊尾蚴、旋毛虫、住肉孢子虫眼观及镜下区别

虫体名称	猪囊尾蚴	旋毛虫	住肉孢子虫
虫体形态	黄豆大包囊，囊内充满无色液体，白色头节如米粒大；镜检，头节有 4 个吸盘和角质小钩	呈灰白色半透明小点，包囊呈纺锤形，椭圆形，虫体常蜷曲成 S 形或 8 字形	呈灰白色或黄白色毛根状小体，显微镜下米氏囊内充满香蕉形滋养体和卵圆形孢子

续表

虫体名称		猪囊尾蚴	旋毛虫	住肉孢子虫
虫体部位		咬肌、肩胛外侧肌、股内侧肌、心肌、腰肌等	多见于舌肌、喉肌、肋间肌、肩胛肌、膈肌、腰肌等	骨骼肌、心肌，尤以食道、腹部、股部等部位最多
虫体钙化灶	肉眼观察	椭圆或圆形，粟粒至黄豆大，呈灰白、淡黄色或黄色，触摸有坚硬感	针尖或针头大，灰白或黄色；与钙化的住肉孢子虫不易区别	虫体钙化灶略小于囊尾蚴钙化灶，呈灰白或灰黄色。触摸有坚实感
	压片镜检	不透明的黑色块状物	包囊内有大小不等的黑色钙盐颗粒，有的在包囊周围形成厚的组织膜	数量不等，浓淡不均的灰黑色钙化点，有时隐约可见虫体
	脱钙处理	可见角质小钩	可见虫体或残骸	可见虫体或残骸

3. 卫生处理

（1）患畜的整个胴体和内脏化制处理。

（2）皮张不受限制出厂。

（三）住肉孢子虫病

住肉孢子虫病是由住肉孢子虫寄生于肌肉间所引起的人畜共患寄生虫病。猪、牛、羊等多种动物均可感染。人也可患此病。

1. 鉴定

（1）猪住肉孢子虫病　猪住肉孢子虫体形较小，虫体长 0.5~5mm，多寄生在腹斜肌、大腿肌、肋间肌、膈肌、肋间肌和咽喉肌等处。肉眼观察可在肌肉中看到与肌纤维平行的白色毛根状小体。显微镜检查虫体呈灰色纺锤形，内含无数半月形孢子。如虫体发生钙化，则呈黑色小团块，甚至完全呈黑色直杆状，或在制片时被压成数段。严重感染的肌肉、虫体密集部位的肌肉发生变性，颜色变淡似煮肉样。有时胴体消瘦，心肌脂肪呈胶样浸润等变化。

（2）牛住肉孢子虫病　牛住肉孢子虫主要寄生于食管壁、膈肌、心肌及骨骼肌，白色纺锤形，虫体大小不一，长 3mm~2cm 不等。寄生于黄牛和水牛的呈白色纺锤形，牦牛的住肉住肉孢子虫形体纤细，长短悬殊。

（3）羊住肉孢子虫　病羊住肉孢子虫主要寄生于食道、膈肌和心肌等处，呈卵圆或椭圆形，最大的虫体长达 2cm，宽近 1cm。

（4）马住肉孢虫病　虫体呈乳白色线状，长 0.6~1.0cm，寄生于马、骡、驴的膈肌和其他肌肉中。

2. 卫生处理

（1）虫体发现于全身肌肉，但数量较少的，不受限制出厂。

（2）较多虫体发现于全身肌肉，且肌肉有病变的，整个胴体作工业用或销毁；肌肉无病变的，则高温处理后出厂。

（3）局部肌肉发现较多虫体，该部高温处理后出厂；其他部位不受限制出厂。

（4）水牛食管有较多虫体的，食管作工业用或销毁。

（四）弓形虫病

弓形虫病又称弓形体病，是由龚地弓形虫所引起的一种人畜共患原虫病。猪的感染率较高，在养猪场中可以突然大批发病，死亡率高达60%以上。人可因接触和生食患有本病的肉类而感染，所以本病对人畜健康和畜牧业带来很大的危害和威胁。

1. 鉴定

急性感染病猪体温升高，一般可达40.5~42℃，呈稽留热。呼吸困难，流水样或黏性鼻液，咳嗽甚至呕吐。耳翼、鼻端、下肢、股内侧、下腹部位出现紫红斑或点状出血。宰后病变主要有肠系膜淋巴结、胃淋巴结、颌下淋巴结及腹般沟淋巴结肿大、硬结，质地较脆，切面呈砖红色或灰红色，有浆液渗出。急性型的全身淋巴结髓样肿胀，切面多汁，呈灰白色；肺水肿，切面何质增宽，有多量浆液流出，肝脏变硬、浊肿、有坏死点；肾表面和切面有少量点状出血。

确诊需进行病原检查、动物接种和免疫学诊断。

2. 卫生处理

（1）病变脏器及淋巴结割除后作工业用或销毁。

（2）胴体和内脏高温处理后出厂。

（3）皮张不受限制出厂。

（五）棘球蚴病

棘球蚴病又称包虫病，是由细粒棘球绦虫和多房棘球绦虫的幼虫——棘球蚴寄生于羊、牛、马、猪和人肺等器官中引起的人畜共患寄生虫病。家畜中以牛和绵羊受害最重。

1. 鉴定

棘球蚴主要寄生于肝脏，其次是肺脏。肝、肺等受害脏器体积显著增大，表面凹凸不平，可在该处找到棘球蚴，有时也可在其他脏器如脾、肾、脑、皮下、肌肉、骨、脊椎管等处发现。切开棘球蚴可有液体流出，形成腔洞，将液体沉淀，用肉眼或在解剖镜下可看到许多生发囊与原头蚴（即包囊砂）；有时肉眼也能见到液体中的子囊甚至孙囊。偶然还可见到钙化的棘球蚴或化脓灶。

2. 卫生处理

（1）病变严重的器官，整个作工业用或销毁；轻者则将病变部分剔除作工业用或销毁，其他部分不受限制出厂。

（2）肌肉组织中有棘球蚴的，患部作工业用或销毁，其他部分高温处理后利用。

（六）肝片吸虫病

肝片吸虫是牛、羊最主要的寄生虫病之一，由肝片吸虫一引起，虫体通常寄生于牛、羊、鹿和骆驼等反刍动物的肝脏胆管中，猪、马属动物及一些野生动物也可寄生。人也有被寄生的病例报道。

1. 鉴定

肝片吸虫虫体扁平，外观呈柳叶状，自胆管取出时呈棕红色，固定后变为灰白色。虫体长 20~30mm，宽 5~13mm。牛、羊急性感染时，肝肿胀，被膜下有点状出血和不规整的出血条纹，慢性病例，肝脏表面粗糙不平，颜色灰白、部分胆管显著扩张，常突出于肝脏表面，呈白色或灰黄色粗细不匀的索状。切开肝脏，可见胆管黏膜由于结缔组织极度增生而肥厚，胆管壁变硬，胆管内壁粗糙，管腔内流出污褐色或污绿色黏稠的液体，其中含有虫体。胆管发生慢性增生性炎症和肝实质萎缩、变性。导致肝硬化。

2. 卫生处理

（1）病变轻微者，割除病变部分，其他部分不受限制出厂。

（2）病变严重者，整个脏器作工业用或销毁。

（七）复腔吸虫病

复腔吸虫病是由矛形复腔吸虫所引起的疾病。虫体寄生在牛、羊、猪、骆驼、马、鹿和兔等的肝脏胆管和胆囊内。多与肝片吸虫混合感染；这种吸虫主要见于反刍兽，偶见于人。

1. 鉴定

矛形复腔吸虫虫体比肝片吸虫小，虫体长 5~15mm，宽 1.5~2.5mm。扁平而透明，呈棕红色，前端尖细，后端较钝，表面光滑，呈矛状而得名。由于虫体的机械刺激和毒素作用，可见胆管轻度增生或黏膜卡他性炎症，胆管常呈粗细一致的粗索状。病程延久或严重侵袭时，可导致不同程度的肝硬变，边缘部分最为明显。切开胆管，可见虫体随胆汁流出。

2. 卫生处理

卫生处理同肝片吸虫病。

（八）孟氏双槽蚴病

孟氏双槽蚴病是孟氏双槽绦虫的幼虫——孟氏双槽蚴寄生于猪、鸡、鸭、泥鳅、蛙和蛇的肌肉中所引起的一种寄生虫病。成虫寄生于狗、猫等动物的小肠内。猪主要由于吞食了含有双槽蚴的蛙类和鱼类而感染，人主要是吃了生的或半生不熟的含有双槽蚴的肌肉所致，也有因用蛙皮贴敷治疗而感染者。

1. 鉴定

孟氏双槽蚴为乳白色扁平的带状虫体，头似扁桃，伸展时如长矛，背腹有一纵行吸沟，虫体向后逐渐变细，体长 1~100cm，偶尔可见长达 1~2m 的虫体。

主要寄生于猪的腹肌、膈肌、肋间肌等肌膜下或肠系膜的浆膜下和肾周围等处。宰后检验中最常于腹斜肌、体腔内脂肪和膈肌浆膜下发现，盘曲成团。如脂肪结节状，展开后如棉线样，如寄生于腹膜下，虫体则较为舒展。寄生数目不等。严重感染者寄生数目可达 1700 余条。

2. 卫生处理

虫体较少时可经高温处理后出厂，虫体数量过多的局部作工业用或销毁。

（九）华枝睾吸虫病

华枝睾吸虫病由后睾科枝睾属的华枝睾吸虫寄生于猪胆管内所引起的一种吸虫病。除猪感染寄生以外，也可寄生于人、狗等动物肝脏的胆囊及胆管内，可使肝脏肿大并导致其他肝病变，是一种重要的人畜共患寄生虫病。所以本病在公共卫生上十分重要。

1. 鉴定

华枝睾吸虫虫体扁平呈叶状，前端稍尖，后端较钝，体表光滑，虫体长 10~25mm，宽 3~5mm。由于虫体机械性刺激引起胆管和胆囊发炎，管壁增厚。消化机能受到影响。严重感染时，虫体阻塞胆管，使胆汁分泌障碍，并出现黄疸现象。寄生时间久之后，肝脏结缔组织增生，肝细胞变性、萎缩，毛细血管栓塞形成，引起肝硬化。主要病变是胆囊肿大，胆管变粗，胆汁浓稠，呈草绿色。肝表面结缔组织增生，有时引起肝硬化或脂肪变性。切开肝脏胆管和胆囊，有许多虫体。

2. 卫生处理

卫生处理同肝片吸虫病。

(十)球孢子虫病

球孢子虫病又称贝诺孢子虫病,是贝诺球孢子虫或贝氏贝诺孢子虫所致牛、马、羊和骆驼的一种慢性寄生虫病。其特征是皮肤过度增生肥厚而表现为慢性皮炎、脱毛、皲裂,因此又称厚皮病。本病不但可降低皮、肉质量,而且还可引起母牛流产,公牛精液质量下降,影响养牛效益。

1. 鉴定

贝诺球孢子虫寄生于牛的皮肤、皮下结缔组织、筋膜、浆膜、呼吸道黏膜及眼结膜、巩膜等部位。虫体形成包囊,包囊为宿主组织所形成,故称为假囊。假囊呈灰白色,圆形,细砂粒样;散在、成团或串珠状排列。直径为 $100 \sim 500 \mu m$。囊壁由两层构成,内层薄,含有许多扁平的巨核;外层厚,呈均质而嗜酸性着染,囊内无中隔。假囊中的滋养体为新月状或香蕉状,一端尖,另一端圆,核偏中央。

患部皮肤粗糙,被毛稀少,弹性消失,厚而坚硬,出现皱褶,严重者呈格子状,类似大象皮肤。在头部、四肢、背部、臀部、股部、阴囊、腰部等处可见皮下结缔组织和表层肌间结缔组织增生肥厚,其中有许多灰白色圆形砂粒样的坚硬球孢子虫小结节,外有结缔组织包囊。严重病例除全身皮下结缔组织外,在浅表肌层、大网膜、舌、喉头、气管和支气管黏膜、肺以及大血管内壁和心内膜上可见到寄生性结节。

确诊本病,可在皮肤病变部切取一小块或刮取皮肤深部组织,压片后镜检有无假囊或滋养体。宰后检查,在皮下、喉头、声带、软腭、鼻腔等黏膜上有散在大量白色的圆形包囊,并由包囊中检查出香蕉状的滋养体。

2. 卫生处理

(1)全身皮下、表层肌肉和内脏有病变者,切除病变部分,其余高温处理后出厂。

(2)仅局部皮下或表层肌肉有病变者,切除局部病变部分,其余部分不受限制。

(十一)肺线虫病

肺线虫病是由各种肺线虫寄生于支气管、细支气管内引起的一种慢性支气管肺炎。牛、羊、猪均可感染,羊和猪较为严重。严重感染时,引起肺炎,且能加重肺部其他疾病的危害。

1. 鉴定

(1)猪肺线虫病 又称猪肺丝虫病或猪后圆线虫病。由长刺后圆线虫复阴后圆线虫寄生引起。虫体呈丝线状,寄生于猪的支气管、细支气管和肺泡。肉眼病变一般不明显。在肺膈叶腹面边缘有楔状肺气肿区，支气管增厚、扩张，靠近气肿区还有坚实的灰色小支气周围呈淋巴样组织增生和肌纤维肿大。支气管内有虫体和黏液。

（2）羊肺线虫病 也称羊网尾虫病或肺丝虫病，是由丝状网尾线虫引起的。病理变化为尸体消瘦，贫血，支气管和纵隔淋巴结肿大。支气管内含有黏性至黏脓性甚至混有血液的分泌物团块，团块中有大量的成虫、幼虫和虫卵。支气管黏膜混浊肿胀、充血，并有小点状出血；支气管周围发炎，并有不同程度的肺膨胀不全和肺气肿。虫体寄生部位的肺表面稍隆起，呈灰白色，触诊有坚硬感，切开可见有虫体。

（3）牛线虫病 又称牛网尾线虫病，是胎生网尾线虫寄生于牛的气管和支气管引起的。虫体呈乳白色，细长如粗棉线（40～80mm 不等）。病理变化为肺气肿，肺门淋巴肿大，有时胸腔积液。肺脏肿大，有大小不一的块状肝变。尸体剖检在大小支气管可见虫体堵塞。

2. 卫生处理

轻度感染，割除患部；严重感染且肺部病变明显者整个器官作工业用或销毁。

（十二）细颈囊尾蚴病

细颈囊尾蚴病是由泡状带绦虫的幼虫——细颈囊尾蚴寄生于多种动物体内所引起的一种常见寄生虫病。成虫寄生在犬、狼等肉食兽的小肠内，幼虫寄生于猪、黄牛、绵羊、山羊等多种动物。

1. 鉴定

细颈囊尾蚴主要寄生于大网膜、肠系膜、肝、肺部位，俗称水铃铛。呈囊泡状，黄豆大或鸡蛋大，大小不等，囊壁乳白色，囊泡内含透明液体。眼观囊壁上有一个不透明的乳白色结节，即其颈部及内凹的头节所在。翻转结节的内凹部，能见到一个相当细长的颈部与其游离端的头节，头节上有 4 个吸盘和由 26～46 个角质小钩组成的一个双排齿冠。虫体寄生部位，形成较厚的包膜，包膜内虫体死亡、钙化；重者可形成一片球形硬壳，破开后可见到许多黄褐色的钙化碎片，以及淡黄色或灰白色头颈残骸。

2. 卫生处理

严重患病器官，整个作工业用或销毁；轻者，将患部割除，其他部分不受限制出厂。

（十三）肾虫病

肾虫病又称猪冠尾线虫病，是由有齿冠尾线虫寄生于猪的肾盂、肾周围脂肪和输尿管壁等处引起的一种线虫病。本虫无需中间宿主，多以感染幼虫经消化道或皮肤感染。幼虫在体内移行过程中，可使许多器官特别是肝和肺受到损害。本病分布广泛，对养猪业，尤其是对种猪场危害很大。

1. 鉴定

经消化道重度感染的猪只，呈现急性损伤性肝炎、肝出血和形成脓肿，甚至发生肝硬变。肝淋巴结急性肿胀，肝门结缔组织水肿并常被染成淡红色或灰褐色。肝实质和肝表面有灰白色大小不等的结节，中心为出血灶，从较大的结节中可以找到幼虫。沿门静脉分支常有红褐色瘤样的小血栓，小心切开，可在黑褐色血栓中找到幼虫，长0.5~1cm。在肝门结缔组织中也可见到较大的带虫包囊。肺脏受到侵袭时，在胸膜下肺小叶间常见暗红色条状出血灶，撕开后，可找到灰白色幼虫。严重侵袭时，常导致肺的广泛性出血和炎症，肺胸膜显著增厚，肺气肿。病灶中的虫体也常发生钙化死亡、肺门淋巴结水肿。

肾虫最终在肾脏、肾周围脂肪中和输尿管壁定居并形成包囊。这些包囊常带有瘘管与输尿管相通，周围结缔组织浆液性或出血性浸润，囊内含脓液和虫体，这种包囊也见于肾盂。有时引起化脓性肾炎和间质性肾炎。此外，肾虫也可见于膈肌和脊椎骨周围组织，甚至皮下结缔组织。

2. 卫生处理

病变器官和组织作工业用或销毁，其余部分不受限制出厂。

（十四）前后盘吸虫病

前后盘吸虫病是前后盘科各属的多种前后盘吸虫引起的疾病，成虫寄生于牛、羊等反刍兽的瘤胃和胆管壁上，一般危害不严重。但大量童虫在移行过程中寄生于真胃、小肠、胆管和胆囊时，可引起较严重的疾病，甚至导致死亡。

1. 鉴定

前后盘吸虫因其种属很多，虫体大小也因种类不同而有差异，小的虫体长仅几毫米，大的虫体长可达20多毫米。虫体深红色、粉红色，有的呈乳白色。圆柱状，或梨形、圆锥形等。有两个吸盘，口吸盘位于虫体前端，腹吸盘很发达，位于虫体后端，大于口吸盘。有些虫体具有腹袋；有的口吸盘连有一对突出袋。角皮光滑，缺咽和食道，有两个肠管，睾丸多数分叶，常位于卵巢之前。卵黄腺发达，位于虫体两侧。

童虫在移行阶段，可见于真胃、十二指肠、胆管和胆囊中，剖检可见尸体消瘦，黏膜苍白，腹腔内含有淡红色的液体，有时在腹腔渗出液中甚至肾盂内也可发现幼小的虫体。真胃幽门部的黏膜有出血点和黏液。

2. 卫生处理

轻者除去虫体；重者切除虫体侵害部分，其余部分不受限制出厂。

（十五）蠕形螨病

蠕形螨病又称毛囊虫病或脂螨病，是由蠕形螨科中的各种蠕形螨寄生于毛囊或皮脂腺中引起前一种寄生虫病。各种家畜各有其固有的蠕形螨寄生，但彼此互不感染。犬和猪蠕形螨病较为多见，羊、牛也常有此病。寄生于人体的有毛囊蠕形螨和皮脂蠕形螨两种。患蠕形螨病的牛皮和猪皮，在制革生产上很不适用，皮造成很大经济损失。

1. 鉴定

本病以引起皮脂腺——毛囊炎为特征。猪蠕形螨病多发生于细嫩皮肤的毛囊、皮脂腺或皮下结缔组织中。一般先发生于眼周围、鼻部和耳基部，而后逐渐向其他部位蔓延。病变部出现针尖、米粒甚至核桃大小的白色的囊，囊内含有很多蠕形螨、表皮碎屑及脓细胞。当细菌感染严重时，成为单个的小脓肿。有的患病皮肤增厚，不洁，凸凹不平且覆有皮屑，并发生皱裂。

牛蠕形螨病一般条发生于头部、颈部、肩部、背部或臀部，形成针尖至核桃大小的白色小囊瘤，内含粉状物或脓样液。也有只出现鳞屑而不形成疮疖者。

切开皮肤结节或脓疱，取其内容物作涂片镜检。蠕形螨细长，似蠕虫状，呈半透明乳白色，一般体长 $0.25 \sim 0.3 mm$，宽 $0.04 mm$。外形上可以分为头、胸、腹三个部分。头部具的蹄状口器（又称假头），口器由一对须肢、一对螯肢和一个下板组成；胸部有四对短粗的足；腹部长，表面具有明显的环形皮纹。

2. 卫生处理

（1）轻度感染者，病变皮肤切除作工业用或销毁，其余部分不受限制出厂。

（2）严重感染且皮下组织有病变者，剥去病变部皮肤并切除病变组织后高温处理。

四、家禽常见寄生虫病的鉴定与卫生处理

（一）球虫病

球虫病是由艾美耳球虫属中的一些球虫如柔嫩艾美耳球虫、毒害艾美耳球虫、巨型艾美耳球虫、堆型艾美耳球虫等引起的一种地方流行性原虫病。主要侵害幼鸡，其他禽类如鸭、鹅、火鸡、鸽、鹌鹑、雉等均可感染发病，但不如鸡球虫病严重。

1. 鉴定

早期症状是全身衰弱，精神委顿，病鸡喜欢拥挤成堆，两翅下垂，羽毛蓬乱，闭眼嗜睡。特征性症状是下痢，便中带血。

青年鸡和成年鸡常发生慢性肠型球虫病，而且仅少数鸡有临床表现。冠和肉髯苍白，食欲不振，形体瘦弱，羽毛蓬乱，间歇性下痢，两腿无力或瘫痪。

病变主要是盲肠显著肿大，呈棕红或暗红色，肠壁增厚，质地坚实，黏膜呈现出血性卡他性坏死性炎，肠内充满凝血块或混有血液的坏死物。

慢性肠型球虫病的病变主要在十二指肠，肠壁发炎增厚，有时在浆膜上可见到白色小斑点，黏膜发炎、粗糙，覆有黏液性渗出物。

2. 卫生处理

病变肠管废弃，其余部分不受限制出厂。

（二）组织滴虫病

组织滴虫病又称传染性盲肠肝炎，俗称黑头病，是火鸡组织滴虫所致禽类的一种急性原虫病。火鸡最易感，其次是鸡，野鸡、孔雀、珠鸡和鹌鹑等均可感染发病。以2周龄到3～4月龄的幼鸡最易感染，成年鸡感染后病情较轻。

1. 鉴定

病鸡精神委顿，食欲减退或废绝。羽毛蓬乱，无光泽，两翅下垂，身体蜷缩，畏寒，嗜睡。下痢，粪便呈淡黄或淡绿色，严重者粪便带血色，甚至排出大量血液。后期由于循环障碍，病鸡的面部皮肤和冠呈蓝紫色或暗黑色。所以有"黑头病"之称。

病变主要在盲肠和肝脏。多见一侧盲肠发生严重的出血性炎，盲肠内充满血液。典型病例，见盲肠肿大，肠壁变厚，坚实，形似香肠。剖开肠管，见肠腔充满干燥、坚实、干酪样的栓子。栓子横切面中心为黑红色凝血块，周围为灰白色或淡黄色的渗出物和坏死物。剥离栓子后，肠管只剩下薄的肠壁浆膜层，其黏膜层和肌层均被破坏。盲肠溃疡可使肠壁破裂，引起腹膜炎。

肝脏肿大，病变可见于整个肝表面。在肝被膜面散在或密发圆形、不规则形微凹陷的淡黄色或绿色坏死灶，周围常有红晕环绕。有时坏死灶相互融合成大片融合性坏死灶。

2. 卫生处理

病变器官废弃，其余部分不受限制出厂。

（三）鸡白冠病

鸡白冠病又称鸡卡氏住白细胞原虫病，是血孢子虫亚目的住白细胞原虫引起的急性或慢性血孢子虫病。本病在中国许多地方都有发生，特别是中国南方地区较普遍，常呈地方性流行，对雏鸡危害严重，常引起大批死亡。本病多发生于雏鸡，1个月左右的雏难发病严重，死亡率高，母鸡感染后，个别发生死亡，多数耐过后，鸡只消瘦，产蛋率下降，甚至停产。

1. 鉴定

病鸡羽毛松乱，拉黄绿色的粪便或血便。病鸡鸡冠苍白，脚软或轻瘫。急性病例发生咯血，呼吸困难，倒地挣扎而死。母鸡的症状较轻微，产蛋减少或停止，时间可施至1个多月。

剖检的显著特征是口流鲜血，冠白，全身性出血，肌肉及某些内脏器官有白色小结节，骨髓变黄。全身性出血包括皮下出血，胸肌和腿肌有出血点或出血斑。各内脏器官广泛出血，特别多见于肺和肾，严重者可见两则肺充满血液，肾包膜下有大片血块。心、脾、胰及胸腺也见有出血点，腭裂常被血样黏液充塞。有时气管、胸腔、嗉囊、腺胃、肌胃和肠道也见有出血斑点。胸肌、腿肌等浅部及深部肌肉，以及肝、肺、脾等脏器常见到白色小结节，结节为针尖大或粟粒大，与周围组织有明显的界限。

2. 卫生处理

废弃病变脏器，其余部分无限制出厂。

（四）家禽前殖吸虫病

为前殖吸虫，又称输卵管吸虫。虫体扁平象一小片树叶，呈棕红色，长3~9mm，宽1~5mm，头部有2个吸盘，虫体靠它吸附固着生活。成虫寄生在母鸡的生殖器官内，主要在输卵管和泄殖腔的腔上囊里。虫卵随粪便排出体外落入水中，在螺体内孵化发育成幼虫——尾蚴；尾蚴离开螺体后在水中游动，被蜻蜓幼虫吃进体内并在其中继续发育，鸡吃了蜻蜓或蜻蜓幼虫之后就会得病，在鸡体内，吸虫幼虫沿肠管下行到泄殖腔，进入腔上囊或输卵管，在其中继续发育为成虫。

1. 鉴定

前殖吸虫对鸡可引起明显的症状，初期食欲、产蛋正常，但蛋壳变软变薄，随之产蛋量下降，畸形蛋、软壳蛋、无壳蛋增加，病情继续发展，患鸡出现食欲减退、消瘦、精神不振、产蛋停止，有时从泄殖腔中排出石灰水样液体，并可见腹部膨大，肛门潮红突出。后期体温升高，渴欲增加，严重者甚至死亡。解剖呈现输卵管炎、腹膜炎。黏膜充血、出血，极度增厚，后期输卵管壁变薄甚至破裂。腹腔内有大量黄色渗出液或脓样渗出物。

2. 卫生处理

废弃病变脏器，其余部分无限制出厂。

(五) 鸡蛔虫病

鸡蛔虫病是一种常见的肠道寄生虫病。3月龄以下的雏鸡最易感染。在大群饲养情况下，雏鸡常由于患蛔虫病而影响生长发育，严重者引起死亡。蛔虫可以在鸡体内交配、产卵，虫卵可以在鸡体内生长也可以随粪便被排出体外，地面上的虫卵被鸡啄食后进入体内造成鸡群感染。从吞食虫卵到发育成虫需要35~58d。

1. 鉴定

幼鸡患病表现为食欲减退，生长迟缓，呆立少动，消瘦虚弱，黏膜苍白、羽毛松乱，两翅下垂，胸骨突出，下痢和便秘交替，有时粪便中有带血的黏液，以后逐渐消瘦而死亡。成年鸡一般为轻度感染，严重感染的表现为下痢、日渐消瘦、产蛋下降、蛋壳变薄。小肠内常发现大小如细豆芽样的线虫，堵塞肠道。虫体少则几条，多则数百条。肠黏膜发炎、水肿、充血。成年蛔虫虫体呈黄白色，雄虫长50~76mm，雌虫长60~116mm。

2. 卫生处理

废弃病变脏器，其余部分无限制出厂。

(六) 鸡绦虫病

鸡绦虫病是由赖利属的多种绦虫寄生于鸡的十二指肠中引起的，常见的赖利绦虫有棘沟赖利绦虫、四角赖利绦虫和有轮赖利绦虫三种。各种年龄的鸡均能感染，其他如火鸡、雉鸡、珠鸡、孔雀等也可感染，17~40日龄的雏鸡易感性最强，死亡率也最高。

1. 鉴定

由于棘沟赖利绦虫等各种绦虫都寄生在鸡的小肠，用头节破坏了肠壁的完整性，引起黏膜出血，肠道炎症，严重影响消化机能。病鸡表现为下痢，粪便中有时混有血样黏液。轻度感染造成雏鸡发育受阻，成鸡产蛋量下降或停止。寄生绦虫量多时，可使肠管堵塞，肠内容物通过受阻，造成肠管破裂和引起腹膜炎。绦虫代谢产物可引起鸡体中毒，出现神经症状。病鸡食欲不振，精神沉郁，贫血，鸡冠和黏膜苍白，极度衰弱，两足常发生瘫痪，不能站立，最后因衰竭而死亡。

剖检可以从小肠内发现虫体。肠黏肠增厚，肠道有炎症，肠道有灰黄色的结节，中央凹陷，其内可找到虫体或黄褐色干酪样栓塞物。

2. 卫生处理

废弃病变脏器，其余部分无限制出厂。

五、组织器官病变的鉴定与卫生处理

在屠宰畜禽的宰后检验中，除了根据屠体病变所提示的疫病性质，按有关规定进行卫生处理，还应对畜禽的一般性病变进行相应处理。

（一）局限性和全身性组织病变的鉴定与卫生处理

1. 出血性病变的鉴定与卫生处理

（1）出血性病变

①病原性出血：为传染病或中毒因素所致，多见于皮肤、浆膜、黏膜、淋巴结和肝、胃肠等的表面。表现为渗出性出血。因其发生原因和部位不同而有差异，可分为点状、斑状和出血浸润性。一般出血的同时，伴有全身性出血和组织器官的各种病理变化。

②机械性出血：因机械外力作用所致，多发生在体腔、肌间和皮下，多表现为破裂性出血。这种出血在屠畜被驱打、撞击、外伤或骨折时最容易发生。

③电麻出血：在电麻不当的屠畜所见。这种出血的部位多在肺脏，以两侧肺的背缘肺膜下病变为明显，呈散在的或严重密集成片的出血；或是头颈部淋巴结、肾和心外膜等处的出血。淋巴结多表现为边缘性出血但不肿大。

④窒息性出血：缺氧条件所致，往往发生在颈部皮下和支气管黏膜。表现为静脉努张，血液黑红色，并伴有不等量的暗红色淤点和淤斑。

⑤呛血：由屠畜死前经深呼吸将血液顺气管吸入肺部造成。多局限于肺膈叶背缘，呛血区外观鲜红色，是无数弥漫性的小红点组成，触膜有弹性，若入水呈"半舟状"；剖检呛血区，支气管和细支气管内有条状的血凝块。

（2）卫生处理

①因外伤、骨折等引起的新鲜出血，其淋巴结没有炎症变化者，应切除全部出血组织，胴体不受限制出厂。

②电麻所致的出血，轻微变化，胴体和器官不受限制出厂；严重者出血部分和呛血肺化制处理，其余不受限制出厂。

③出血、水肿广泛变化，且淋巴结有炎症时，胴体、器官必须进行细菌学检查。结果为阴性的，切除病变部分后尽快出厂利用；阳性者，做高温处理后方可出厂。

2. 组织水肿的鉴定与卫生处理

（1）组织水肿性病变　屠体发现水肿，首先应排除炭疽的可能，然后判定水肿的性质，属于炎性的还是非炎性的。当皮下发生水肿时，可见到皮肤变厚、肿胀，触摸呈面团状，指压波动，常留痕迹；切开时，水肿部位皮下疏松结缔组织为黄白色胶冻状，并流出大量淡黄色透明液体。病变黏膜水肿，属于

局限性和弥漫性肿胀。一般器官水肿主要见于肺脏，体积增大，因伴发淤血而颜色呈暗红色。

（2）卫生处理

①创伤性水肿仅销毁病变组织即可。

②皮下水肿和肾脂肪囊、网膜、心外膜及肠系膜的脂肪组织呈脂肪胶样浸润时，要检查肌肉有无病变，细菌学检查的基础上，阴性者切除病变部分，可迅速出厂利用；阳性者需高温处理后出厂；若同时伴有放血不良，淋巴结肿大、水肿等，恶病质者整个胴体作化制处理。

③后肢和腹部水肿，细致检查心、肝、肾等实质器官，如有病变，需要作沙门菌实验检查。阴性者切除病变器官，胴体可迅速利用，阳性者经高温处理后出厂。

3. 败血症的鉴定与卫生处理

（1）败血症的病变　败血症是在畜禽机体抵抗力降低时，病原微生物通过创伤或感染灶入侵机体血液内并生长繁殖，产生毒素，引起全身中毒和损伤的病理过程。通常情况下，败血症无特异的病原，多种病原微生物均可引起发病，如链球菌、绿脓杆菌、葡萄球菌和沙门菌等。病变多表现为实质器官的变性、坏死和炎症变化，皮肤、黏膜、浆膜和脏器的充血、出血、水肿，脾脏和全身淋巴结表现充血，且网状内皮细胞增生，从而导致其体积增大，但无典型的病变。若当化脓性细菌侵入，可在器官组织内引起发病，发现多性脓肿时，发展成为脓毒败血症。

（2）卫生处理

①病变轻微者，肌肉无变化，高温处理后出厂。

②病变严重或肌肉有明显变化者，作化制处理。

③患有脓毒败血症的胴体作销毁处理。

4. 蜂窝织炎的鉴定与卫生处理

（1）蜂窝织炎的病变　蜂窝织炎是发生在皮下和肌肉间等疏松结缔组织的一种弥漫性化脓性炎症的过程。主要根据机体淋巴结、心、肝、肾等器官的病理变化，以及胴体放血不良、肌肉变化等进行判定。

（2）卫生处理

①病变已全身性者整个胴体作化制处理。

②若全身肌肉正常，应进行细菌学检查：为阴性者，切除病变部分，其余肉快速发出利用；阳性者，经高温处理后出厂。

5. 脓肿的病变与卫生处理

（1）脓肿的病变　脓肿为屠畜宰后检验中常见的一种病变。发现脓肿时，应首先考虑是否为脓毒败血症，尤其是无包囊且周围炎性反应明显的新生的脓肿。一旦查明为转移性者即肯定是脓毒败血症。如肺、脾、肾内的脓肿多为转移性脓肿，原发灶可能存在于头面部、四肢、乳房或子宫等处，需要作细菌学检查判定。

(2) 卫生处理

①脓肿形成有包囊者，切除脓肿区域作销毁，其余部分则不受限制出厂。

②脓肿为多发性新生的脓肿或具有不良气味的脓肿，整个器官作化制处理。

③已被脓液污染附有难闻气味的胴体部分割除化制处理。

6. 脂肪组织坏死的鉴定与卫生处理

(1) 脂肪组织坏死的病变　脂肪组织坏死是脂肪组织的一种分解变质变化。根据发病的原因，脂肪组织坏死可以分为三种类型。

①胰性脂肪坏死：多见于猪。因胰腺发炎，破坏胰腺间质及其附近肠系膜脂肪组织。病变外观呈致密的无光泽的浊白色小颗粒状，质地坚硬，弹性降低度，油腻感差。

②外伤性脂肪坏死：为皮下脂肪组织的一种最普通的病变，多见于猪的背部。由机械损伤所所致。坏死脂肪坚实无光，为白垩质样团块状，有时表现油灰状。

③营养性脂肪坏死：牛和绵羊多发，偶见于猪。病变可波及全身各部位脂肪，尤以肠系膜、网膜和肾周围的脂肪常见。病变脂肪暗淡无光，呈白垩色，明显变硬，脂肪内初期可见有大量弥漫性淡黄白色坏死点，逐渐坏死灶逐渐扩大、融合成白色坚实的坏死团块或结节。

(2) 卫生处理

①脂肪坏死轻微、无碍商品外观者不受限制出厂。

②病变坏死明显者，将病变部切除化制，胴体不受限制出厂。

③查明原因，如为传染病所致，应结合具体病况进行处理。

(二) 皮肤病变的鉴定与卫生处理

宰后检验中，皮肤所呈现出的病理变化，反映了畜禽的机体状态。皮肤病变的致病因素有机械性、物理性、化学性和生物性等多种，因而皮肤病变比较复杂。

1. 皮肤的病变

(1) 皮肤急性充血或淤血　常见在全身皮肤表面大面积淤血，发红发紫，俗称"大红袍"。而皮下脂肪因淤血变红色或微红，俗称"红膘"。多见于急性猪丹毒、猪链球菌病、猪附红细胞体病、嗜血放线杆菌胸膜肺炎、猪霍乱沙门菌败血症等多种疾病。其他皮肤淤血非病原因素所致的有长途运输后未休息管理、放血不全、放血时间不够而即浸烫脱毛，皮肤均显现红色，还有在烈日下暴晒或骤寒环境受冷，也可引起皮肤的充血性红斑。

（2）皮肤出血　主要见于传染病、外伤和电麻等情况。伤痕指常见被打击的或应激敏感的个体猪在运输和仓储环节时因打斗留下的牙痕。

（3）荨麻疹　为皮肤出现直径在12mm以下的淡红圆形疹块，发病与饲料有关，如喂马铃薯和荞麦等，属于过敏反应。多于胸下部和胸部两侧或全身分布破溃后，体表留下的红色小圆形区病变，注意与猪丹毒的方形疹块相区别。

（4）运输性红斑　在运输或待宰期间，皮肤受到车厢或地面上的消毒剂和尿液的刺激，而接触刺激物部位的皮肤出现多个浅红色或深红色区。

（5）猪应激综合症　多指白皮猪因外周血管扩张，皮肤出现充血、出血，产生弥漫性点状、斑块状的应激斑，有时全身皮肤发红。

（6）猪皮肤的葡萄球菌病　皮肤外伤由金黄色葡萄球菌引起毛囊炎，形成大小不一甚至黄豆大的坚硬脓性结节。多发于腹部或皮肤、皮下或浅层肌肉内。

（7）猪皮肤真菌病（癣）　由毛癣菌和小孢子菌等寄生所引起。多发于耳、颈、胸、肌腹部位。初期为大小不等的圆形斑点，后逐渐扩散至环状，严重可覆盖猪体某一部位或一侧，病变表面似覆盖一层细小鳞屑或浅褐色痂片。且病部皮肤多粗糙，少毛或无毛。

（8）玫瑰糠疹（银屑样脓疱性皮疹）　病因尚不清，但具有遗传性。常常在腹部和股内侧可见红斑小丘疹，呈火山口状，随后病灶迅速扩为项圈状，外周隆起状呈玫瑰红色或红色，项圈内布满鳞屑。最终以红色项圈扩展，病灶中央恢复正常为结局。通常病变不掉毛，很少见痛痒症状。

本病如无继发细菌感染，经数周后可自行减退，创面愈合至正常，一般不做其他卫生处理。

（9）蠕形螨病　本病由蠕形螨（毛囊虫、脂螨）寄生于毛囊或皮脂腺引发的结节或脓疱状的皮肤疾病，常伴发葡萄球菌病感染。一般见病变部位表面密布丘状突起的，首先于眼周和耳根发生，逐渐扩展到其他部位。病变有鳞屑型和脓疱型两种。挤取皮肤上的，取内容涂片镜检，可找到大量不同发育时期的虫体。

（10）黑痣　为黑色小米粒至扁豆在的疣状增生物，皮肤表面突出或不突出，是黑色素细胞的疣状增生引起。

2. 卫生处理

（1）凡由物理性因素或加工不当引起皮肤轻微病变，胴体可不受限利用；病变严重者割除病变作化制处理，其余部经高温处理。

（2）因传染病引起的皮肤病变，其胴体和脏器按传染病的性质分别处理。

（3）蠕形螨所致病变轻微者，将病变局部销毁。若为严重感染，且皮下组织发生病变，销毁病变，其余部分高温处理。

（4）黑痣将局部病变销毁；而皮肤恶性肿瘤，应将胴体和脏器化制或销毁。

（三）器官病变的鉴定与卫生处理

1. 心脏病变的鉴定与卫生处理

（1）心脏的病变

①心肌炎：心肌表面呈灰黄色如煮熟状，质地松弛，心脏扩张。局灶性变化的，在心内、外膜下可见灰白色或灰黄色斑块与条纹。若感染化脓性菌后，有大小不等的化脓灶散在于心肌内。

②心内膜炎：最常见的是疣状心内膜炎，主要特征变化为心瓣膜发生疣状血栓；溃疡性心内膜炎及心瓣膜溃疡。注意与心内膜纤维瘤的鉴别，纤维瘤发生在心肌肌束上，且光滑不易脱落。

③心包炎：以牛的创伤性心包炎为最常见。表现为心包极度扩张，其中沉积有淡黄色纤维蛋白或脓性渗出物，有恶臭气味。在慢性病例可见心包极度变厚，与周边器官发生粘连，覆盖有灰白色绒毛样的纤维素形成"绒毛心"。而非创伤性心包炎，常常为单一发生或与其他病症并发感染。

（2）卫生处理　心肌肥大、脂肪浸润或慢性心肌炎而不伴有其他内脏器官变化的，不受限制出厂。严重的非创伤性心包炎、心内膜炎、急性心肌炎与心肌松弛、色泽病变者，心脏作化制处理。创伤性心包炎，心脏化制。对胴体的处理需作沙门菌检查，结果为阴性者，胴体不受限制出厂；阳性者胴体作高温处理。

2. 肝脏病变的鉴定与卫生处理

（1）肝脏的病变

①肝脂肪变性：常由传染、中毒等所致。肝脏呈不同程度的浅黄或土黄色，肿大，边缘钝圆，质地易碎，切面油腻，称为脂肪肝。脂变肝脏又发生淤血，眼观肝切面形成黄色的实质组织变性和暗红色的淤血间质相交织的花纹，形成如槟榔切面的花纹，称为"槟榔肝"。

②饥饿肝：因饥饿、长途运输、应激惊恐或挣扎、拥挤及疼痛（骨折、挫伤）等因素引起的仅肝色泽改变，而胴体和其他脏器无异常。其特征是肝呈黄褐色或黄色，体积不增大，且结构质地也无变化。

③肝硬变：由病原微生物、寄生虫感染，或者真菌毒素及有毒植物中毒引起。肝脏结缔组织增生，且收缩变形，质地变硬。萎缩性变化时肝体缩小，包膜增厚，肝表面呈结节的颗粒状，色泽灰红或暗黄，称为"石板肝"。猪肝硬

变有时伴发黄疸。当肥大性肝硬变时，肝体积明显增大至 2~3 倍，表面光滑且肝小叶结构模糊，称为"大肝"。

④肝中毒性营养不良：是变性、坏死继而很快发生溶解的一种变质过程，是全身性中毒或感染的结果，各种家畜均可能发生，以猪为多见。随病进程不同而表现各异。病初肝脏体积增大，黄色质脆，似脂肪肝样；随后肝脏出现红色斑纹，体积也缩小，质柔软。若病继续，肝结缔组织增生及其实质再生，可引起肝硬变。

⑤肝淤血：轻度淤血，肝脏肿大不明显，实质正常；淤血严重者肿胀，呈紫红色，包膜紧张、外观隆起光滑，切开肝实质，流出黑紫色血液，见中央静脉明显扩张，为鲜红色或暗紫色。

⑥肝坏死：由坏死杆菌等感染所造成的损害。多发于牛，肝表面和实质内散在有灰白色、灰黄色大如榛实或更大的凝固性坏死灶，质地脆弱，切面结构不清，周边常伴有红晕。

⑦寄生虫性病肝：以牛、羊、猪多发。如棘球蚴和细颈囊尾蚴寄生在肝表面，可见散发的绿豆大至黄豆大的黄白色结节，或散在的单一的鸡蛋大小圆形半透明的虫体囊泡嵌入组织内。当蛔虫幼虫经移行损伤肝组织，形成灰白色斑块，似牛乳滴，称为乳斑肝。

（2）卫生处理

①"脂肪肝""饥饿肝"和轻度的淤血、肝硬变，不受限制出厂。

②"槟榔肝""大肝""石板肝"、中毒性营养不良肝和脓肿、坏死肝，一律作化制或销毁处理。

③寄生虫性肝损害，轻微者修割病变部后鲜销利用，严重者整个肝作化制或销毁。

3. 肺脏病变的鉴定与卫生处理

（1）肺脏的病变

①肺电麻出血：电麻不当所致的出血以肺脏最为显著。多于膈叶背缘的肺胸膜下出现散在的或密集成片的出血，严重时呈鲜红色喷血状。

②肺呛血：主要是由齐断法屠宰，血液和胃内容物逆向吸入肺脏引起。呛血肺多局限于肺膈叶背缘，呛血区肺小叶外观鲜红色，触膜有弹性，若放入水呈"半舟状"；剖开支气管内有鲜红色或暗红色的条状血凝块，且肺支气管淋巴结不肿大，仅切面周边轻度出血。

③肺呛水：屠宰加工时将未死透的猪放入烫池，水被吸入猪肺内所致。呛水区多见于尖叶和心叶，有时在膈叶。主要眼观肺极度膨大，触摸肺组织发软且有波动感，呈浅灰色或淡黄褐色外观，肺胸膜紧张而富有弹性，但间质不增宽。切面可见流出多量温热浑浊的液体。

④纤维素性肺炎：以肺内有肝变病灶，肺胸膜与肋胸膜表面均附有纤维素且形成粘连为病变特征。

⑤肺坏疽：由异物进入肺所致。肉眼见肺组织肿大，触摸硬实。切开病变，可见有污灰色或黑色的膏状和粥状坏疽物，有恶臭味；有时因发生腐败、液化病变部位形成空洞，流出污灰色恶臭液。

（2）卫生处理

①电麻出血肺，不受限制出厂；肺呛水和肺呛血部位修割化制处理，其他均可利用。

②其他所有病变肺和吸入性肺炎，一律作化制或销毁处理。

4. 脾脏病变的鉴定与卫生处理

（1）脾脏的病变

①急性脾炎：常见于一些败血性传染病所致。脾肿大为正常的 3~4 倍，质变软，切开后红、白髓和红髓结构分辨不清，脾髓为黑红色，媒焦油状。

②脾脏梗死：常见于猪瘟感染时，在脾边缘出血的梗死病灶，约扁豆大小。

③脾脏脓肿：多见于马腺疫、犊牛脐炎和牛创伤性网胃炎等发生。猪脾脏变化，仅见表面弥漫黄色小结节，质地较硬。

④肉芽肿结节：多见于结核、鼻疽、布鲁菌病等。脾体积稍大或较正常小，质地较坚硬，切面平整或稍隆起，在深红色的背景上可见白色或灰黄色增大的脾小体，呈颗粒状向外突出。此称细胞增生性脾炎。

⑤坏死性脾炎：主要发生在出血性败血症病例，如鸡新城疫、禽霍乱等。脾脏肿大轻微或不明显，在脾小体和红髓内均散在有小的坏死灶及嗜中性粒细胞浸润。

（2）卫生处理　凡有病理变化的脾脏，皆不能作食用。

5. 肾脏病变的鉴定与卫生处理

（1）肾脏的病变　除了特定传染病和寄生虫病引起的病变外，肾脏的病理变化还有肾脓肿、肾囊肿、肾结石、肾盂积水、各种肾炎以及恶性肿瘤等。

（2）卫生处理　轻度肾结石、肾囊肿、肾梗死可修割病变后供食用；因加工不当引起轻度肾淤血的实质正常的肾脏，可不受限制利用；其他各种病变的肾，一律作化制或销毁处理。

6. 胃肠病变的鉴定与卫生处理

（1）胃肠的病变　在宰后检验中，胃肠可发生各种类型的病理变化，如出血、水肿、炎症、糜烂、溃疡、坏疽、寄生虫结节、结核和肿瘤等。检验猪时，在肠管壁上和局部淋巴结含有气泡，多发性状如葡萄，压之有捻发音，称为"肠气肿"。

（2）卫生处理　肠气肿的肠管放气后可供食用，其他病变的胃肠一律作化制处理。

（四）肿瘤的检验与卫生处理

1. 畜禽肿瘤的鉴定

肿瘤种类繁多，原因复杂，生长部位不同，外观形态和大小差异很大。诊断时必须经病理组织学检查，判断肿瘤种类和它的良恶性质。然而宰后检验要求与屠宰加工同步进行，不可能对发现的病变都做组织切片病原检查，只能用眼观做出判断并提出相应的处理意见。因此，要求检验人员具有扎实的专业知识和丰富的现场经验，从而做出正确的判断。

多数肿瘤为大小不一的结节状，生长于组织表面或深层，一个或多发，且与周边正常组织有明显的界线。

现将在屠宰检验中已发现的畜禽肿瘤列于表5-2。

表5-2　屠宰畜禽的肿瘤

畜别	常见肿瘤	已发现的肿瘤
猪	淋巴肉瘤、肝癌、纤维瘤、肾母细胞瘤、平滑肌瘤	腺癌、腺瘤、平滑肌肉瘤、网状细胞瘤、鳞状细胞癌、鼻咽癌、毛细血管瘤、黑色素瘤、神经纤维瘤、脂肪瘤、黏液瘤、卵巢颗粒细胞瘤、肾上腺嗜铬细胞瘤等
牛	淋巴肉瘤、肝癌、纤维肉瘤、腺癌、纤维瘤	网状细胞肉瘤、血管外皮瘤、鼻咽癌、骨癌、脂肪瘤、肾母细胞瘤、白血病、膀胱瘤、移行细胞癌、平滑肌瘤、肾上腺皮质瘤、神经纤维瘤、卵巢颗粒细胞瘤、间皮细胞瘤、嗜铬细胞瘤、嗜银细胞瘤、皮肤乳头状瘤、巨滤泡性淋巴瘤、血管内皮瘤
羊	肺腺瘤样病	皮肤乳头状瘤、胸腺瘤、鳞状上皮细胞瘤、黑色素瘤、肝癌、软骨瘤、淋巴细胞肉瘤等
兔	肾母细胞瘤、间皮瘤	腺癌、未分化癌、睾丸胚胎性瘤、畸胎瘤、黏液囊肿
鸡	马立克病、白血病、肾母细胞瘤、肝癌、卵巢腺癌	腺癌、平滑肌瘤、纤维瘤、淋巴瘤、脂肪瘤、黏液瘤、腺瘤、网状细胞肉瘤、睾丸间皮细胞瘤、卵巢颗粒细胞癌、中肾癌、神经纤维瘤、间皮细胞瘤、横纹肌瘤等
鸭	腺癌、肝癌	肾母细胞瘤、腺瘤、肝母细胞瘤、恶性间皮细胞瘤等
鹅	淋巴肉瘤	纤维瘤

畜禽常见肿瘤的眼观变化如下：

（1）乳头状瘤　为各种动物的常见良性肿瘤，因其外形呈乳头状而得名，尤以反刍畜更易发。多发生在皮肤、黏膜等组织器官的上皮组织。肉眼观察其大小不一，突起于皮肤表面，呈菜花状，表面多粗糙，有蒂柄或宽广的基部与皮肤相连。软性乳头状瘤质软易受损伤，常引起出血和继发感染。

（2）腺瘤 为腺上皮发生的良性肿瘤。多发生部位于猪、牛、马和鸡的卵巢、肾、肝、甲状腺和肺脏等器官。外观呈结节状，有的于黏膜面可呈息肉状或乳头状。

（3）纤维瘤 为各种家畜常发的良性肿瘤，多发生在结缔组织，由结缔组织纤维和成纤维细胞构成。常发生部位为皮肤、皮下、肌膜、腿、骨膜及母畜的子宫、阴道等处。眼观结节或团块状，完整的包膜，切面白色，质地坚实。在黏膜上的软性纤维瘤多由较细的带与基底相连，称为息肉。

（4）纤维肉瘤 是发生于结缔组织的恶性肿瘤。各种动物均可发生，最常发生于皮下结缔组织、骨膜、肌腱；其次是口腔黏膜、心内膜、肾、肝、淋巴结和脾脏等处。外观呈不规则的结节状，质地柔软，切面灰白，似鱼肉样，常见出血和坏死。

（5）原发性肝癌 各种畜禽均有发生。猪的原发性肝癌呈地区性高发，多见于5年以上的种公母猪。病因黄曲霉毒素慢性中毒引起。外形上可分为巨块型、结节型和弥漫型。按组织学分类可以分为肝细胞型、胆管细胞型和混合型。以在肝脏中或形成巨大癌块，或大小各一的类圆形结节，或不规则斑点（块）状病灶，其中结节型最常见。

（6）猪鼻咽癌 主要多发在我国华南地区，患猪宰前长期流浓稠鼻涕，机体渐瘦，有的伴有衄血、鼻塞或面颊肿胀。宰后剖检可见鼻咽上部黏膜明显变厚、粗糙，呈结节或微小突起肿块，苍白、质脆、无光，有时见散布的小坏死灶，破溃后结疤，在结节表面或切面有新疤痕。

（7）鸡卵巢腺癌 成年母鸡最常见的一种生殖系统肿瘤，2岁以上的鸡发病率尤高。患鸡呈渐进性消瘦，贫血，食欲降低，产蛋量减退至不产，腹部严重下垂、膨大。打开腹腔，可见大量混有血液的淡黄色腹水，卵巢中有灰白色坚硬的乳头状结节，或蔓延至整个腹腔。有时为大小不等的透明囊泡状，也可见残存的变性卵泡坏死灶。有的在腹腔其他器官的浆膜面（如肝脏）上形成转移癌瘤。

（8）肾母细胞瘤 又称肾胚胎瘤，是各种幼畜常见的一种肿瘤。多见于兔、猪和鸡，牛和羊也发。其中兔和猪以一侧肾脏发病为多，少见两侧发生。并常在肾脏的一端形成肿瘤，大小不等，多呈圆形或分叶状，白色或黄白色，具有一完整的薄层包膜，瘤块压迫肾实质，使肾脏萎缩变形。瘤的切面结构均匀，灰白色，肉瘤样，有时发生出血和坏死，或偶见转移到肺和肝脏处形成瘤。

注意肾母细胞瘤的外观形态出入很大，有淡红灰色的小结节（可能包埋在肾实质组织里面）、浅黄灰色分叶状肿块和巨大的肾肿块。大的肿块与肾脏相连仅有一细纤维性蒂柄,可占据大部分肾组织。肿块切面淡灰红色,散在灰黄色的坏死斑点或极少量的钙化灶。有的大肿瘤形成囊状肿,切开后可见大量含澄清液体的囊肿,似蜂窝状,大小不等。

(9) 禽白血病复合体 包括疱疹病毒引起的马立克病和由禽反转录病毒属病毒引起多种良性和恶性肿瘤(白血病、固态肿瘤、网状内皮增生病和其他淋巴瘤等)两类疾病。病毒可侵害全身的任何组织器官,产生肿瘤病灶,有的使器官的体积显著增大,并严重障碍病鸡的发育和降低抑制机体免疫。

(10) 黑色素瘤 动物多发的黑色素瘤多数为恶性瘤,是由黑色素细胞形成的肿瘤,即恶性循环性黑色素瘤。各种动物都可引起,以老龄的淡毛色马属动物更易发,其次是牛、羊、猪和犬。一般原发部位是肛门和尾根部的皮下组织,为圆的肿块,外形大小不等。切开肿块见分叶状分布,灰白色的结缔组织将深黑色的肿瘤团块划分成大大小小的圆形小结节。此瘤体生长速度极快,瘤细胞可经淋巴液或血液转移至盆腔淋巴结、肺、心、肝、肾等全身各处组织器官形成转移瘤。

2. 患肿瘤畜禽肉的卫生处理

根据胴体的营养状况(即肥瘦)、肿瘤的性质、是否扩散转移和在同一组织器官内发现一个还是多个肿瘤来确定宰后肿瘤病畜禽的处理。

①一个脏器上发现肿瘤病变且胴体不瘠瘦、无其他明显病变者,患病脏器作化制或销毁处理,其他脏器和胴体经高温处理;胴体瘠瘦或肌肉有变化者,胴体和脏器作化制或销毁。

②屠体有两个或两个以上的脏器确定已肿瘤病变者,胴体和脏器作销毁处理。

③经确诊为淋巴肉瘤或白血病的屠畜禽,整个胴体和脏器一律销毁。

实操训练

旋毛虫的检验

(一)技能目标

掌握肌肉压片检查和消化法检验旋毛虫的方法,认识旋毛虫的形态特征。

(二)器材和试剂

显微镜或投影仪,组织捣碎机,磁力加热搅拌器或恒温箱,贝尔曼氏幼虫分离装置，0.3~0.4mm 铜筛，分液漏斗，弯刃剪刀、镊子、旋毛虫压片器或两块同样大小玻璃板（约20cm×5cm），固定绳线，烧杯，600mL 三角烧瓶，大平皿。

5%和10%盐酸溶液，50%甘油溶液，1~4g/L 胃蛋白酶水溶液，胃蛋白酶（含酶 30000U/g）等。

被检肉样（膈肌脚）等。

（三）方法步骤

旋毛虫病为重要的人畜共患病，在屠宰检验中，旋毛虫检验非常必要。旋毛虫的实验检查有肌肉压片法和消化检查法两种方法。

1. 肌肉压片检查法

（1）采样 旋毛虫的检验以横膈膜肌脚的检出率最高，其中以横膈膜肌脚近肝部高于近肋部的检出率。在开膛取内脏后，要求从胴体左右横膈肌脚采取质量不少于 30g 的肉样一块，编上与胴体相同号码后送旋毛虫检验室检查。

（2）视检 检查时按标号取下肉样，先撕去肌膜，在良好的自然光线下，将肌肉拉平后，检验员斜方向或左右摆动肉样，仔细观察肌肉纤维的表面，检出虫体。稍凸出肌纤维表面的针头大小发亮的卵圆形点，颜色呈结缔组织薄膜所具有的灰白色，折光性良好，为虫体；或者可见肌纤维上有一种灰白色、浅白色的小白点，应为可疑。另外，刚形成包囊的呈露点状，稍凸于肌肉表面，应将病灶剪下压片镜检。这是提高旋毛虫检出率的关键，因为在可检面上挑取可疑点进行镜检，要比盲目剪取 24 个肉粒压片镜检的检出率高。

（3）压片标本制作 手指握住肉样，使肌纤维绷紧，用弯刃剪刀，从两块肉样的视检可疑部位或其他不同部位顺肌纤维方向随机剪取麦粒大小的 24 个肉粒（一块肉剪 12 个），以每排 12 粒均匀地排列在夹压器的玻板上。盖上另一块玻板，拧紧螺旋，使肉粒压成薄片（能透过肉片看清书报上的小字为宜）。若无旋毛虫夹压器时，用普通载玻片代替。每块载玻片排 6 个肉粒，需 4 块载玻片。载玻片压紧，两载玻片的两端用透明胶带缠绕固定，才能压成薄片。

（4）镜检 将压片置于显微镜 50~70 倍的低倍视野下检查，由第 1 肉粒压片开始观察，依次检查，不能遗漏每一个视野。镜检时，应注意光线的强弱和检查的速度，如光线过强、速度过快，均易发生漏检。视野中的肌纤维呈黄蔷薇色。

（5）判定

①没有形成包囊的旋毛虫幼虫寄生在肌纤维之间，虫体呈直杆状或蜷曲状，但有时由于压片用力过大把虫体挤在被压出的肌浆中。

②形成包囊后的旋毛虫幼虫，在肌纤维的黄蔷薇色的背景中，可到发亮透

明的圆形或椭圆形包囊，囊中央为蜷曲的旋毛虫幼虫，通常含有 1 条幼虫，偶有 2 条以上。一般猪旋毛虫的包囊呈椭圆形，而犬旋毛虫包囊为圆形。

③钙化的旋毛虫幼虫，镜下在包囊内可见数量不等、颜色浓淡不均的黑色团块状。滴加数滴10%的盐酸溶液，静置 15～30min 脱钙后，可见到完整的幼虫虫体，即此包囊发生钙化；或可见断裂段、模糊不清的虫体，即此幼虫本身发生钙化。

④发生机化的旋毛虫幼虫，眼观为一个较大白点，称为"大包囊"或"云雾包"，镜下因机化透明度较差，故滴加 2～3 滴 50% 溶液，数分钟透明处理后，即可见虫体或虫体死亡的残骸。

⑤虫体鉴别：镜检时应注意旋毛虫与猪住肉孢子虫的区别。猪住肉孢子虫寄生在膈肌等肌肉中，一般情况下感染率高于旋毛虫，故在检查旋毛虫易发现住肉孢子虫体。鉴别的方法是已发生钙化的包囊，滴加 10% 盐酸溶液脱钙溶解后，如可见到虫体或其痕迹者是旋毛虫包囊；而住肉孢子虫不见虫体（图 5-1）；囊虫则能见到角质小钩和崩解的虫体团块。

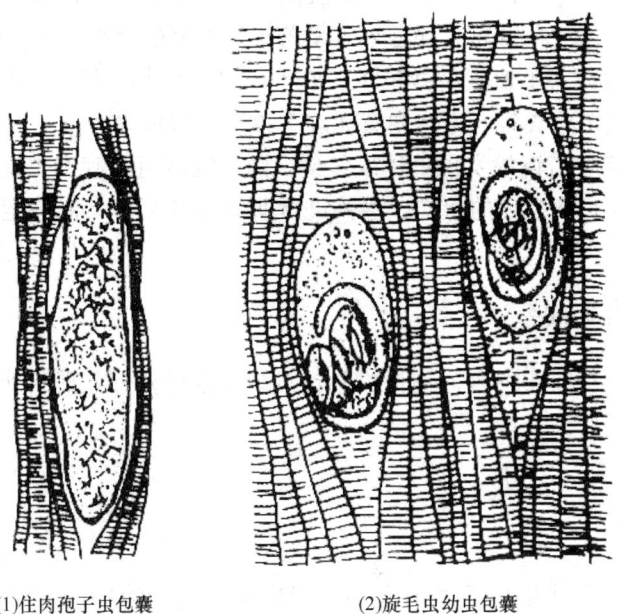

(1)住肉孢子虫包囊　　　　(2)旋毛虫幼虫包囊

图 5-1　旋毛虫与住肉孢子虫的区别

2. 消化检查法

（1）取肉样　检查时按胴体的编号顺序，以 5～10 头猪设为一组，每头猪胴体采取膈肌样 5~8g，分别放在相应顺序标号的塑料袋内送检。

（2）磨碎肉样　将标号送检的肉样，各取 2g，每一组共 10~20g，放入组织捣碎机的容器内，加入 100~200mL 胃蛋白酶溶液，捣碎 0.5min，肉样变为絮状且混悬在溶液中。

（3）消化　将捣碎的肉样液倒入锥形瓶中，以用等量胃蛋白酶溶液分数次冲洗容器，冲洗液也移入锥形瓶中，再以每 200mL 消化液加入 5% 盐酸溶液 7mL 的比例，调整 pH 为 1.6~1.8，置磁力加热搅拌器上（38~41℃）中速搅拌，消化 2~5min；当无磁力加热搅拌器可用 43.3℃ 恒温箱中，消化 4~8min，要求不断搅拌。

（4）过滤和沉淀　先用 40~50 目铜筛过滤消化的肉样液，可以少量胃蛋白酶溶液冲洗附在瓶壁上的残渣，经粗筛后，将滤液和冲洗液都置于一个大烧杯中，过折成漏斗形的 80 目尼龙筛，再用适量的水冲，把细筛后的滤液和冲洗液集于另一个大烧杯中，让其自然沉降（加入适量碎冰块降温至 20℃，可加速沉降）。然后弃去烧杯中 1/2~2/3 的上清液，余下的滤液用玻棒引流于 250mL 的分液漏斗内，经 10~15min 沉淀，待分液漏斗底层析出沉淀物后，迅速把底层沉淀物放在事先底部已划分了若干个方格的大平皿内，待检。

（5）镜检　将平皿置显微镜下，在 50~70 倍低倍度下检查，以平皿底划分的方格，逐个检查每一方格内有无旋毛虫幼虫或包囊。

（6）判定　若镜检发现虫体或包囊，则判定该组为旋毛虫检查阳性，还必须对该组的 5~10 头猪的肉样，逐头进行肌肉压片复检，以确定旋毛虫病猪作无害处理。

（四）实训报告

采肉样（猪肉或狗肉）进行检验，对结果进行分析并提出处理意见，写出实训报告。

> 项目思考

1. 家畜主要传染病的宰前鉴别、宰后鉴别包括哪些内容？如何进行卫生处理？
2. 家畜主要寄生虫病的鉴定要点包括哪些内容？如何进行卫生处理？
3. 家禽传染病的鉴别包括哪些内容？如何进行卫生处理？
4. 家禽主要寄生虫病的宰后鉴定和卫生处理要点是什么？

项目六 肉与肉制品的卫生检验

> 知识目标

1. 认识原料肉的形态结构和化学组成。
2. 了解肉类罐头食品生产过程中的卫生控制方法。
3. 掌握肉新鲜度的检验方法和判定标准。
4. 了解油脂变质的原因、条件、变质过程和变化特征。
5. 掌握肉中挥发性盐基氮的测定方法,肉类罐头食品的卫生检验方法及其质量评价。
6. 掌握品质异常肉的特征、检验方法和卫生评价。

> 技能目标

1. 能开展肉新鲜度、动物油脂、肉类罐头等肉制品感官指标的检验。
2. 能测定肉中的挥发性盐基氮。
3. 能测定肉类罐头食品的理化指标和微生物指标。
4. 能正确检验品质异常肉,并对其进行恰当处理。

> 必备知识

一、肉新鲜度的卫生检验

(一)肉的概述

1. 肉的形态结构

肉是由肌肉、脂肪、骨骼、结缔组织四部分组成,其中后二者比较恒定。

四部分比例依家畜的种类、品种、年龄、性别、营养状况、育肥程度而有所差异，其中肌肉组织占 50%~60%，脂肪组织占 20%~30%，结缔组织占 9%~14%，骨骼组织占 15%~22%。肉的形态结构决定了肉的食用价值和商品价值。

（1）肌肉组织　肌肉组织在生物学中是指称为横纹肌或骨骼肌的部分。肌肉组织不仅所占比例大，而且也是最有食用价值的部分。各种畜禽的肌肉平均占活体重的 27%~44%，或胴体重的 50%~60%。肌肉在畜禽体内分布不均匀，通常家畜的臀部、颈部和腰部的肌肉组织比胸部、肋部和四肢下部丰满，但禽类则以胸肌和腿肌最发达。肌肉由于含有肌红蛋白和少量血红蛋白而呈不同程度的红色。肌肉的组成单位是肌细胞即肌纤维，许多平行纵向排列的肌纤维由结缔组织包裹成束，称为初级肌束，许多初级肌束再由结缔组织包被成为次级肌束。次级肌束再由结缔组织包裹成肌束，许多肌束由结缔组织包围，形成肌块。许多肌块与血管、淋巴管、神经组织以及脂肪组织共同组成肌肉。我们肉眼能够看到肌肉横断面上的大理石样外观，就是由肌束和位于肌束间的结缔组织与脂肪组织构成的。

（2）脂肪组织　由大量的脂肪细胞和疏松结缔组织组成。不同动物的脂肪具有不同颜色和气味。脂肪的颜色不仅取决于动物的种类，还与动物的品种、年龄、饲料有关。脂肪的气味主要取决于脂肪中所含的脂肪酸和其他脂溶性成分。

脂肪组织在不同动物体内的含量差异极大，少的仅占胴体的 2%，多的可达 40%。主要分布在皮下、肠系膜、网膜、肾周围和肌束间。肌间脂肪的储积，使肉的断面呈大理石样外观，并能改善肉的滋味和品质。

（3）结缔组织　构成肌腱、筋鞘、韧带及肌肉内外膜，主要起支持和连接作用，并赋予肉以韧性和伸缩性。结缔组织含量越少，肉的品质越好。富含结缔组织的肉，不仅适口性差，营养价值也不高。使役、老龄和瘦弱的动物肉中结缔组织含量较多，在同一个体中，运动和负重的部位含量也相对较多。

（4）骨组织　包括骨和软骨，也是肉的组成部分。动物体内骨与净肉的重量比可决定肉的食用价值，而该价值与骨重量成反比。随着动物年龄增长和脂肪增加，骨组织所占比例相对减少。典型的动物胴体中骨骼所占百分比为牛肉 15%~20%、犊牛肉 25%~50%、猪肉 12%~20%、羊羔肉 17%~35%、鸡肉 8%~17%、兔肉 12%~15%。

骨骼中一般含 5%~27% 的脂肪和 10%~32% 的骨胶原，其他成分为矿物质和水。故煮熬骨骼时能产生大量的骨油和骨胶，可增加汤的滋味，并使之有凝固性。松质骨越多，食用价值越高。

2. 肉的化学组成

肉的化学组成包括水分、蛋白质、脂肪、矿物质和少量的碳水化合物等。这些物质的含量，因动物种类、品种、性别、年龄、个体、机体部位以及营养状况而异。

（1）蛋白质　肌肉的蛋白质约占20%，分为三类：肌浆蛋白，占总蛋白质的20%~30%；肌原纤维蛋白，占40%~60%；结缔组织蛋白，约占10%。这些蛋白质的含量因动物种类、解剖部位等不同而有一定差异。

①肌浆蛋白质（myogen protein）：肌浆是指肌纤维细胞中环绕并渗透到肌原纤维的液体和悬浮于其中的各种有机物、无机物以及亚细胞结构的细胞器、肌粒体、微粒体等。通常把由新鲜肌肉磨碎压榨出的含有可溶性蛋白质的液体称为肌浆。其中蛋白质主要包括肌红蛋白、肌浆酶和肌精蛋白，占肌肉中蛋白质总量的20%~30%。肌浆类似血浆，能凝固析出的液体部分称为肌清。

肌浆蛋白中的肌红蛋白（myoglobin）与血红蛋白（hemoglobin）相似，是由珠蛋白和辅基血红素所组成的一种含铁的结合蛋白质，它是肌肉呈红色的主要成分。肌肉中的肌红蛋白量因动物种类而异，且公畜比母畜含量高，成年动物比幼年动物含量高，经常运动的肌肉比不经常运动的肌肉含量高。肌红蛋白在加热时遭破坏，导致肉制品变成灰色。

②肌原纤维蛋白（myofibrillar protein）：构成肌纤维的蛋白质，支撑着肌纤维的形成。肌原纤维是肌肉收缩的单位，是一些平行排列的肌纤维丝，参与肌肉的收缩过程，负责将化学能转变成机械能。肌原纤维蛋白质主要包括肌球蛋白、肌动蛋白、肌动球蛋白、原肌球蛋白、肌钙蛋白以及 α -辅基肌动蛋白、β -辅基肌动蛋白和 M -蛋白等。

③结缔组织蛋白：结缔组织构成肌内膜、肌束膜、肌外膜和筋膜，其本身由有形成分和无形的基质组成，前者主要有三种，即胶原蛋白、弹性蛋白和网状蛋白，它们是结缔组织中主要的蛋白质。

胶原蛋白（collagen）在结缔组织中含量特别多，它不溶于一般的蛋白质溶剂，在碱或盐的作用下即吸水膨胀。与水共煮（70~100℃）可变成明胶。胶原可被胃蛋白酶水解。

弹性蛋白（elastin）与水共煮时不能变为明胶，不易被胃蛋白酶或胰蛋白酶水解，只能在加热至160℃时才开始水解。

网状蛋白（reticulin）在湿热时也不能变为明胶。

（2）脂肪　脂肪是各种脂肪酸的三酰甘油（如硬脂、软脂等）、少量磷脂、胆固醇、游离脂肪酸及脂溶性色素组成的混合物。脂肪对肉的食用品质影响较大，肌肉中脂肪的多少直接影响肉的多汁性和嫩度。肌肉组织中的脂肪含量和品质因动物种类、肥度、性别、年龄、使役和饲养状况的不同而有所不同，阉割的动物和幼小动物脂肪均匀地分布在各个肌群之间，使肉柔软而有香味。

脂肪的性质主要受各种脂肪酸含量的影响。动物脂肪的熔点接近体温，但经常接触寒冷部位的脂肪熔点较低。脂肪熔点越接近人的体温，其消化率越高，熔点在50℃以上者则不易被人体消化。动物脂肪以饱和脂肪酸为主，当脂肪中含有大量高级饱和脂肪酸（如硬脂酸）时，脂肪熔点较高，常温时多呈凝固挺硬状态（如牛脂、羊脂）；当脂肪中含有大量的油酸（不饱和脂肪酸）或低级脂肪酸时，脂肪则呈软膏状（如禽类脂肪）或流动状态（如乳脂）。

(3) 碳水化合物　肌肉组织中的碳水化合物是以糖原形式存在的。动物肉中糖原一般不足1%，只有马肉可达2%以上。同种动物的肌肉组织中糖含量与其肥瘦及疲劳程度有关。动物宰前休息越充分，肌肉中糖原含量就越多，就越有利于宰后肉的成熟。

(4) 矿物质　畜禽肉品种的矿物质含量恒定，约占鲜肉重的1%，主要有钾、钠、钙、镁、硫、磷、氯、铁、锌、铜、锰等，肉中这些常量或微量矿物质的存在，与肌肉宰前功能和宰后品质的变化都有关系。

(5) 含氮浸出物和无氮浸出物　肌肉的组成成分中，除上述蛋白质等成分外，还有一些能用沸水从磨碎肌肉中提取的物质，包括很多种有机物和无机物，这些统称为浸出物。

含氮浸出物为非蛋白质的含氮物质，如游离氨基酸、肌酸、磷酸肌酸、核苷酸类物质、肌肽、鹅肌肽、组胺等。肉中含氮浸出物越多，味道越浓。

无氮浸出物为不含氮的可浸出有机化合物，包括碳水化合物和有机酸，如糖原、核糖、麦芽糖、葡萄糖、琥珀酸、乳酸等。无氮浸出物约占0.5%。

(6) 水分　水分是肌肉中含量最多的组成成分，约占70%。水在肌肉中以结合水和自由水的形式存在，结合水不能被微生物利用。结合水越多，肌肉的保水性越大。肉品中的水分含量及其持水性能直接关系到肉及肉制品的组织状态、品质和风味。

(7) 维生素　肉中主要有B族维生素，是人们获取此类维生素的主要来源之一，特别是烟酸。另外，动物脏器中含有大量维生素，尤其是脂溶性维生素，如肝中含有丰富的维生素A、维生素D、维生素B_6、维生素B_{12}；脂肪中有维生素D、维生素E和维生素K等。

(8) 矿物质　肉中含有较丰富的矿物质，如骨及软骨中含有较多的磷和钙，血液中含有较丰富的铁。更为重要的是，肉类食品中无机盐的利用率优于植物性食品。无机盐可以作为机体的基本构成成分，如Ca、P、Fe、Mg参与骨骼和牙齿的构成；另外无机盐对于保持机体内环境的稳定、调节机体功能和维持神经肌肉组织的刺激传导等也具有重要作用。

（二）肉在保藏时的变化

动物被屠宰后，随着血液和氧气供应停止，体内平衡被打破，肌肉会发生一系列化学变化，从而使其感官性状和食用价值也发生相应的改变。因此动物在屠宰后，一般不宜立即食用，应经过一定的加工和贮藏后才能供消费者食用。肉在保存过程中，在体内酶系或污染的微生物作用下，肉要经过僵直—成熟—自溶—腐败等一系列变化。其中僵直和成熟两个阶段是必然发生的，而自溶、酸性发酵和腐败并非肉品在保藏中的必然变化，如能加强卫生管理和监督，防止污染，完全可以避免其发生。

1. 肉的僵直

动物死后，体内经过一系列的复杂变化使肌动蛋白和肌球蛋白结合成肌动球蛋白，致使肌肉产生永久性收缩，肌肉失去弹性，变得僵硬，这种现象称为肉的僵直。动物屠宰后的肌肉由于供氧作用的消失，使肌肉中糖原发生无氧酵解，产生乳酸，使肉中的 pH 下降，同时肌肉中 ATP 的合成和其他能源供应也就停止。随着肌肉中糖原的减少，肌肉中的 ATP 含量也急剧降低，肌肉在无能源的情况下，使肌动蛋白 – Mg – ATP 复合体解离或不能形成，逐渐导致肌球蛋白与肌动蛋白结合，形成收缩状态没有伸展性的肌动球蛋白，最终使肌纤维收缩变短。

当肉 pH 降至 6.7 以下时，肌肉失去弹性变僵直。肌肉僵直出现的早晚和持续时间的长短与动物种类、年龄、环境温度、生前状态、屠宰方法有关。不同种类动物从死后到开始僵直的速度也不同，一般来说，鱼类最快，其次依禽类、马、猪、牛的顺序依次减慢。一般动物于死后 1~6h 开始僵直，到 10~20h 达最高峰，死后 24~48h 僵直过程结束，肉开始缓解变软，进入成熟阶段。环境温度高，则僵直出现得早且持续的时间短；反之，环境温度越低，出现僵直的时间越晚而且持续的时间也越长。因此，要延长肉的保存期，最好是推迟和延长僵直期。

肉在僵直期的主要特征是肉质坚硬、干燥、缺乏弹性；加热炖煮时，不易转化为明胶，使肉保持较高的硬度，食之粗糙硬实、不易咀嚼，尤以牛肉更明显。肉汤较混浊，缺乏肉的香味和滋味。因此僵直肉只有经过解僵后才能作为加工食品的肉类。

2. 肉的成熟

肉在僵直期过后变得柔嫩、多汁、味美，肉汤澄清透明且清香，这种食用性质改善的过程称为肉的成熟。

（1）肉成熟的机理 肉的成熟是伴随着肉的解僵过程而逐渐发生的。糖原在糖原酵解酶的作用下发生无氧酵解，产生乳酸；肌酸磷酸在肌酸磷酸酶作用下分解为磷酸和肌酸；ATP 被 ATP 酶分解为磷酸和肌苷。以乳酸为主的酸性物质逐渐蓄积增多，使得肉的内环境变酸，pH 达 5.6~6.0。在酸性物质的影响下使结缔组织松散，肌纤维解离，肌肉软化，嫩度得到改善；肌肉蛋白质分解产生挥发性物质使肉具有特殊的香味和鲜味。释放的 Ca^{2+} 使肌凝蛋白凝结成不溶于水的状态，肌浆的液体成分（肉汁）部分析出，因此，成熟肉的断面湿润多汁，肉汤透明。

(2) 成熟肉的感官特征　成熟肉的特征有以下几点：①肉表面形成一层很薄的"干膜"，这层干膜具有减少干耗和防止微生物侵入的作用；②肉质柔软、嫩化，且富有弹性；③肌肉断面湿润多汁；④肉汤澄清透明，具有浓郁的肉香味，脂肪油珠团聚于表面；⑤肉呈酸性反应。

(3) 肉的成熟与温度的关系　肉的成熟过程在一定温度范围内随温度的升高而加快，在 12℃时需要 5d 达到成熟的最佳状态，在 18℃时需要 2d，在 29℃时只需要几个小时就可以完成成熟过程。但是，用提高温度的方法促进肉的成熟是危险的，因为温度也能促进肉的自溶和加快微生物的繁殖，容易引起肉的腐败，故一般采用低温成熟的方法，即温度 0~2℃，相对湿度 86%~92%，空气流速 0.1~0.5m/s，约 3 周时间完成。在生产中进行肉的"冷却"，就是使肉在 0~4℃条件下，经过一定时间，使其适当的成熟且不过早结束成熟的过程，使肉在流通过程中保持一定的鲜度。

肉在成熟过程中所发生的各种变化都是在肉呈酸性反应的基础上进行的。而肉的变酸主要取决于肉中糖原的酵解作用。动物在临宰前机体内糖原的储量将直接影响到肉的成熟过程。

3. 肉的自溶

肉的自溶是肌肉组织中蛋白质在自身组织蛋白酶的催化作用下发生的分解。这一过程中微生物未参与作用。

(1) 肉的自溶的发生　热鲜肉或屠宰后未经充分冷却的肉保藏在通风不良，且室温过高的环境中，或因胴体悬挂过密或重叠堆放，使肉体温放散不良，肉长时间保持高温，致使肉中组织蛋白酶的活力增强而导致蛋白质发生强烈的自身分解过程。

肉的自溶除产生多种氨基酸外，还有硫化氢与硫醇等有不良气味的挥发性物质。当放出的硫化氢等含硫物与血红蛋白或肌红蛋白结合，形成硫化血红蛋白或硫化肌红蛋白时，能使肌肉和肥膘出现不同程度的暗绿、灰绿或灰红色，故肉的自溶也称变黑。

(2) 自溶肉的特征　自溶肉肌肉松软、缺乏弹性；表面暗淡无光泽，呈不同程度的灰红色或灰绿色，禽肉常显红铜色；用手指触摸感觉轻度黏滑粘手；带有酸味。化学检查结果呈酸性反应，硫化氢反应阳性，氨反应阴性。

（3）自溶肉的卫生处理

①自溶现象轻微时可将肉切成小块，置于通风处，使不良气味消失，修割变色部分后经高温可供食用。

②自溶现象严重时肉质软化，有明显的异味，并变色严重时，不宜食用。

4. 肉的腐败

肉的腐败是肉在成熟和自溶阶段分解的产物，在适宜条件下，为腐败微生物生长繁殖提供了良好的营养物质，造成微生物大量繁殖，使肉中的蛋白质不仅被分解成氨基酸，而且形成有毒和不良气味成分等多种分解产物的过程。

（1）腐败变质的基本条件　肉的腐败变质与肉的自身性质、污染的微生物种类和当时所处的环境因素等有密切关系。致腐微生物可以通过内源性和外源性两种途径污染肉类。内源性污染主要来自患病，特别是败血症的病畜肉和极度疲劳的畜禽肉，在其生前已有各种微生物（包括腐生菌）通过肠道侵入动物机体。外源性污染主要来自屠畜皮、毛、蹄上污染的土壤、粪便，以及卫生条件不良的屠宰、加工、流通等环节，腐败微生物先在肉的表面生长繁殖，进而侵入内部，沿结缔组织间隙、血管周围的疏松组织到达骨膜，再沿结构疏松的骨膜扩散到周围肌肉组织，引起蛋白质和其他成分的分解。

（2）肉腐败变质的化学变化　蛋白质在致腐菌产生的蛋白质分解酶等作用下，首先分解为陈和多肽，陈和多肽进一步分解形成氨基酸，氨基酸经过脱氨基、脱羧基、氧化还原等作用，形成含氮的各种有机胺类（如甲胺、尸胺、酪胺、组胺、腐胺等）、有机酸类（如酮酸、羧酸等）、无机物质（如氨、CO_2、H_2S 等）和其他有机分解产物（如甲烷、吲哚、粪臭素、硫醇等）。此时肉即表现出腐败特征。

（3）腐败肉的特征

①胴体表面非常干燥或腻滑发黏。

②表面呈灰绿色、污灰色甚至黑色，新切面发黏、发湿，呈暗红色、暗绿色或灰色。

③肉质松弛或软糜，指压后凹陷不能恢复。

④肉的表面和深层都有显著的腐败气味。

⑤呈碱性反应。

⑥氨反应结果呈阳性。

（4）腐败肉的卫生评价　肉在任何腐败阶段对人体都是有害的。腐败肉一律禁止食用，应化制或销毁。

（三）肉新鲜度的检验

肉新鲜度的检验，一般是从感官性状、腐败分解产物的特征和数量、细菌的污染程度等三方面来进行。肉的腐败变质是一个渐进性的过程，其变化是非常复杂的，采用单一的检验方法很难获得正确的结果，只有采用包括感官检验和实验室检验在内的综合方法，才能比较客观地对肉的新鲜程度做出正确的判断。

1. 感官检验

肉新鲜度的感官检验，主要借助人的嗅觉、视觉、触觉、味觉，通过检验肉的色泽、组织状态、黏度、气味、眼球（禽类）、煮沸后肉汤等来鉴定肉的卫生质量。肉在腐败变质过程中，感官性状会发生改变，如强烈的酸味、臭味、异常的色泽、黏液的形成、组织结构的崩解等，因此通过人的感官进行综合鉴定。

我国食品卫生标准中已规定了各种畜禽肉的感官指标。

（1）《GB 2707—2016 鲜（冻）畜、禽产品》规定，鲜（冻）畜肉原料要求屠宰前的活畜、禽应经动物卫生监督机构检疫、检验合格。感官指标为：具有产品应有的色泽、气味和状态，无异味、无正常视力可见的外来异物。

（2）鲜、冻禽产品感官指标（《GB 16869—2005 鲜、冻禽产品》）见表 6 - 1。

表 6 - 1　鲜、冻禽产品感官指标

项目	鲜禽产品	冻禽产品（解冻后）
组织状态	肌肉富有弹性，指压后凹陷部位立即恢复原状	肌肉指压后凹陷部位恢复较慢，不易完全恢复原状
色泽	表皮和肌肉切面有光泽，具有禽类品种应有的色泽	
气味	具有禽类品种应有的气味，无异味	
加热后肉汤	澄清透明，脂肪团聚于液面，具有禽类品种应有的滋味	
淤血 [以淤血面积 (S) 计] / cm²		
$S > 1$	不得检出	
$0.5 < S \leq 1$	片数不得超过抽样量的 2%	
$S \leq 0.5$	忽略不计	
硬杆毛（长度超过 12mm 的羽毛或直径超过 2mm 的羽毛根）/（根/10kg）	≤1	
异物	不得检出	

注：淤血面积指单一整禽或单一分割禽的一片淤血面积。

2. 理化检验

肉新鲜度的感官检验比较准确,简便易行,但有一定的局限性。在许多情况下,除进行感官检验外,尚需进行实验室检验,将这两种检验方法的结果相互联系、相互补充。

理化检验是根据肉中蛋白质等物质的分解产物,用物理学检验和化学检验方法对肉的新鲜程度进行检验。物理学检验是根据蛋白质分解,低分子物质增多,电导率、黏度、保水量发生变化来衡量肉的品质;化学检验是用定性或定量的方法测定分解产物,如氨、胺类、挥发性盐基氮、三甲胺、吲哚等来评定肉的新鲜度。

畜肉的理化指标见表6-2 [《GB 2707—2016 鲜(冻)畜、禽产品》],禽肉产品理化指标见表6-3 [《GB 16869—2005 鲜、冻禽产品》]。

表6-2 鲜(冻)畜肉的理化指标

项目	指标
挥发性盐基氮/(mg/100g)	≤15
铅(Pb)/(mg/kg)	≤0.2
无机砷/(mg/kg)	≤0.05
镉(Cd)/(mg/kg)	≤0.1
总汞(以Hg计)/(mg/kg)	≤0.05

表6-3 鲜、冻禽产品的理化指标

项目	指标
挥发性盐基氮/(mg/100g)	≤15
冻禽产品解冻失水率/%	≤6
汞(Hg)/(mg/kg)	≤0.05
铅(Pb)/(mg/kg)	≤0.2
砷/(mg/kg)	≤0.5
四环素/(mg/kg)	
肌肉	≤0.25
肝	≤0.3
肾	≤0.6
磺胺二四嘧啶/(mg/kg)	≤0.1
二氯二甲吡啶酚(克球酚)/(mg/kg)	≤0.01
己烯雌酚	不得检出

肉类腐败变质的分解产物极其繁杂,其检测方法很多,但测定肉中挥发性

盐基氮含量是评定肉新鲜度的客观指标，是国家现行食品卫生标准中唯一的理化指标，能较准确地反映肉品的质量。其他方法，如 pH 的测定、氨的检测、球蛋白沉淀试验、硫化氢试验和过氧化物酶反应等只能作为参考指标，需要进行综合判定。

（1）挥发性盐基氮的测定　挥发性盐基氮（TVB - N）指动物性食品由于酶和细菌的作用，在腐败过程中，使蛋白质分解而产生的氨和胺类等碱性含氮物质，也称为总挥发性盐基氮。此类物质具有挥发性，其含量越高，表明氨基酸被破坏得越多，特别是蛋氨酸和酪氨酸，因此营养价值大受影响。肉在腐败变质过程中，蛋白质分解所产生的氨、伯胺、仲胺、叔胺等，都具有挥发性，其含量随腐败变质的进程而逐渐增加，与肉腐败程度成正比。其检测方法有半微量定氮法和微量扩散法。

鲜（冻）畜肉和鲜（冻）禽肉的挥发性盐基氮国家标准均要求挥发性盐基氮不高于 15mg/100g。

（2）pH 的测定　畜禽生前肉的 pH 为 7.1~7.2。屠宰后由于肉中肌糖原无氧酵解产生乳酸，ATP 分解产生磷酸，使肉的 pH 下降。如宰后在 20℃放置 24h，肉的 pH 可降至 5.6~6.0，此 pH 在肉品工业中称作"排酸"。肉腐败变质过程中，由于蛋白质被分解为氨和胺类等碱性物质，使肉的 pH 上升，可达到 6.7 以上。但由于宰前过度疲劳、患病等因素，肉中肌糖原含量少，分解生成的乳酸量少，这种情况下，即使肉是新鲜的，pH 也较高。因此，pH 可以反应肉的新鲜程度，但不能作为评定肉类新鲜程度的唯一标准。测定方法有比色法和酸度计法。《GB/T 5009.237—2016 食品 pH 值的测定》规定，pH 测定采用 pH 计测定法，其判定标准为：新鲜肉 pH5.8~6.2，次鲜肉 pH6.3~6.6，变质肉 pH6.7 以上。

（3）氨的检验　肉类腐败变质时，蛋白质分解生成氨和胺类等物质，称为粗氨。粗氨含量随着腐败变质程度的加深而增多，可作为鉴定肉类腐败程度的标志之一。氨的含量受动物宰前状态的影响。过度疲劳的动物肌肉中氨的含量能比平时多 1 倍，其宰前疲劳程度也影响测定结果。检测氨的阳性结果不能作为肉腐败变质的绝对指标，应和其他指标一起进行综合判断。肉中粗氨的测定采用纳氏（Nesser）试剂测定，根据溶液颜色的深浅和沉淀物的多少来鉴定肉的新鲜程度，其判定标准见表 6 - 4。

表 6 - 4　纳氏试剂反应结果判定表

试剂滴数	颜色和沉淀	反应结果	氨含量/（mg/100g）	肉的新鲜度
10	淡黄色、透明	−	≤16	新鲜
10	色黄、透明	±	16~20	新鲜

续表

试剂滴数	颜色和沉淀	反应结果	氨含量/（mg/100g）	肉的新鲜度
10	色黄、轻度混浊、稍有沉淀	+	21~30	次鲜
6~9	黄色或橘黄色、有沉淀	++	31~45	变质
1~5	明显的黄色或橘黄、有沉淀	+++	45以上	变质

注：+阳性；-阴性。

（4）硫化氢检验　肉中一些含硫氨基酸在腐败分解过程中释放出硫化氢，其含量能反映出蛋白质的分解程度，因此，可用来鉴定肉的新鲜程度。肉中硫化氢与可溶性铅盐起作用时，产生黑色的硫化铅，因此，检测硫化氢可采用醋酸铅试纸法。根据醋酸铅试纸颜色的变化进行判定，判定标准为：新鲜肉的滤纸条无变化，次鲜肉的滤纸条边缘呈淡褐色，变质肉的滤纸条下部呈褐色或黑褐色。

（5）球蛋白沉淀试验　肌肉中的球蛋白在碱性环境中呈溶解状态，而在酸性条件下则不溶解。新鲜肉呈酸性反应，肉浸液中没有球蛋白存在。肉在腐败过程中，由于肉的pH升高，肉浸液中的球蛋白随之增多。可根据肉浸液中有无球蛋白和球蛋白的多少来检验肉的新鲜程度。根据蛋白质在碱性溶液中与重金属离子结合成沉淀的性质，选用100g/L $CuSO_4$ 溶液作试剂，Cu^{2+} 和其中的球蛋白结合形成蛋白质盐而沉淀。其判定标准为：新鲜肉：溶液呈淡蓝色，完全透明，以"-"表示；次鲜肉：溶液轻度混浊，有时有少量絮状物，以"+"表示；变质肉：溶液混浊并有白色沉淀，以"++"表示。

如果被宰动物宰前过度疲劳或患病的动物，宰后肉在新鲜状态下，也呈碱性反应，可使球蛋白试验呈阳性结果。因此仍需结合其他方法检验的结果进行综合判定。

（6）过氧化物酶反应　健康动物的新鲜肉中，含有过氧化物酶。不新鲜肉，严重病理状态的肉或过度疲劳的动物肉中，过氧化物酶显著减少，甚至完全缺乏。肉中的过氧化物酶能分解过氧化氢，释放出新生态氧，新生态氧使联苯胺指示剂氧化为二酰亚胺代对苯醌，后者与未氧化的联苯胺形成淡蓝色或青绿色化合物，经过一段时间后变为褐色。其判定标准为：①健康动物的新鲜肉，肉浸液立即或在数秒内呈蓝色或蓝绿色；②次鲜肉、过度疲劳、衰弱、患病、濒死期或病死动物肉，肉浸液无颜色变化，或在稍长时间后呈淡青色并迅速转变为褐色；③变质肉，肉浸液无变化，或呈浅蓝色、褐色。

3. 微生物学检验

肉腐败的根本原因是致腐菌大量繁殖的结果。故检验肉的细菌污染情况，不仅是判断肉新鲜度的依据之一，也能反映肉在生产、运输、贮藏、销售过程中的卫生状况。常用的检验项目有细菌菌落总数、大肠菌群最近似数（MPN）、致病菌检验和触片镜检。

（1）细菌菌落总数　细菌菌落总数是指在一定条件下，每克（每毫升）检样所生长出来的细菌菌落总数。国家标准规定的条件是在需氧情况下37℃培养48h，能在普通营养琼脂平板上生长的细菌菌落总数。因此对一些厌氧菌，生长条件要求较高的细菌，在检测时难以繁殖，细菌菌落总数检测结果并不表示实际中的所有细菌总数，只是用来判定食品被细菌污染的程度及卫生质量，菌落总数的多少在一定程度上标志着食品卫生质量的优劣。

菌落总数的测定参照《GB 4789.2—2022 食品微生物学检验　菌落总数测定》的规定进行。

（2）大肠菌群最近似数（MPN）　大肠菌群是指一群能酵乳糖，产酸产气，需氧和兼性厌氧的革兰阴性无芽孢杆菌。该菌主要来源于人畜粪便，故以此作为粪便污染指标来评价食品的卫生质量。

食品中大肠菌群数系以每100g（或100mL）检样内大肠菌群最近似数表示，其检测方法参照《GB 4789.3—2016 食品微生物学检验　大肠菌群计数》的规定进行。

（3）致病菌检验和触片镜检

①检样的采取和送检　《GB/T 4789.17—2003 食品卫生微生物检验方法　肉与肉制品检验》规定：如系屠宰场屠宰后的畜肉，可于开膛后，用无菌刀采取两腿内侧肌肉150g（或劈半后采取背最长肌150g）；如系冷藏或售卖的生肉，可用无菌刀取腿肉或其他部位的肌肉250g。如有病变的，取病变部位及病变淋巴结、浮肿组织、可疑脏器（肝、脾、肾）的一部分。检样采取后，放入灭菌容器内，立即送检（最好不超过3h），送检时应注意冷藏，不得加入任何防腐剂。检样送往化验室后应立即检验或放置冰箱内暂存。

②触片制备：从样品中切取$3cm^3$左右的肉块，浸入酒精中并立即取出点燃灼烧，如此处理2~3次，从表层下0.1cm处和深层各剪取$0.5cm^3$大小的肉块，分别进行触片和抹片。

③染色镜检：将干燥的触片用甲醇固定1min，进行革兰染色后用油镜观察5个视野，同时分别计出每个视野的球菌数和杆菌数，然后求出一个视野中细菌的平均数。

（4）卫生评价与处理

①新鲜肉：触片上几乎不留肉的痕迹，着色不明显。表层肉触片上可看到少数的球菌和杆菌，深层肉触片上无菌。

②次新鲜肉：印迹着色良好，表层见到20~30个球菌和少数杆菌，深层可发现20个左右的细菌，触片上可明显地看到分解的肉组织。

③变质肉：肌肉组织有明显的分解标志，触片标本高度着染，表层和深层的平均菌数皆超过 30 个，其中以杆菌为主；当肉严重腐败时组织呈现高度的分解状态，触片着染更重，表层与深层触片视野中球菌几乎消失，杆菌替换了球菌的优势地位；腐败严重时一个视野可以发现上百个杆菌。

二、冷冻肉的卫生检验

肉在常温下不宜久存，因其易发生腐败变质，所以低温保存被世界各国广泛采用，是较完善的方法之一。肉品的冷冻能切断水分的供应，造成不适于微生物生长的环境，从而阻止微生物在肉上繁殖。低温保藏方法不仅能长时间地保持肉制品的新鲜度，而且不会引起肉的组织结构和性质发生明显的变化，能够基本保持肉品原有的风味和组织结构。

（一）肉冷冻的卫生要求

1. 肉的冷却

肉的冷却是指对严格执行检疫制度屠宰后的畜胴体迅速进行降温处理，使胴体温度（以后腿内部为测量点）在 24h 内降为 0~4℃ 的过程。冷却肉可在短期内有效地保持新鲜度，香味、外观和营养价值都很少变化，同时也是肉的成熟过程。冷却可作为短期贮存畜禽肉的有效方法，同时也是采用两步法冷冻的第一步。由于空气冷却时环境与肉表面温差较大，肉表面水分蒸汽压高而蒸发的水分又仅限于表层，结果冷却肉表面常形成干膜，既阻止了外表微生物的生长与侵入，又减少了肉内水分的干耗。

（1）肉冷却的卫生要求　肉的冷却是在冷却库内进行的，要求冷却库保持清洁并定期进行消毒；吊轨上的胴体之间应保持 3~5cm 的间距，并成品字形排列；不同肥度、不同种类的肉要分别冷却，以确保在相近的时间内冷却完毕；同一等级而体重差异十分显著的肉，应将大者吊挂在靠近风口处，以加速冷却；根据产品和冷却方法的不同，选择适宜的温度、空气流速和湿度；在整个冷却过程中，应减少库门的开关与人员的出入，以维持稳定的冷却条件和减少微生物污染。

（2）畜肉冷却的方法　目前国内外对冷却肉的加工方法主要采用一段冷却法、两段冷却法、超高速冷却法和液体冷却法冷却。

①一段冷却法：在冷却过程中空气温度在 0℃ 或略低。国内的冷却方法是，先将肉温度降到 -3~1℃ 再入冷却库，肉进库后开动冷风机，使库温保持在 0~3℃，10h 后稳定在 0℃ 左右，开始时相对湿度为 95%~98%，随着肉温下降和肉中水分蒸发强度的减弱，相对湿度降至 90%~92%，空气流速为 0.5~1.5m/s。猪胴体和四分体牛胴体约经 20h，羊胴体约经 12h，大腿最厚部中心

温度即可达到 0~4℃。

②两段冷却法：第一阶段，冷却库的温度多在 -15~-10℃，空气流速为 1.5~3.0m/s，经 2~4h，肉表面温度降至 -2~0℃。第二阶段库温为 -2~0℃，空气流速为 0.5m/s，经 10~16h，胴体内、外温度达到平衡，此时为 2~4℃。两段冷却法的优点是干耗小，周转快，质量好，切割时肉流汁少。缺点是易引起冷缩，影响肉的嫩度，但猪肉脂肪较多，冷缩现象不如牛、羊肉严重。

③超高速冷却法：库温 -30℃，空气流速为 1m/s，或库温 -25~-20℃，空气流速 5~8m/s，大约 4h 即可完成冷却。此法能缩短冷却时间，减少干耗，缩减吊轨的长度和冷却库的面积。

④液体冷却法：此法多用于禽类产品的冷却。以冷水或冷盐水（氯化钠、氯化钙溶液）为介质采用浸泡或喷洒的方法进行冷却。该法冷却速度快，要求对产品进行包装，否则会造成肉中可溶性营养物质的流失，因而应用受到限制。

(3) 冷却肉的保存期　冷却肉不能及时销售时，应移入冷藏间进行冷藏。根据国际制冷学会推荐，冷却肉和肉制品的保藏温度和贮存期限如表 6-5 所示。

表 6-5　冷却肉的贮藏条件和贮藏期

品种	温度/℃	相对湿度/%	预计贮藏期/d
牛肉	-1.5~0	90	28~35
羊肉	-1~0	85~90	7~14
猪肉	-1.5~0	85~90	7~14
腊肉	-3~-1	80~90	30
腌猪肉	-1~0	80~90	120~180
去内脏鸡	0	85~90	7~11

2. 肉的冻结

肉中所含的水分部分或全部变成冰，肉深层温度降至 -15℃ 以下的过程，称为冻结，冻结后的肉称为冷冻肉。冷却肉由于贮藏温度在肉的冰点以上，微生物和酶的活动只受到部分抑制，冷藏期短。冻结后的肉，虽然其色泽、香味都不如鲜肉或冷却肉，但能长期贮藏，也能作较远距离的运输，因而仍被世界各国广泛采用。冷冻作用减少了肉中的游离水，并造成不适宜微生物生长的温度，因而该法可有效抑止微生物的生长繁殖。

肉的冻结方法有一次冻结法、两步冻结法和超低温一次冻结法三种。

(1) 一次冻结法　肉在冻结时先经过 4h 风冷，使肉内热量略有散发，沥去肉表面的水分后,直接将肉放进冻结间,保持在-23℃,冻结24h即成。这种方法可以减少水分的蒸发和升华,干耗少,冻结时间短,但牛肉和羊肉会产生冷收缩现象,该法所需制冷量比两步冻结法约高25%。

(2) 两步冻结法　鲜肉先行冷却,而后冻结。冻结时,肉吊挂在保持-23℃库温的冷冻库内,如果按照规定容量装肉,24h内便可使肉深部的温度降到-15℃。这种方法能保证肉的冷冻质量,但所需冷库空间较大,结冻时间较长。

(3) 超低温一次冻结法　将肉放在-40℃冻结间中,只需数小时至10h,肉的中心温度达到-18℃即成。该法冻结后的肉色泽好,冰晶小,解冻后的肉与鲜肉相似。

3. 冻肉的冻藏

(1) 冻肉冻藏的卫生要求　冻结好的冻肉应及时转移至冻藏间冻藏。冻藏间的温度应保持在-21℃~-18℃,温度波动不超过±1℃,相对湿度为95%~98%,空气流动速度应以自然循环为宜。冻藏时,一般采用品字形的堆垛方式,以节省冷库容积,要求垛与垛、垛与墙、垛与顶排管均应留有一定距离。外地调运来的冻结肉,肉温偏高,如经测定肉的中心温度低于-8℃,可以直接入冻藏库,当高于-8℃时,需经过复冻结后,再入冻藏库。经过复冻的肉,在色泽和质量方面都有变化,不宜久存,应尽快销售。

(2) 冷冻肉的冻藏期　冻肉的保存受保藏温度、入库前的质量、种类、肥度、包装方式等因素的影响,很难确定准确的冻藏期。在同一条件下,各类肉保存期的长短,依次为牛肉、羊肉、猪肉、禽肉。

国际制冷学会规定的冻结肉类的冻藏期见表6-6。

表6-6　冻结肉类的冻藏期

品种	保藏温度/℃	冻藏期/月	品种	保藏温度/℃	冻藏期/月
牛肉	-12	5~8	猪肉	-23	8~10
牛肉	-15	8~12	猪肉	-29	12~14
牛肉	-24	18	猪肉片(烤肉片)	-18	6~8
包装肉片	-18	12	碎猪肉	-18	3~4
小牛肉	-18	8~10	猪大腿肉(生)	-23~-18	4~6
羊肉	-12	3~6	内脏(包装)	-18	3~4
羊肉	-18~-12	6~10	猪腹肉(生)	-23~-18	4~6
羊肉	-23~-18	8~10	猪油	-18	4~12
羊肉片	-18	12	兔肉	-23~-20	<6
猪肉	-12	2	禽肉(去内脏)	-12	3
猪肉	-18	5~6	禽肉(去内脏)	-18	3~8

(3) 冻结肉冻藏中的变化 各种肉类经过冻结和冻藏后,都发生一些物理和化学变化,肉的品质受到影响。

①干缩:肉类在冻结过程中会因水分蒸发或升华而使肉重量减轻,这是冻藏中的主要变化。

②变色:冻肉的颜色在冻藏过程中逐渐变暗,主要是由于血红素的氧化以及表面水分的蒸发而使色素物质浓度增加所致。冻藏的温度越低,则颜色的变化越小。在大约 $-80 \sim -50$℃ 变色几乎不再发生。

③脂肪的变化:虽然低温下氧分子的活化能力已大大减弱,但仍然存在。因此,脂肪依然受到氧化,特别是含不饱和脂肪酸较多的脂肪。在各种肉类中,以畜肉脂肪最稳定,禽肉脂肪次之,鱼肉脂肪最差。猪脂膘在 -8℃ 贮藏 6 个月以后脂肪变黄而有油腻气味,经过 12 个月则这些变化扩散到深 $25 \sim 40$mm 处,但在 -18℃ 贮藏 12 个月后肥膘中未发现任何不良现象。

4. 冻肉调出和接收时的卫生监督与检验

(1) 冻肉出库时的卫生监督和检验 从冷库调出冻肉时,卫生检验人员要进行监督、检查冻肉的冷冻质量和卫生状况,检查运输车辆的清洁卫生情况,等将冻肉装上车辆后,要关好车门,加以铅封,而后开具检验证明书后放行。

(2) 接收冻肉时的卫生监督和检验 周转性冷库的卫生检验人员在冻肉到达时,要检查运肉车辆的铅封和兽医检验证明书,并对运输来的冻肉进行质量检验。在敲击试验中发音清脆,肉温低于 -8℃ 者为冷冻良好;发音低哑钝浊,肉温高于 -8℃ 者为冷冻不良。卫生检验人员要检查印章是否清晰,冻肉中有无干枯、氧化、异物、异味污染、加工不良、腐败变质和病肉漏检等情况。并按检验结果填写《入库检验原始记录表》和《商品处理通知单》。《入库检验原始记录表》应记明车船号、到埠时间、发货单位、品名、级别、数量、吨位、肉温、质量情况、存放冷库的库号和货位号。冻肉堆码完毕后应填写"货位卡",注明品名、等级、数量、产地、生产日期等,挂在货位上。对于冷冻不良的冻肉要立即进行复冻,并填写《进库商品供冷通知单》,通知机房供冷。复冻后的肉品要尽快出库销售或使用,不得久存。对于卫生不符合要求的冻肉要提出处理意见,并做好记录,发出《处理通知单》,不准进入冷库。

5. 冻肉在冻藏期间的卫生监督与检验

冻肉在冻藏期间要定期检查库内温度、湿度、卫生情况和冻肉质量情况。发现库内温度和湿度有变化时,要记录好库号和温度、湿度,同时抽检肉温,查看有无软化、变形等现象。已经存有冻肉的冻藏间,不应加装软化肉或鲜肉,以免原有冻肉发生软化或结霜,同时也会对冷库建筑结构产生不良影响。冻藏间要严格执行先进先出的制度,以免贮藏过久而发生干枯和氧化。要注意冻肉的安全期，对于临近安全期的冻肉要采样化验，做好产品质量分析和预报工作，防止冻肉干枯、氧化及腐败变质，根据我国商业系统的冷库管理办法，各种肉的冻藏安全期见表6-7。

表6-7 各种产品的冻藏安全期

品名	库房温度/℃	安全期/月
冻猪肉	-18~-15	7~10
冻牛、羊肉	-18~-15	8~11
冻禽、兔肉	-18~-15	6~8
冻鱼肉	-18~-15	6~9

卫检人员在检查后，要按月填报《冻肉质量情况月报表》，反映冻肉质量情况。表内应包括库号、货位号、品名、生产日期、入库日期、数量、吨数、产地、质量情况等内容。

6. 冷冻肉的解冻和检验

肉的解冻方法根据解冻媒介不同可分为空气解冻、流水解冻、真空解冻、微波解冻等。在肉类工业中大多采用空气解冻和水解冻。

（1）空气解冻 是利用空气和水蒸气的流动使冻肉解冻。

①缓慢解冻：解冻间空气的温度为0℃左右，相对湿度为90%~92%，随后逐渐升温，18h后，空气温度升至6~8℃。并降低其相对湿度，使肉表面很快干燥。肉的内部温度达到2~3℃，约需3~5d，解冻即完成。解冻后的肉，再吸收水分，能基本恢复鲜肉的性状，但需要较多的场地、设备和较长的时间。

②室温下空气解冻：通常情况下，空气解冻在室温下进行，如在20℃条件下采用风机送风使空气循环，一般1d即可完成解冻。解冻过快，会使冰晶融化形成的水分不能完全再吸收而流失，影响解冻肉的品质。

（2）流水解冻 是利用4~20℃流水浸泡的方法使冻肉解冻。这种方法会造成肉中可溶性营养物的流失和微生物的污染，使肉的色泽和质量都受到影响。这种方法有许多弊病，但由于条件所限，仍有许多单位采用。

解冻肉的质量变化主要表现为肉汁流失导致的肉的重量减轻，以及水溶性维生素和肌浆蛋白等的营养成分减少；如果是反复冻结肉，则会导致组织结构差，形成胆固醇氧化物等。解冻肉的检验可分为感官检查、微生物检验和理化检验三个方面，其检验方法、感官指标和理化标准均同肉的新鲜度的检验。

7. 冻肉常见的异常现象及其处理

（1）发黏 发黏多见于冷却肉。原因是在冷却过程中吊挂胴体相互接触，降温较慢，通风不好，导致明串珠菌、微球菌、无色杆菌和假单胞菌等在接触处繁殖，并在肉表面形成黏液样物质，手触之有黏滑感，甚至起黏丝，同时还发出一种陈腐气味。这主要是入库时肉表面污染细菌数量较大，当肉表面细菌繁殖到 $10^7 \sim 10^8$ 个$/cm^2$ 时，即可出现发黏现象。若发现较早，无腐败现象时，在洗净、风吹散味后，或者修割后可供食用。

（2）干枯　冻肉存放过久，特别是反复冻融，肉中水分丧失，则发生干枯。轻者应尽快食用；严重者味同嚼蜡，形如木渣，营养价值低，不得食用。

（3）脂肪氧化　冻肉存放过久或受到日光照射影响，脂肪会氧化变为淡黄色，同时产生不良的哈喇气味。轻者氧化仅限于表层，可将表层削去作工业用，深层经煮沸试验无酸败味者，可供加工后食用，否则做工业用。

（4）发光　在冷库中常见肉上有磷光，这是由发光杆菌引起的。肉表面上有发光现象（一般是假单孢杆菌、产碱杆菌、黄色杆菌等产生的混合荧光）时，一般无腐败菌生长。若有腐败菌生长时，肉表面磷光现象便消失。发光的冻肉应尽快经卫生处理后供食用。

（5）变色　冻肉色泽的变化，除自身血红素氧化作用外，常常是某些细菌分泌了水溶性或脂溶性色素的结果。这些细菌包括假单胞杆菌、产碱杆菌、明串珠菌、微球菌、变形杆菌等。变色的肉如无腐败现象，可进行卫生清除和修割后加工食用，如出现腐败禁止食用。

（6）发霉　霉菌在肉的表面生长时，形成白点或黑点。小白点由肉色分枝孢霉所引起，直径 2~6mm，很像石灰水点，这种白点多在肉表面，抹去后不留痕迹，肉可供食用。小黑点由蜡叶芽枝霉引起，直径 6~13mm，一般不易抹去，有时侵入深部，如黑点不多，可修去黑点部分后供食用。

(二) 冷库的卫生管理

冻肉的卫生检验与冷库的卫生管理是相辅相成、缺一不可的两部分工作。冷库卫生管理好，不仅能保证冷冻肉品的卫生质量、降低干耗、减少霉变和鼠害，同时能延长冷库的使用期。冷库的卫生管理包括冷库建筑设备的卫生、冷冻加工和冷藏的卫生、冷库的消毒、除霉和灭鼠等工作。

1. 冷库建筑设备的卫生

冷库是进行冷冻肉品加工和冻肉贮存的场所，其建筑设备的卫生状况与肉品卫生质量关系较为密切。冷库选择的地址应远离污染源。冷库建筑时地基要打深，用石头和混凝土铸成，库内墙里应有 1m 高的护墙铁丝网，每个冷冻间的门口设置挡板防鼠。冷库的内墙用防霉涂料涂布。库内照明加保护罩。吊轨要防止生锈落屑，滑轮加油要适量，以免油污滴在肉上。冷库内的架子、钩子、冷冻盘、小车等用具和设备应用不锈钢制成或镀锌防锈。库内垫板要清洁，定期更换洗刷，晾晒灭菌。

2. 冷库的卫生管理

在操作过程中要防止胴体落地，如果落地要进行卫生处理。堆码与进出库搬动时不得用鞋踩踏冻肉，要坚持先进先出，以防肉品变质。冷库每次出完肉后要彻底打扫卫生，清除冰霜，工具、车辆用热碱水清洗消毒，冷库每年应消毒1~2次，走道要经常清扫。常用乳酸法、二氧化碳法、臭氧法、漂白粉法等进行冷库的消毒。冷库内有霉菌生长或有鼠害时，应立即采取措施除霉、灭鼠。不符合卫生要求的肉，一律禁止入库或出库。

三、熟肉制品的卫生检验

熟肉制品是指以畜肉、禽肉为主要原料，经酱、卤、熏、烤、腌、蒸、煮等任何一种或多种加工方法而制成的直接可食的肉类加工制品。熟肉制品既是一种加工方法，又是一种用加热处理来防止肉品腐败变质以延长保存期的手段。熟肉制品在我国各地都有生产，形成了一些具有独特风味的产品，如酱汁肉、酱牛肉、烤鸭、肉松、肉干、烧鸡、灌肠等。熟肉制品具有直接进食的特点，对其加工的卫生监督和卫生管理要求更为严格，否则，将成为食物中毒的重要原因之一。

（一）熟肉制品的加工卫生

1. 原料的卫生要求

加工熟肉制品的原料肉必须来自健康的畜禽，并经兽医卫生检验合格。加工熟肉制品的佐料必须符合《GB 2760—2014 食品添加剂使用标准》的规定。凡有霉变或质量达不到卫生要求的辅料，都不能用来生产熟肉制品。熟肉制品加工厂或肉联厂中的熟制品加工车间的生产用水，必须符合《GB 5749—2022 生活饮用水卫生标准》的规定。

2. 加工过程的卫生要求

熟肉制品加工车间的地面和墙壁，都应以不渗水的材料建成，并且要有良好的防鼠、防蝇、防虫措施。原料整理与熟制过程的设备和用具必须严格分开，并有专用冷藏间。所有生产用具要求清洁卫生。生产过程中原料肉和佐料要求用清洁的容器盛放，不得堆放在地板上。若加工过程中落地的原料肉需经彻底清洗后才能继续加工，在整理原料肉时如发现不适合加工的肉，应及时报告卫检人员，以便按规定处理。在熟制过程中，应严格遵守操作规程，必须做到烧熟煮透。

3. 工作人员的卫生要求

所有加工熟制品的操作人员，应按卫生制度保持个人卫生，定期进行健康检查，肠道传染病患者和带菌者都不得参加熟肉制品的生产和销售工作。

4. 产品保存、发送和接收时的卫生要求

熟肉制品在发送或提取时，要求有专人对车辆、容器和包装用具等进行检查，运输过程中要防止污染。较长距离的运输就采用带有制冷设备的专用车辆。销售单位在接收时就严格检验，对不符合卫生质量的熟肉制品应拒绝接收。除肉干等脱水熟肉制品外，要以销定产，随产随销，做到当天生产当天销售。除真空包装的产品、腌熏制品外，其他熟制品隔夜回锅加热，夏季存放不超过12h。若生产量大必须贮藏者，应在0℃左右存放，销售前应进行卫生指标检验。从生产到销售环节都要减少污染。

（二）熟肉制品的卫生检验

1. 感官检验

感官检验主要检查肉制品外表和切面的色泽、组织状态、气味、有无黏液、霉斑等，以判定有无变质、发霉、发黏和污染物等。夏秋季节，还应注意有无苍蝇停留的痕迹及蝇蛆，这对于整只鸡、鸭非常重要，因为苍蝇常产卵于它们的肛门、口、腿、耳等部位，蝇卵孵化后进入体腔，此时气味和色泽往往正常，但内部已污染，故要特别注意检查。

2. 实验室检查

应定期进行理化检验和微生物检验。理化检验主要检测亚硝酸盐的残留量和水分含量。微生物检验的项目则主要包括细菌菌落总数的测定、大肠菌群最可能数的测定和致病菌的检验。

3. 熟肉制品国家卫生标准（GB 2726—2016）

（1）感官指标：无异味、无异物，无正常视力可见外来异物，无焦斑和霉斑。

（2）理化指标见表6–8。

表6–8 熟肉制品理化指标

项目	指标
水分/（g/100g）	
肉干、肉松、其他熟肉干制品	≤20.0
肉脯、肉糜脯	≤16.0
油酥肉松、肉粉松	≤4.0
复合磷酸盐[①]（以PO_4^{3+}计）/（g/kg）	
熏煮火腿	≤8.0
其他熟肉制品	≤5.0
铅（Pb）/（mg/kg）	≤0.5

续表

项目	指标
无机砷/（mg/kg）	≤0.05
镉（Cd）/（mg/kg）	≤0.1
总汞（以 Hg 计）/（mg/kg）	≤0.05
苯并（a）芘[②]/（μg/kg）	≤5.0
亚硝酸盐[③]/（g/kg）	
肉制品	≤0.03
肉类罐头	≤0.05

注：①复合磷酸盐残留量包括肉类本身所含磷及加入的磷酸盐，不包括干制品。
    ②限于烧烤和烟熏肉制品。
    ③参照《GB 2760—2014 食品添加剂使用标准》的规定进行。

（3）微生物指标见表6-9。

表 6-9　熟肉制品微生物指标

项目	指标
菌落总数/（CFU/g）	
烧烤肉、肴肉、肉灌肠	≤50000
酱卤肉	≤80000
熏煮火腿、其他熟肉制品	≤30000
肉松、油酥肉松、肉粉松	≤30000
肉干、肉脯、肉糜脯、其他熟肉干制品	≤10000
大肠菌群/（MPN/100g）	
肉灌肠	≤30
烧烤肉、熏煮火腿、其他熟肉制品	≤90
肴肉、酱卤肉	≤150
肉松、油酥肉松、肉粉松	≤40
肉干、肉脯、肉糜脯、其他熟肉干制品	≤30
致病菌（沙门菌、金黄色葡萄球菌、志贺菌）	不得检出

注：进行微生物学检查时熟肉制品样品的采取和送检要求如下。
①家禽：用灭菌棉拭采胸部和腹部各 $10cm^2$，背部 $20cm^2$，头、肛各 $5cm^2$，共 $50cm^2$。
②烧烤肉制品：用灭菌棉拭采正面（表面）$20cm^2$、里面（背面）$10cm^2$、四边各 $5cm^2$，共 $50cm^2$。
③棉拭采样方法：用板孔面积 $5cm^2$ 的金属制板规压在检样上，将灭菌棉拭稍蘸湿，在板孔 $5cm^2$ 的范围内揩抹 10 次，然后另换一个揩抹点，每个规格板揩一个点，每支棉拭揩抹 2 个点（即 $10cm^2$），一个检样用 5 支棉拭，每支揩后立即剪断（或烧断），均投入盛有 50mL 灭菌水的三角瓶或大试管中立即送检。
④其他熟肉制品（酱卤肉、肴肉）、灌肠、香肚和肉松等：一般可采取 200g，做称量法检验（整根灌肠可根据检验需要，采取一定数量的剪样）。

四、腌腊肉制品的卫生检验

腌腊肉制品是我国传统的肉制品之一,指畜禽肉通过加盐(或盐卤)和香料进行腌制后,再经风晒做形加工而成。这既是肉类的保藏手段,也是改善肉制品风味的一种加工方法。腌腊肉制品的特征为肉质细致紧密,色泽红白分明,滋味咸鲜可口,风味独特,便于携带和贮藏,主要包括腊肉、咸肉、火腿、广式腊肉、板鸭等。

腌腊肉制品加入一定量的盐对微生物有一定的抑制作用,但有些耐盐菌和嗜盐菌在高浓度甚至饱和盐水中也能繁殖,因此必须加强对腌腊肉制品加工和保存中的卫生监督和卫生管理。

(一)腌腊肉制品的加工卫生

1. 原料符合卫生要求

原料肉必须来自健康的畜禽,并经卫生检验人员检验合格。加工时必须割净全部淤血、伤痕、患有传染病和放血不良的肉不得加工腌腊肉制品。腌制前原料肉必须充分风凉,以免在腌制作用前就发生自溶或变质。腌腊肉制品所用的各种辅料(如食盐、香料、酱油、酱色等)都必须符合国家卫生质量标准。

2. 保持腌制室和制品保藏室的适宜温度和清洁卫生

腌制室的温度应保持在 2~4℃,防止腌制过程中半成品或成品腐败变质。所有用于腌制的设备和工具等,都必须保持清洁卫生。用过的腌缸要及时用热水清洗、消毒后才能再次使用。每天工作完毕,要用热水清洗整个车间和各种用具,每 5 天全面消毒一次。成品验收质量检验人员要对成品进行品质规格和卫生质量的检验,合格者加盖检印。各种腌腊肉制品有不同的规格要求和分级。室内要求清洁、干燥、通风,并采取有效的防蝇、防鼠、防虫等措施。

3. 注意个人卫生

腌制品的所有加工人员应定期检查身体,有传染病、肠道类疾病和化脓性外科疾病者,不准参加制造腌腊肉制品的加工工作。注意个人卫生,还包括工作服和手套应经常保持清洁。

(二)腌腊肉制品的卫生检验

腌腊肉制品的卫生检验,一般以感官检验为主,根据外观、组织状态、气味、煮沸后肉汤等几方面判定其新鲜度。实验室检验主要是测定食盐、亚硝酸盐、水分含量和酸值。

1. 感官检验

腌腊肉制品感官检验,一般采用简便易行、效果确实的看、刺、切、煮、查的方法进行。腌腊制品的感官应符合《GB 2730—2005 腌腊肉制品卫生标准》的规定,应无黏液、无霉点、无异味、无酸败味。

(1) 看 从肉的表面和切面观察其色泽和硬度以判断其质量好坏;方法从腌肉桶(池)内取出上、中、下三层有代表性的肉,查看其表面和切面的色泽和组织状况是否符合卫生质量。

(2) 刺 检测腌腊肉制品深部的气味,方法是在肉制品的骨骼、关节附近将特制竹签刺入深部,拔出后立即嗅察气味,评定是否有异味和臭味。在第二次插签前,需擦去签上前一次沾染的气味或另行换签。当连续多次嗅检后,嗅觉可能对气味变得不敏感。故经一定操作后要有适当的间隙,以免误判。

整片腌肉常用五签法。第一签,从后腿肌肉(臀部)插入髋关节及肌肉深处;第二签,从股内侧透过膝关节后方的肌肉插向膝关节;第三签,从胸部脊椎上方朝下斜向插入背部肌肉;第四签,从胸腔肌肉斜向前肘关节后方插入;第五签,从颈椎骨上方斜向插入肩关节。

火腿和腌猪后腿插签的部位是:第一签在腰椎骨与髋骨之间插向腰椎骨以下肉层;第二签在髋关节附近偏腰椎骨一端插向髋骨下深肉层;第三签在膝关节附近插向深肉层。

当插签发现某处有腐败气味时,应立即换签。插签后的孔眼用油脂封闭,以利于保藏。使用过的竹签用碱水煮沸消毒。

(3) 切 切是在看和刺的基础上,对内部质量产生怀疑时所采用的辅助方法。它是用刀切开肉来进一步检查内部情况,或选肉最厚的部位切开,检查断面肌肉和肥膘的状况。

(4) 煮 必要时还可将腌腊肉制品进行煮制,品评熟腌腊肉的气味和滋味。

(5) 查 查是对腌腊肉制品进行生产场地和原材料状况的追踪检查。

①腌制卤水的检查:良好的腌肉,其卤水应当透明带红色,无泡沫,不含絮状物,无不良气味,pH 为 5.0~5.2。已腐败的腌肉,其卤水呈血红色或污秽的褐红色,浑浊不清,有泡沫及絮状物,有异味,pH 多在 6.8 以上。卤水的 pH 测定时先加热 70℃使卤水中的蛋白质凝结,待其沉淀后用滤纸滤过,然后进行测定。

②制品虫害检查:各种腌腊肉制品,在保藏期间由于回潮而容易出现各种虫害。常见虫害有酪蝇、火腿甲虫、红带皮蠹、白腹皮蠹、火腿螨和齿蠊螨等。为了发现上述害虫,可于黎明前在腌腊肉制品堆放处静听和观察,有虫存

在时常发出沙沙声,若发现成虫则有可能有幼虫存在。对于蝇蛆的检查,主要利用白天有无飞蝇逐臭的现象,若有则表示有蛆的存在,可将制品再次投入卤水池,全部浸没于卤水中,蝇蛆则很快致死漂浮,也可以使用除虫菊酯喷洒仓库墙壁以灭虫。

2. 实验室检验

腌腊肉制品中的微生物不易生存和繁殖,在实践中,腌腊肉制品可能出现的质量问题主要是食盐含量、亚硝酸盐残留量、某些品种的含水量等超标,以及在保藏过程中发生的脂肪氧化酸败(即哈喇味)和霉变。所以,腌腊肉制品的实验室测定项目主要有亚硝酸盐含量、食盐含量、水分含量和酸值、过氧化值、三甲氨氮含量等。

3. 腌腊肉制品理化指标

腌腊肉制品理化指标《GB 2730—2005 腌腊肉制品卫生标准》见表6-10。

表6-10 腌腊肉制品理化指标

项目	指标
过氧化值(以脂肪计)/(g/100g)	
火腿	≤0.25
腊肉、咸肉、灌肠制品	≤0.50
非烟熏、烟熏板鸭	≤2.50
酸值(以脂肪计)(KOH)/(mg/g)	
腊肉、咸肉、灌肠制品	≤4.0
非烟熏、烟熏板鸭	≤1.6
三甲胺氮/(mg/100g)	
火腿	≤2.5
铅(Pb)/(mg/kg)	≤0.2
无机砷/(mg/kg)	≤0.05
镉(Cd)/(mg/kg)	≤0.1
总汞(以Hg计)/(mg/kg)	≤0.05
苯并(a)芘[1]/(μg/kg)	≤5.0
亚硝酸盐残留量[2]/(g/kg)	
肉制品	≤0.03

注:[1]仅适用于经烟熏的腌腊肉制品。

[2]参照《GB 2760—2014 食品添加剂使用标准》的规定进行。

（三）腌腊肉制品的卫生评价

（1）腌腊肉制品感官指标应符合一级和二级鲜度的要求，变质者不准出售，应予销毁。

（2）凡亚硝酸盐含量超过国家卫生标准者，不得销售食用，应作工业用或销毁。

（3）腌腊肉制品的各项理化指标均应符合国家标准的规定。水分、食盐、酸值、挥发性盐基氮等超标者，可限期内部处理，但不得上市销售，如感官变化明显，则不得食用，应予销毁。

（4）凡表层有发光、变色、发霉等，如无腐败变质现象，可进行卫生清除或修割后供作食用。

（5）在香肠、香肚的肉馅中发现蝇蛆、鼠粪，在火腿、板鸭等深部发生严重虫蚀成蜂窝状者，应作工业用。

五、肉类罐头的卫生检验

肉类罐头是指将符合标准要求的原料肉经预处理、分选、加热、装罐、密封、杀菌冷却而制成的具有一定真空度的食品。它是一种特殊形式的肉品加工方法和保藏方法。由于罐头食品具有耐长期贮存、容易运输、便于携带、食用方便、能够调节食品供应的季节性和地区性余缺等优点，而备受消费者喜欢，尤其能满足人们野外工作和旅游的需要。

（一）肉类罐头的加工卫生

肉类罐头的种类和规格较多，不同厂家的加工方法也不完全相同，但基本生产工艺流程是：原料验收（冻肉解冻）→原料预处理→装罐（加调味料）→排气→密封→杀菌→冷却→保温→检验→包装→入库。

1. 原料验收与处理的卫生要求

（1）原料验收　原料肉必须来自非疫区的健康畜禽，并经卫生人员检验合格后才能用于生产罐头。凡是病畜禽肉、急宰畜禽肉、放血不良畜禽肉及复冻的畜禽肉，都不能用来生产罐头。

生产肉类罐头的所有辅料均应符合国家卫生标准。任何发霉、生虫及腐败变质的辅料，均不能用来制作罐头食品。

生产用水必须符合国家生活饮用水卫生标准的要求。

（2）原料预处理　原料肉应保持清洁卫生，不得随意乱放及接触地面，不同的原料肉应分别处理，如刚屠宰的热鲜肉应及时进行充分的冷却，以免在加工前发生自溶或腐败变质。用于生产罐头的冷冻肉最好是采用缓慢解冻法解冻。急用时，也可用室温或蒸汽解冻法。原料加工前必须用流水彻底清洗干净。经处理后的禽肉不得带有小毛、外伤、淤血、奶脯、淋巴结等。原料肉经预煮漂烫处理后，需迅速冷却至规定的温度，并快速投入下一道工序，防止堆积造成嗜热性细菌的生长繁殖。

2. 防止交叉污染

在加工过程中，原料、半成品、成品等处理工序必须分开，防止互相污染。工作人员调换工作岗位有污染食品可能性时，必须更换工作服、洗手和消毒。

3. 罐头容器的检查、处理及装罐、密封

（1）罐头容器　罐头容器要求有良好的机械强度、良好的抗腐蚀性和密封性，同时安全无害。按材料的性质可分为金属罐、玻璃罐和软质材料三大类。

①金属罐：最常用的金属罐为马口铁，其次为铝材和镀铬钢板。马口铁为镀锡薄钢板，对马口铁罐的要求是凡有砂眼、密封不严、折损或锈蚀等缺陷的罐盒，均不能用于生产罐头食品；马口铁罐中的铅含量不得超过 0.04%；罐盒内壁涂料膜必须完整，有损伤者需补涂后方可选用，否则会和肉类食品发生反应，在内壁产生硫化斑，从而影响产品外观。合金铝具有良好的延展性，质量轻，能耐一定腐蚀，常用于制造两片罐，特别是用于制造小型冲底罐和易开罐等。镀铬钢板又称无锡钢板，可以代替马口铁。

②玻璃罐：玻璃的化学性质稳定，能较好地保持产品的原有风味，便于观察内容物，可以多次重复使用，比较经济，被广泛使用。缺点是机械性能差，不能长期保持密封性，使用方面受到一定的限制。

③软罐头复合膜：这是由 3 层或 4 层薄膜复合而成的食品袋。其特点是质量轻，体积小，柔韧性好和易开启，在正常温度下能保存食品半年以上，它还可以在水中煮烫，携带和使用都很方便。外层为聚酯薄膜，中层为不透气、不透湿、不透光的铝箔，内层是一层酸性聚乙烯或聚丙烯。也有在铝箔与聚乙烯层之间再加一层聚酯薄膜的。检查时应注意复合膜有无缺陷和破损。

（2）罐头容器的处理　金属罐和玻璃罐可采用热水消毒或蒸汽消毒，倒置沥干后备用。软罐头复合膜需经紫外线杀菌处理后方可使用。

（3）装罐　经预处理的原料或半成品应迅速装罐，必须严格遵守罐头加工卫生制度和有关规定，按要求将混入的杂物和不合格的肉块剔除，并严格控制干物质的重量和顶隙。在装罐过程中应注意避免原料受到微生物的污染。装罐包括装料（肉料及作料、汤汁）、称量和压紧三个步骤。

（4）排气　装罐后应立即排气，使罐内形成一定的真空度和缺氧条件，在缺氧条件下，细菌芽孢将受到抑制而不能发育，真空缺氧还可以缓解对罐皮的腐蚀作用，也可防止食品被氧化，减少色、香、味的改变。

（5）密封　罐头食品之所以能够长期保存，主要是罐头经过杀菌后，罐头容器的密封性使内容物与外界隔绝，食品不再受到外界空气的作用和微生物的污染，从而不致引起的腐败变质。罐头容器一般用真空封罐机进行密封，密封后必须进行密封度检验，一般要求罐内真空度为 3.3~4.0kPa。

4. 杀菌

杀菌是罐头食品生产中最重要的环节，其目的在于杀灭罐内存在的致病菌和腐败菌，破坏食物中的酶，在罐内形成一定的真空度或酸碱性等条件，抑制残留细菌和芽孢的繁殖，从而使罐头食品在保质期内保藏时不变质。

肉类罐头采用高温杀菌法。即由常温逐渐升温，在15min后达到120℃，保持该温度60min，然后在20min内再降至常温。酸度较高的水果罐头常采用低温间歇多次杀菌法，杀菌温度在70~80℃。

5. 保温试验

罐头在经第一次外观检查剔除不合格者之后，需进行保温试验，以排除由于微生物生长繁殖而造成内容物腐败变质的可能性，保证罐头食品在保质期限内保持其卫生质量。保温试验就是将罐头放置在适合于大多数微生物生长的温度（37℃±2℃）条件下保温5~7d，然后进行观察和逐个进行敲击，以剔除胖听、漏汁和有鼓音的罐头。

胖听是罐头的体积胀大，致使容器外形改变的一种现象。胖听一般是由微生物繁殖或是金属罐受到酸性食品的腐蚀，产生了大量的氨、二氧化碳、硫化氢、氮或其他物质引起。密封度不好的罐头虽不发生胖听现象，但可在罐盒表面出现流痕。胖听并不一定都是微生物生长繁殖的结果。内容物装量过多或罐内真空度不够也会产生胖听，这种胖听称为假胖听或物理性胖听。保温试验时需区别不同性质的胖听罐。

保温试验的不足之处是不能把所有因微生物生长繁殖而造成变质的罐头都检验出来。这是因为：①并不是罐头中所有的微生物生长繁殖时都会产生能使罐头膨胀的气体；②不同微生物生长繁殖的最适温度是不相同的；③经杀菌处理其活力减弱的芽孢在成品保温试验所规定的时间内虽然不能增殖，但在保存期间更长的时间内，有可能增殖到引起罐头变质的程度。

6. 加强罐头生产过程的管理

在肉罐头生产过程中，还应该加强生产车间的卫生管理，经常保持清洁卫生。车间内不得堆积残屑，不得有蚊、蝇或其他昆虫进入。车间内所有用具在加工前和下班后必须清洗，做好日常消毒工作。生产人员必须遵守各种卫生制度，注意个人卫生，定期进行健康检查。检验人员必须按要求从每天的产品中抽样检验，并随时注意检查工人操作卫生情况。

（二）肉类罐头的卫生检验

肉类罐头的检验项目主要有感官检验、理化检验和微生物检验。

1. 感官检验

（1）外观检验　首先仔细检查确认罐头的生产日期，以判断该罐头是否在保质期内。然后检查接缝和卷边是否正常，焊锡是否完整均匀，卷边处有无漏水透气、汤汁流出、罐体有锈斑和凹陷变形等。如有锈斑，应先刮去锈层，仔细观察有无穿孔，必要时可借助放大镜查看，并用控针探测。进行敲打检查，良好的罐头，盖面凹陷，发出清脆的实音，不良罐头表面膨胀且发音不清脆，有鼓音或浊音则可能为胖听。胖听的形成原因不同，可分为生物性胖听、化学性胖听和物理性胖听三类。其发生原因和处理见表6-11。

表6-11　罐头几种胖听的鉴别和处理

胖听类别	胖听的原因	鉴别					处理
		敲打检查	按压试验	膨胀试验	真空度检查	穿孔检查	
生物性胖听	由于罐内的细菌发育，产生气体而引起	有内容物空虚的感觉，发出鼓音	用手指强压罐盖不能压下或除压力后立即恢复	置37℃温箱内经5~7d，膨胀更显著	真空度为1~3atm	逸出气体，并有腐败气味	工业用或销毁
化学性胖听	由于罐头酸性内容物与金属容器作用产生氢气而引起	有内容物空虚的感觉，发出鼓音	用手指强压罐盖不能压下或除压力后立即恢复	置37℃恒温箱内经5~7d，无显著变化	真空度为1~3atm	有气体逸出，无腐败气味，但常有酸味或不快的金属气味	工业用或销毁

续表

胖听类别	胖听的原因	鉴别					处理
		敲打检查	按压试验	膨胀试验	真空度检查	穿孔检查	
物理性胖听	由于食品在装罐时温度过低,装入食品过多而引起	有内容物充实的感觉,发实音	用手指强压往往形成不能恢复原状的凹陷	置37℃恒温箱内经5~7d,无显著变化	真空度不到1atm	无气体逸出	如内容物无变化则允许食用,但宜在食用时煮沸30min
	由于内容物冻结时罐内水分膨胀而致	有内容物充实的感觉,发实音	用手指强压往往形成不能恢复原状的凹陷	置37℃恒温箱内经5~7d,无显著变化	真空度不到1atm	无气体逸出	如内容物无变化则允许食用,但宜在食用时煮沸30min
	在高气压地区制造后运到低气压地区,由于罐内压力相对升高而引起	有空虚的感觉,发鼓音	用手指强压罐盖,一般能被压下去,但去压力后,又见恢复膨胀状态	置37℃恒温箱内经5~7d,无显著变化			如果罐头出产地与检验地区的地势高低存在很大差异,且确证无其他原因者准于食用(这种膨胀往往是成批出现)

注:1atm = 1.01325×10⁵Pa。

（2）密闭性检查　主要检查卷合槽和接缝处有无漏气的孔眼,有无汤汁流出。如果肉眼看没发现,应将商标除去,洗净擦干,然后将把罐头浸没于水中,水面高于罐头5cm。放置5~7min,在此期间,有一连串气泡在罐体上出现,则证明该罐头密封性不良；若仅有2~3个气泡出现在卷边或接缝处,则可能是卷边处或折缝处原来含有空气,而不是漏气。

（3）真空度测定　真空度的测定能够鉴定罐头的优劣,同时也能判断排气和密封工序的操作是否符合规定。真空度常用真空表测定。方法是右手拇指和食指夹持真空表,使其下端对罐盖中央,用力下压空心针刺穿罐盖,按表盘指针读取真空度。注意针尖周围的橡胶垫一定紧扣罐盖,以杜绝空气进入罐内。正常情况下罐在室温下的真空度应为 24~50.66kPa。

(4) 容器内壁检验 观察罐身及底盖内壁有无腐蚀,有无生锈,涂膜有无脱落等。

(5) 内容物检查

①组织形态和色泽检查:先把罐头放在 80~90℃ 的热水中,加热至汤汁融化后打开罐盖,将内容物倒入清洁的搪瓷盘中,观察其形态结构,并用玻璃棒轻轻拨动,检查其组织是否完整、块形大小和数量是否合格。同时鉴定内容物中的固形物的色泽是否符合标准。收集刚做完组织形态鉴定的罐头的汤汁,注入 500mL 量筒中,静置 3min 后,观察其色泽和澄清程度,并称量。

②风味检查:用勺盛取罐内容物,先闻其气味,再品尝其滋味,鉴定其是否具有应有的风味。

③杂质检查:用玻璃棒拨动内容物,仔细观察罐内容物中有无小毛、碎骨、血管、血块、淋巴结、草木、砂石及其他杂质等存在。

2. 理化检验

罐头食品种类较多,加工工艺差别较大,理化检验项目不尽相同。加工过程中与各种金属加工机械、管道、容器和工具的接触,可能会被锡、铜、铅等金属污染。肉类罐头在生产过程中会添加亚硝酸盐和复合磷酸盐类。因此,理化检验一般包括净重、氯化钠含量、重金属含量、亚硝酸钠含量等检测项目。

3. 微生物检验

罐头食品的微生物检验参照《GB 4789.26—2023 食品微生物学检验 商业无菌检验》的规定进行,主要检验沙门菌属、志贺菌属、葡萄球菌和链球菌属、肉毒梭菌、魏氏梭菌等能引起食物中毒的病原菌。

4. 罐头食品的卫生标准

(1) 肉类罐头

肉类罐头卫生标准应符合《GB 13100—2005 肉类罐头》的规定。

①感官指标:容器密封完好,无泄漏、胖听现象存在;容器内、外表面无锈蚀,内壁涂料完整;内容物具有该品种肉类罐头应有的色泽、气味和滋味,无杂质。

②理化指标:理化指标见表 6-12。

表 6-12 肉类罐头理化指标

项目	指标
无机砷 / (mg/kg)	≤0.05
铅 (Pb) / (mg/kg)	≤0.5

续表

项目	指标
锡（Sn）/（mg/kg）	
镀锡罐头	≤250
总汞（以 Hg 计）/（mg/kg）	≤0.05
镉（Cd）/（mg/kg）	≤0.1
锌（Zn）/（mg/kg）	≤100
亚硝酸盐（以 NaNO$_2$ 计）/（mg/kg）	
西式火腿罐头	≤70
其他腌制类罐头	≤50
苯并（a）芘*/（μg/kg）	5

* 仅适用于烧烤和烟熏肉罐头。

③微生物指标：罐头微生物指标应符合商业无菌的要求。

（2）鱼罐头国家卫生标准

鱼罐头卫生标准应符合《GB 14939—2005 鱼类罐头》的规定。

①感官指标：外观容器密封完好，无泄漏、胖听现象存在，容器外表无锈蚀，内壁涂料无脱落。

内容物感官指标见表 6 - 13。

表 6 - 13   鱼罐头内容物感官指标

分类	指标及规定
红烧类	色泽：肉色正常，具有红烧鱼罐头的酱红褐色，略带黄褐色，或呈该品种鱼的自然色泽
	滋味和气味：具有各种鲜鱼经处理、烹调、装罐、加调味液制成的红烧鱼罐头应有的滋味和气味，无异味
	组织和形态：组织紧密适度，鱼体小心从罐内倒出时，不碎散，整条或段装，大小大致均匀
	杂质：不允许存在
茄汁类	色泽：肉色正常，茄汁为橙红色，鱼皮为该品种鱼的自然色泽
	滋味和气味：具有各种鲜鱼经处理、装罐、加调味液后的番茄酱制鱼罐头应有的滋味和气味，无异味
	组织和形态：组织紧密适度，鱼体小心从罐内倒出时，不碎散，鱼块应竖装（按鱼段）排列整齐，块形大小均匀
	杂质：不允许存在

续表

分类	指标及规定
鲜炸类	色泽：肉色正常，呈该品种的酱红褐色或棕黄褐色 滋味和气味：具有各种鲜鱼经处理、油炸、调味、装罐制成的鲜炸鱼罐头应有的滋味和气味，无异味 组织和形态：组织紧密适度，鱼体小心从罐内倒出时，不碎散，整条或段装，大小大致均匀 杂质：不允许存在
清蒸类	色泽：具有新鲜鱼的光泽，略显淡黄色 滋味和气味：具有新鲜鱼经处理、装罐、加盐、糖制成的清蒸鱼罐头应有的滋味和气味，无异味 组织和形态：组织柔嫩，鱼体小心从罐内倒出时，不碎散，鱼块竖装，块形大小均匀 杂质：不允许存在
烟熏类	色泽：肉色正常，呈该品种应有的酱红褐色 滋味和气味：具有鲜鱼经处理、油炸、调味制成的熏鱼罐头应有的滋味和气味，无异味 组织和形态：组织紧密，软硬适度，鱼块骨肉连接，块形大小均匀 杂质：不允许存在
油浸类	色泽：具有新鲜鱼的光泽，油应清澈，汤汁允许有轻微混浊和沉淀 滋味和气味：具有油浸鱼罐头应有的滋味和气味，无异味 组织和形态：组织紧密适度，鱼块小心从罐内倒出时，不碎散，无严重黏罐现象，鱼块应竖装（按鱼段）排列整齐，块形大小均匀 杂质：不允许存在

②理化指标：理化指标见表6-14。

表6-14 鱼罐头理化指标

项目	指标
苯并（a）芘[①]/（μg/kg）	≤5
组胺[②]/（mg/kg）	≤100
无机砷/（mg/kg）	≤0.1
铅（Pb）/（mg/kg）	≤1.0
甲基汞/（mg/kg）	
食肉鱼（鲨鱼、旗鱼、金枪鱼、梭子鱼及其他）	≤1.0
非食肉鱼	≤0.5

续表

项目	指标
锡（Sn）/（mg/kg）	
镀锡罐头	≤250
锌（Zn）/（mg/kg）	≤100
镉（Cd）/（mg/kg）	≤0.1
多氯联苯[③]/（mg/kg）	≤2.0
PCB138（mg/kg）	≤0.5
PCB153（mg/kg）	≤0.5

注：①仅适用于烟熏鱼罐头。
②仅适用鲐鱼罐头。
③仅适用于海水鱼罐头、且以 PCB28、PCB52、PCB101、PCB118、PCB138、PCB153 和 PCB180 的总和计。

③微生物指标：罐头微生物指标应符合商业无菌的要求。

（三）罐头常规卫生检验结果的评价与处理

1. 合格罐头的特征

良质罐头的标签应完整，硬印正确、清楚；检验时在保质期内，罐形正常，结构良好，无锈蚀，密闭性良好，真空度应符合规定；顶隙不得超过罐高的 1/10；罐头滋味和气味应正常，且有该品种应有的良好风味，无其他异味；罐头在加温状态下，汤汁应透明，呈黄色或琥珀色或深褐色，不混浊；罐头肉块应完整，不得含有明显的筋腱、血管和组织膜；罐内不得有夹杂物，如毛发、木屑、草秆、砂石、金属和其他异物；罐头的固体物重（肉和油）与净重的比例要符合规定的要求；罐头内容物净重应符合商标规定的量。

2. 肉类罐头的卫生评价

（1）经检验符合感官指标、理化指标、微生物指标的在保质期内的罐头可以食用。

（2）胖听、漏气、漏汁的罐头应予以废弃，如确系物理性胖听者，则允许食用。

（3）外观有缺陷，如锈蚀严重，卷边缝处生锈、碰撞造成瘪凹等，均应迅速食用。

（4）内容物有异物、异味等感官恶劣的，均不得食用，应予以废弃。

（5）理化指标超过标准的罐头，不得上市销售，超标严重者应予以销毁。

（6）微生物检验发现致病菌的，一律禁止食用，应予以销毁，检出大肠杆菌或变形杆菌者，应进行再次杀菌后出售。

六、食用动物油脂的卫生检验

动物的脂肪组织又称生脂肪，主要来源于动物皮下、大网膜、肠系膜、肾周围等处。根据脂肪组织蓄积的部位不同而分别称为板油（肾周围脂肪）、花油（网膜、肠系膜脂肪）、肥膘（皮下脂肪）和杂碎油（其他内脏脂肪的总称）。

生脂肪通过炼制除去结缔组织和水分后所得的纯甘油脂称为油脂。在动物油脂储存或加工过程中，脂肪可同时或单独发生水解与氧化。炼制的油脂贮存时在空气、日光、水分、温度、金属及外界微生物等作用下，发生一系列的氧化使油脂变质酸败，形成对人体有害的化合物。

（一）动物生脂肪的理化特性

动物脂肪可视为各种饱和脂肪酸和不饱和脂肪酸甘油酯的混合物。在饱和脂肪酸甘油酯中以硬脂酸和软脂酸甘油酯为最多。在不饱和脂肪酸甘油酯中以油酸和十八碳二烯酸甘油酯为最多。牛、羊脂肪中一般含有较多的饱和脂肪酸甘油酯，而猪、马脂肪中则含有较多的不饱和脂肪酸甘油酯。

饱和脂肪酸具有较高的熔点：硬脂酸为71.5℃，软脂酸为63℃，豆蔻酸为53.8℃。不饱和脂肪酸具有较低的熔点：油酸为14℃，十八碳二烯酸为8℃。由于羊脂肪中只含30%~40%的油酸，故其熔点较高（44~50℃）；猪脂肪中含50%的油酸，故其熔点较低（36~46℃）。此外，动物脂肪在体内的分布不同，其熔点也不同：一般肾周围脂肪的熔点较高，皮下脂肪的熔点较低，掌骨、腕跗前骨、系骨和蹄骨骨髓脂肪的熔点则更低。

脂肪中除甘油酯外，尚有胆固醇、卵磷脂、脂色素和维生素A、维生素D、维生素E（不固定）等。生脂肪中由于含有水分，因而能在高温、光线、无机催化剂（铁、铜、镍、锌）、脂肪酶、霉菌、细菌等的作用下发生水解。水解时形成甘油和脂肪酸，从而增加了脂肪的滴定酸度。除水解外，脂肪还可以被空气氧化，尤以不饱和脂肪酸甘油酯最为明显。所以猪、马的脂肪一般比牛、羊的脂肪容易氧化变质。

（二）食用动物油脂的变质

油脂变质的主要原因是在外界条件作用下发生了脂肪水解和氧化，变化的速度取决于油脂原料的特性、加工和保藏条件，以及炼制油脂的贮存和运输条件等。

1. 脂肪水解

生脂肪在保存加工中较易发生水解反应。因为生脂肪本身含有大量的水分、脂肪酶和其他含氮物质，如果屠宰后动物生脂肪不及时熔炼，其中的不饱和脂肪酸的甘油酯最易发生水解，产生游离脂肪酸和甘油。游离脂肪酸可使油脂的酸值和熔点增高，气味和滋味不良，甘油溶于水中而流失，使脂肪的重量减轻。

2. 油脂氧化

氧化作用在炼制后的油脂中较易发生。油脂的氧化过程通常称为油脂酸败，一般多发生于不饱和脂肪酸的甘油酯，尤其是油脂。油脂氧化产生对人体有害的各种酮类、醛类等化合物。

（1）和氧结合生成过氧化物　过氧化物是油脂中不饱和脂肪酸的双键处被氧化生成的中间产物，其性质不稳定，可进一步生成各种醛类、酮类和羟酸等化合物，同时使油脂产生不愉快的气味和苦涩滋味。油脂中过氧化物的含量表示油脂的新鲜程度，对监测油脂的早期酸败有实际意义。

（2）生成醛酸和酮酸　饱和脂肪酸进一步氧化，由不稳定的中间产物继续分解，进一步产生对人体有害的物质。油脂氧化生成的醛、酮类物质和某些低级脂肪酸，能使酸败的油脂带有特殊刺鼻的油哈喇气味和酸涩味，这些都是油脂酸败鉴定中较为敏感和实用的指标。

（3）生成羟酸（称为酯化硬酯化）　油脂在光的催化作用下，发生氧化形成羟酸，并引起油脂熔点和凝固点增高，颜色发白、质地硬实，有陈腐气味和滋味。

3. 防止油脂酸败的措施

为了防止油脂酸败，延缓油脂的氧化，常常向油脂中加入抗氧化剂［如没食子酸丙酯、维生素 E、丁基羟基茴香醚（BHA）、二丁基羟基甲苯（BHT）等］，或者在低温、避光、密封、隔氧等条件下贮藏。

（三）食用动物油脂的卫生检验

1. 样品的采集

（1）液体油脂　将油脂搅拌均匀，用干燥的特制金属取样器（或玻璃管）斜角插入容器底部取样。

（2）固体油脂　用干净刀削去表层，将采样器插入，从不同的油层采样后混合放入干净容器中送检。

2. 感官检验

感官指标应符合《GB 10146—2005 食用动物油脂卫生标准》的规定，无异味、无酸败味。各种动物的生脂肪感官指标见表 6 – 15，食用油脂的感官指标见表 6 – 16。

本标准适用于经兽医卫生检验认可的生猪、牛、羊的板油、肉膘、网膜或附着于内脏器官的纯脂肪组织，单一或多种混合炼制成的食用猪油、牛油、羊油。

表6–15 动物生脂肪的感官指标

项目	良好生脂肪			次质生脂肪	变质生脂肪
	猪脂肪	牛脂肪	羊脂肪		
颜色	白色	淡黄色	白色	灰色或黄色	灰绿色或黄绿色
气味	正常	正常	正常	有不愉快气味	有明显的酸臭味
组织状态	质地较软，切面均匀	质地坚实，切面均匀	质地坚硬，切面均匀	质地、结构异常	质地、结构异常
表面污染程度	表面清洁干燥，无粪便和泥土			表面有轻度污染	表面发黏，污染严重

表6–16 食用动物油脂的感官指标

项目		一级	二级
性状和色泽	15~20℃凝固态时	猪油和羊油为白色；牛油和鸡油为淡黄色。细腻，软膏状	猪油、羊油为白色，略带淡黄色；牛油和鸡油为黄色或淡黄色。软软膏状
	融化态时	猪油、羊油为微黄色；牛油和鸡油为淡黄色。澄清透明，无沉淀	猪油、羊油为微黄色；牛油和鸡油为黄色。澄清透明
气味和滋味	5~20℃凝固态时	具有油脂固有的香味和滋味	

3. 理化检验

（1）酸值的测定 酸值是指中和1g油脂中游离脂肪酸所需氢氧化钾的质量（mg），是反映油脂分解和发生酸败的重要指标。酸值参照《GB/T 5009.37—2003 食用植物油卫生标准的分析方法》的规定进行测定。

《GB 10146—2005 食用动物油脂卫生标准》规定猪油酸值（KOH）≤1.5mg/g，牛油、羊油酸值（KOH）≤2.5mg/g。

（2）过氧化值测定 过氧化值是指100g油脂中所含过氧化物从氢碘酸中析出碘的质量（g）。过氧化值参照《GB/T 5009.37—2003 食用植物油卫生标准的分析方法》的规定进行测定。

《GB 10146—2005 食用动物油脂卫生标准》规定过氧化值≤0.20g/100g。

（3）丙二醛含量测定 丙二醛含量是油脂氧化酸败的重要指标，可用比色法测定。由于油脂中不饱和脂肪酸氧化分解产生丙二醛（CHO—CH$_2$—CHO），在水溶液中以烯醇型（CHOH=CHCHO）存在，在酸性实验条件下，随水蒸气蒸发、冷凝收集后与 TBA 试剂反应生成红色化合物，在波长 538nm 处有吸收高峰，利用此性质即能测出丙二醛含量，从而推导出油脂酸败的程度。丙二醛含量参照《GB/T 5009.181—2016 食品中丙二醛的测定》的规定进行测定。

《GB 10146—2005 食用动物油脂卫生标准》规定丙二醛含量≤0.25mg/100g。

4. 微生物检验

食用猪油的微生物指标见表 6-17。

表 6-17　食用猪油的微生物指标

项目	指标
菌落总数/（CFU/g）	≤5×10^4
大肠菌数/（MPN/100g）	≤70
致病菌（沙门菌、志贺菌及金色葡萄球菌、溶血性链球菌）	不得检出

5. 食用油脂的卫生评价

以感官检验为主，结合实验室检验进行食用油脂的综合评定。凡感官检验有明显酸败者，一律不得食用。

七、品质异常肉的卫生检验

（一）性状异常肉的鉴定与卫生处理

1. 气味和滋味异常肉的鉴定与卫生处理

肉的气味和滋味异常，在动物屠宰后和保藏期间均可发现。发生的原因包括动物生前长期饲喂带有浓郁气味的饲料，未去势或晚去势，宰前投服芳香类药物，发生某些病理或胴体置于有气味的环境等。

（1）气味异常肉的检验

①饲料气味：动物生前长期饲喂带有浓郁气味的饲料，常使肉带有特殊气味。如长期饲喂泔水的猪的脂肪易发出使人厌恶的废水味；如长期饲喂胡萝卜、甜菜、油渣饼、蚕蛹粕、鱼等会使肉和脂肪带有饲料气味和鱼腥味等异常气味。

②性气味：未去势或晚去势的公畜常发出难闻的性臭味。老公猪、老母猪肉特别明显，公羊的膻味特别大。一般认为肉的性气味在去势后 2~3 周消失，脂肪组织的性气味大约 2.5 个月后才消失，唾液腺的性气味则消失较慢。

③药物气味：畜禽在屠宰前内服或注射芳香类药物，会使肉带有药物气

味。长期饲喂被农药污染的块根、牧草等，也能使肉带有农药气味。

④病理气味：指屠畜宰前患某种疾病时给肉带来的特殊气味。如患气肿疽和恶性水肿的胴体有陈腐油脂气味，患蜂窝织炎、瘤胃臌气时胴体有腥臭味，患创伤性脓性心包炎和腹膜炎时肉有腐尸臭味，患尿毒症时肉有尿味，砷中毒时肉有大蒜味，患酮血症时肉有怪甜味，家禽患卵黄性腹膜炎时肉有恶臭味。

⑤附加气味：在贮存或运输时，肉置于有特殊气味的环境中，可因吸附作用而具有这些特殊气味。

⑥发酵性酸臭：新鲜胴体冷凉时，由于吊挂过密或堆放，胴体余热不能及时散失，引起自身产酸发酵，使肉质软化，色泽深暗，带酸臭气味。

（2）气味和滋味异常肉的处理　异味肉的处理可依据不同情况分别对待。在排除禁忌征候（如病理因素、毒物中毒）的情况下，将有异味肉放于通风处散味24h，切块煮沸后嗅闻，如仍保持原有气味，胴体作工业用或销毁，如仅个别部分有气味，则将该部分割除，其余部分不受限制利用。

2. 色泽异常肉的鉴定与卫生处理

肉的色泽因动物种类、性别、年龄、肥度，宰前状态等不同而有所差异。色泽异常肉的出现主要是病理因素、腐败变质、冻结、色素代谢障碍等造成。

（1）黄脂肉

①检验：黄脂肉又称黄膘，是指皮下或腹腔脂肪发黄，质地较硬，稍呈混浊，而其他组织器官无异常的一种色泽异常肉。主要原因是长期饲喂黄玉米、棉籽饼、胡萝卜、南瓜、鱼粉、蚕蛹、鱼肝油下脚料等饲料，或者机体色素代谢机能失调。也有人认为某些病例与遗传因素有关。

黄脂肉仅脂肪有黄色素沉着，尤以背部和腹部皮下脂肪最明显，脂肪组织呈黄色乃至黄褐色。黄脂肉放置后颜色会逐渐减轻或消失。

②处理：仅皮下和体腔内脂肪微呈或呈蛋清色，皮肤、黏膜、筋膜、筋腱无黄色，无其他不良气味，且内脏正常者不受限制出厂，如伴有其他不良气味，则应化制处理。

皮下和体腔内脂肪、筋腱呈黄色，经放置24h后，黄色消失或显著消退而仅留痕迹者，不受限制出厂。黄色不消失者，作为复制原料肉利用。

皮下和体腔内脂肪明显发黄，稍混浊，质地变硬，经放置24h后黄色不消退，但无不良气味者，脂肪组织化制或销毁处理。肌肉和内脏无异常变化者，不受限制出厂。

（2）黄疸肉

①检验：黄疸肉是由于胆红素形成过多或排除障碍所致。当发生大量溶血或胆汁排除受阻时，导致大量胆红素进入血液，把全身各组织染成黄色，除脂肪组织发黄外，全身皮肤（白皮猪）、黏膜、浆膜、结膜、巩膜、关节囊液、

腱鞘和内脏器官均染成不同程度的颜色，以关节囊液、组织液、皮肤和肌腱黄染对黄疸和黄脂的鉴别具有重要意义。黄疸肉存放时间越长，其颜色越黄，这也是区别黄脂的重要特征（表6-18）。

表6-18　黄脂肉和黄疸肉的鉴别

项目	黄脂肉	黄疸肉
着色部位	皮下脂肪、腹腔脂肪	全身各部皮肤脂肪可视黏膜、巩膜、关节液、肌腱、实质器官等
发生原因	饲料、猪的品种	溶血或胆汁受阻
放置后变化	放置时间稍长，颜色变淡或消退	放置时间越长，颜色越黄深
氢氧化钠鉴别法	上层乙醚为黄色，下层液无色	上层乙醚液为无色，下层液为黄色或黄绿色
硫酸鉴别法	滤液呈阴性反应	滤液呈绿色，加入硫酸后适当加热变成淡蓝色

②处理：黄疸肉确诊后一律不得上市，其胴体如膘情良好，肌肉无异味，可进行腌制或熬油。胴体消瘦，放置24h黄色退化不显著，肉尸和内脏一律销毁；怀疑是传染病引起黄疸，则应进一步送检，胴体和内脏参照《动物防疫法》的规定进行处理。

（3）红膘肉

①检验：红膘肉是皮下脂肪由于充血、出血或血红素浸润而呈现红色。除某些传染病（如急性猪丹毒、猪肺疫）外，还可由于背部受到冷热空气刺激而引起，特别在烫猪水温超过68℃时常见到皮下和皮肤发红。因此，规范屠宰加工工艺是减少红膘肉的重要措施。

②处理：红膘肉如系传染病引起，应结合该传染病的处理规定进行处理。内脏淋巴结没有明显病理变化的红膘肉，将胴体和内脏高温处理后出厂。

（4）白肌肉

①检验：白肌肉又"PSE"肉，也称"水煮样肉"。主要特征是肉的颜色苍白、质地柔软，有液体渗出，病变多发生于半腱肌、半膜肌和背最长肌。多是猪宰前应激所致，即宰前机体受到强烈刺激（驱赶、冲淋、电击）后，肾上腺分泌增多，致肌肉中肌糖原的磷酸化酶活力增强，在缺氧状态下糖酵解过程加速，产生大量乳酸。肉的pH下降（pH降到5.70以下，健康动物新鲜肉pH为5.80~6.40），再加上宰前温和僵直热使肌纤维膜变性，肌浆蛋白凝固收缩，肌肉游离水因增多而渗出，从而使肌肉色泽变淡，质地变脆，切面多汁。

②处理：白肌肉味道不佳，加热烹调时损失很大，口感粗硬，不宜鲜销。

如果感官上变化微小，在切除病变部位后，胴体和内脏可不受限制出厂；病变严重，有全身变化时，在切除病变部位后，胴体和内脏可做复制品出售，但不宜作腌腊制品的原料。

(5) 白肌病肉

①检验：主要发生于幼年动物，特征是心肌和骨骼肌发生变性和坏死，病变发生于负重较大的肌肉，主要是后腿的半腱肌、半膜肌和股二头肌，其次是背最长肌。病变的骨骼肌呈白色条纹或斑块，严重者整个肌肉呈弥漫性黄色，切面干燥，似鱼肉样外观，左右两侧肌肉常呈对称性发生。一般认为，白肌肉是缺乏维生素 E 和微量元素硒，或维生素 E 利用障碍而引起的一种营养代谢病所致。

②处理：白肌病全身肌肉有变化时，胴体作工业用或销毁；局部肌肉有病变，深层肌肉正常者，割去病变部分，经高温处理后出厂。

(二) 掺假肉和劣质肉的鉴定与卫生处理

1. 注水肉的鉴定与卫生处理

近年来关于注水猪肉的报道屡见不鲜，一些不法商贩为了牟取暴利，千方百计向肉类中掺加或注入自来水、血水、矾盐水、胶质液体等，注水肉往往含有大量的有毒有害物质和各种病原微生物，严重影响肉品的卫生质量，消费者购买食用后可能发生不明原因的食物中毒和各种疾病，严重危害消费者的身体健康。

(1) 畜禽注水肉的注水途径与方法

①宰前活体注水法：宰前强行固定猪体，用皮管塞入口腔或肛门注水，注水量可占体重的 20% 以上，最高可达 30%，也可灌稠状饲料或泥浆土、粪、黄沙等物充堵猪的胃肠道以达到增加体重的目的。注水多在畜禽屠宰前的 2~3h。

②宰后注水法：宰后在胴体丰满的前后腿部、胸部用注射器直接注入水分、化学制剂，或在开膛的鸡、鸭胸腹腔空隙处塞入冰块或其他杂物。

(2) 注水肉的特征与检验方法

①外观特性：活体注水后，可见腹部明显膨胀，体态臃肿，步履蹒跚，行动困难。生猪肛门可有水和肠管流出。注水的畜禽肉色泽较正常者淡，有一种水样光泽，切面呈淡红色或玫瑰色。用手指按压时，有水滴流出，指压后凹陷恢复较慢。

②剖检特征：宰后畜禽胴体的表皮在通风环境下不易形成干膜，但失重较快。经注水后畜体内一些内脏器官呈水肿样。

光禽（鸡、鸭）胴体肌肉（颈、胸、腿、肩肌）因注入水分，手指触摸即可见这些部位肌肉层有水分流出，肌肉的色泽变淡，猪肉、牛肉色泽鲜红亮泽，切面呈浅红色。

肝体积增大，包膜紧张，肝叶边缘钝圆，切面隆突、有水分渗出。

肺肿胀，各肺叶胀满水分，手提肺有沉重感，用手压之气管则有泡沫状的液体流出。切开肺叶即可流出多量液体。

肾有水肿，剖之可见肾盂部积液。

胃肠浆膜外观明显湿润肿胀。

③加压检验法：取 1kg 以上待检精肉块，用塑料纸包裹。加压 5kg 以上重物 10min 以后观察，注水肉有水被挤压出来。正常肉则干燥或仅有几滴血水流出。

④刀切检验法：将待检肉品用刀将肌纤维切一深口，注水肉在切口可见渗水。

⑤实验室常压水分干燥法：常压水分干燥法虽简单，但耗时较长，且结果受所注水水质的影响较大。由于所注水中含电解质等物质，而且在种类、数量上有很大差异，所以对肉类注水程度的判定难以掌握，该方法只做粗略判定，方法如下。

将称量瓶置于 105℃ 烘箱烘 1～2h 至质量恒定，盖好，取出置干燥器内冷却，分析天平称其质量为 m_1。

取待检肉样 3g 左右于称量瓶中，摊平，加盖，精密称其质量为 m_2，并置入 105℃ 烘箱烘 4h 以上，至质量恒定（两次重复烘，质量之差小于 2mg 即为质量恒定），经干燥器冷却后称其质量为 m_3。

结果计算与评价

$$肉品水分 = (m_2 - m_3) / (m_2 - m_1) \times 100\%$$

正常鲜精肉水分含量为 67.3%～74%，注水猪肉大于 74%。

⑥畜禽肉注水的检验方法：一是直观检验：新鲜、正常的猪（牛、羊、家禽）肉外观色泽正常，呈嫩红色，有光泽。切割后无渗出物溢出；注水后的猪（牛、羊、家禽）肉尸的瘦肉部分色泽变淡红，脂肪部分苍白无光，切割后切口流出大量淡红色血水。

二是触摸检验：正常的肉切口部位有极少的油脂溢出，用手指肚紧贴肉的切口部位，然后离开时，有一定的黏贴感，感觉油滑，无异味；注水肉因含有大量的水分，在触摸时有血水流出，无黏贴感。

三是纸贴检验：取一小块未用的纸巾或卫生纸贴在切开的猪（牛、羊、家禽）肉的切口部位的肉上，放置 5～15s，待纸巾湿透后取下，然后用火点燃，如能完全燃烧则是正常的肉品，如不能燃烧或燃烧不全则有注水之嫌。

(3) 注水肉的处理

①凡注水肉，不论注入的水质如何，不论掺入何种物质，均予以没收，作化制处理。

②对经营者予以经济处罚，直至追究刑事责任。

2. 老公猪肉、老母猪肉的鉴别与处理

（1）老公猪肉、老母猪肉的鉴别见表 6-19。

表 6-19 公猪肉、老母猪肉的鉴别

项目	老母猪肉	老公猪肉
皮肤	皮厚，有黑色素及皱襞，毛孔粗大	背部、肩胛部皮肤角质化层厚，皮厚，有黑色素及皱襞，毛孔粗大
肌肉	肌肉呈深红色，肉质粗硬，纤维粗糙，不易煮烂	比老母猪肉更红，肉质坚硬，肌纤维粗糙，断面颗粒大，毛糙不整
脂肪	淡白色、质较硬，肌间脂肪少，断面看不到大理石样花纹	色淡，皮下脂肪少，肌间脂肪几乎没有，断面粗糙
气味	有难闻臊气味	臊气味特浓，肉块及唾液腺煮汤后味更浓烈，消退很慢

（2）卫生处理

①第一胎母猪去势后育肥 4 个月屠宰，胴体允许上市销售。

②老母猪肉在修割掉乳腺、生殖器官等之后，允许上市销售或作肉食品加工原料用。

③老公猪肉、特老母猪肉修割掉唾液腺、剔除筋腱、生殖器、割除乳腺后，胴体绞碎，可作灌肠等复制品原料，鲜肉销售时应予注明。

④公、母种猪及晚阉猪不得用于加工鲜、冻片猪肉和分割鲜、冻猪瘦肉。

3. 肉种类的鉴别

在经济利益驱动下，某些经营者"挂羊头，卖狗肉"，欺骗消费者。进行肉种类鉴别主要依据肉的外部形态、骨的解剖学特征、肉的理化特性和免疫学反应等。

（1）外部形态学特征比较 各种动物肉和脂肪的形态学特征只能作为肉种类鉴别时的参考，因其受品种、年龄、性别阉割、肥育度、使役、饲料、放血程度和屠畜应激反应等因素的影响，不可能始终如一。牛肉与马肉，羊肉、猪肉与狗肉，兔肉与禽肉的形态学特征比较见表 6-20、表 6-21、表 6-22。

表 6-20　牛肉与马肉形态学特征比较

类别	肌肉			脂肪		气味
	色泽	嫩度	肌纤维性状	色泽和硬度	肌间脂肪	
牛肉	淡红色、红色或深红色（老龄牛）；切面有光泽	质地坚实，有韧性，嫩度较差	肌纤维较细，眼观断面有颗粒感	黄色或白色（幼龄牛和水牛）；硬而脆，揉搓时易碎	肌间脂肪明显可见，切面呈大理石样花纹斑	具有牛固有的气味
马肉	深红色、棕红色，老马肉色更深	质地坚实，韧性较差	肌纤维比牛肉粗，切面颗粒明显	浅黄色或黄色；软而黏稠	成年马较少，营养好得多	具有马肉固有气味

表 6-21　羊肉、猪肉与狗肉形态学特征比较

类别	肌肉			脂肪		气味
	色泽	嫩度	肌纤维性状	色泽和硬度	肌间脂肪	
绵羊肉	淡红色、红色或暗红色，肌肉丰满，肉粘手	质地坚实	肌纤维较细短	白色或微黄色，质硬而脆，油发黏	少	具有绵羊肉固有的膻气味
山羊肉	红色、棕红色，肌肉发嫩，肉不粘手	质地坚实	比绵羊肉粗长	除油不粘手外，其余同绵羊肉	少或无	膻味浓
猪肉	鲜红色或淡红色，切面有光泽	肉质嫩软，嫩度高	肌纤维细软	纯白色，质硬而黏稠	富有脂肪，瘦肉型断面呈大理石样	具有肉腥味
狗肉	深红色或砖红色	质地坚实	比猪肉粗	灰红色；柔软而黏腻	少	具有不愉快的气味

表6-22　兔肉与禽肉形态学特征比较

类别	肌肉			脂肪		气味
	色泽	嫩度	肌纤维性状	色泽和硬度	肌间脂肪	
兔肉	淡红色或暗红色（老龄兔或放血不全）	质地松软	黄白色，质软	沉积极少	沉积极少	具有兔肉固有的土腥味
禽肉	呈淡黄色、淡红色、灰红色或暗红色等，急宰肉多呈淡青色	质地较细嫩	纤维细软，水禽的肌纤维比鸡粗	黄色，质地软	肌间无脂肪沉积	具有禽肉固有的气味

（2）淋巴结特征鉴别　主要是牛与马的淋巴结鉴别。牛的淋巴结是单个完整的淋巴结，多呈椭圆形，切面在灰色或黄色基础上往往有灰色或黑色的色素沉着。马的淋巴结是由多个大小不同的小淋巴结联结成的淋巴结团块，呈纽结状，比牛的淋巴结小，切面色泽灰白或黄白。

（3）脂肪熔点的测定　每种动物脂肪所含饱和脂肪酸和不饱和脂肪酸的种类和数量不同，其熔点也不相同，故可以此作为鉴别肉种类的依据。

①直接加热测定法：从检肉中取脂肪数克，剪碎，放入烧杯中加热，待熔化后，加适量冷水（10℃以下），使液态油脂迅速冷却凝固并浮于液面时插入一温度计，使液面刚好淹没其水银球。将烧杯放在石棉网上加热，并随时观察温度计水银柱上升和脂肪熔化情况。当液面的脂肪刚开始熔化和完全熔化时，分别读取温度计所示读数，即为被检脂肪的熔点范围。

②毛细管测定法：将毛细管直立插入已熔化的油样中，当管柱内油样达0.5~1.5cm高时，小心移入冰箱内或冷水中冷却凝固，取出后，用橡皮圈固定毛细管于温度计上，并使油样与水银球在同一水平面上，然后将其插入盛有冷水的烧杯中，使温度计水银球浸没于液面下3~4cm处。缓慢加热，并不时搅拌，使水温传热均匀并保持水的升温速度为每分钟0.5~1℃，直至接近预计的脂肪熔点时，分别记录毛细管内油样刚开始熔化和完全澄清透明时的温度。将毛细管取出，冷却。再按上述方法复检3次，取平均温度，即为该脂肪样品的熔点。

③结果判定：各种动物脂肪的熔点与凝固点温度见表6-23。

表6-23 各种动物脂肪的熔点与凝固点温度

脂肪名称	熔点温度/℃	凝固点温度/℃	脂肪名称	熔点温度/℃	凝固点温度/℃
猪脂肪	34~44	22~31	羊脂肪	44~55	32~41
马脂肪	15~39	15~30	狗脂肪	30~40	20~25
牛脂肪	45~52	27~38	鸡脂肪	30~40	—
水牛脂肪	52~57	40~49	兔脂肪	35~45	—

(4) 免疫学鉴别 免疫学鉴别方法较多，用于市场肉种类鉴别的方法，首推沉淀反应和琼脂扩散反应。前者是一种单相扩散法，即以相应动物的特异蛋白作抗原接种家兔，以获得特异抗体，再用这种已知的抗血清检测未知的肉样。后者是一种双相扩散法，不仅能检测单一肉种，同时还能与有关抗原作比较，分析混合肉样中的抗原成分。琼脂扩散反应在形成沉淀线之后不再扩散，并可保存作为永久性记录，有作法律证据的价值。

(三) 病死畜禽肉的鉴定与卫生处理

1. 病死畜禽肉的鉴定

(1) 放血程度 急宰、死宰或物理性致死畜的肉和内脏均有放血不良的特征，在自然光线下观察，肌肉组织呈暗红色或黑红色，肌肉切面可见多处暗红色血液浸润区，有的有暗红色小血珠，脂肪不洁白，呈淡红色；剥皮的胴体表面有血珠，个别微细血管内充满黑红色血液，胸膜、腹膜上小血管充盈，刀切小口放入滤纸，浸润超出插入部分5nm左右。

(2) 杀口状况 杀口状况是判别病死畜禽肉的客观标准。健康猪杀口外翻，皮下脂肪切面呈颗粒状凹凸不平，杀口组织被血红染深达0.5~1mm。病死畜禽由于死前血液循环变慢或已有部分凝固，放血时杀口比较平整不外翻，附近不污染鲜血。血管内有较多血液，呈紫红色；血液中有时可见气泡；有血液坠积性淤血。

(3) 血液坠积情况 畜禽濒死或刚刚死亡，由于重力作用，血液流向胴体最低体位引起坠积性充血，结果畜禽尸体的卧侧皮下和肌肉组织由于血液坠积而色暗，尤其是对称性器官（如肾脏）尤为明显。肺、肾暗红淤血，胸膜、腹膜血管充盈暴露，呈红褐色，是急宰胴体或冷宰胴体的标志。

(4) 疫病特异性病理变化 因某些传染病而死亡的胴体，可在体表或皮下观察到特有的病理变化。如猪瘟在颈部和腹下皮肤上有小而密布的出血点，淋巴结和内脏有固有的病变；喘气病猪胴体消瘦呈恶病质，肌间脂肪少，肺有肺气肿病变。

(5) 胴体淋巴结病变 病死畜禽的淋巴结呈现水肿、充血、出血等。不同性质的疾病会使淋巴结出现特有变化，如中暑瘁死的猪屠宰后也表现轻度放血不良现象，但淋巴结切面仍呈灰白色，这种肉也可食用，但在市场检验时应慎重判别。

（6）物理性致死痕迹　如压痕、勒痕、皮肤破损，局部淤血、出血及血渗出等变化。但需注意区别生前骨折和死后的断骨，主要看局部有无血肿和肌肉撕裂，有血肿者为生前骨折，否则为死后断骨。

（7）病死家禽肉尸鉴别　死家禽鸡冠、肉髯呈紫黑色，眼球下陷，眼全闭且污秽不洁，皮下充血，体表铁青，表面无光、不湿润，毛孔突出，拔毛不净，翅下小血管淤血，肌肉不丰满，外观干瘪，胴体一侧有沉积性充血，肛门松弛，周围污秽不洁，嗉囊空虚，内有恶臭液体。

2. 病死畜禽肉的卫生处理

病死畜禽肉的处理参照《GB 16548—2006 病害动物和病害动物产品生物安全处理规程》的规定执行。

（四）中毒动物肉的鉴定与卫生处理

1. 中毒动物肉的鉴定

动物中毒致死有农药中毒、化学药品中毒、工业毒物污染中毒、毒蛇毒虫咬伤中毒等。动物中毒后其临床表现和死后病理变化多种多样，检验中正确判别是何种药物中毒在技术上存在一定困难，要求动物检疫检验人员有较丰富的业务知识和临床经验，如对动物中毒的机会、常见的中毒症状及死后特有的病理变化有较详细的了解，再加以综合分析。中毒动物肉主要从以下四个方面进行的检验。

（1）调查

①中毒情况：调查时详细了解动物生前饲养管理，使役和表现、饲草饲料的种类、调制和喂饮等情况，以及与周围环境接触的情况等。

进一步了解发病和死亡情况，即发病时间、病程、发病后的表现、治疗经过以及死亡头数等。

②发病特点：

群发性。多数动物同时或相继发病，一般在饲喂后数小时至数日乃至数周内突然成群发病或相继发病。

共同性。发病的动物具有共同的临床表现和相似的剖检变化，其中以消化系统和神经系统的症状最为明显，食欲旺盛的动物症状重剧。

同因性。发病的动物有相同的发病原因，如喂相同饲草、饲料，条件改变后，发病随之停止。

无传染性。发病动物与健康动物之间不发生传染。

（2）中毒症状　引起动物中毒的毒物很多，发病原因和临床表现也各不相同，常见毒物中毒的主要症状见表 6 – 24。

表 6 – 24　常见毒物中毒主要症状

毒物名称	中毒症状	患病器官
氰化物	发病急、死亡快，生前呼吸困难，眼结膜发绀，极度兴奋，狂叫，心功能衰竭、衰弱、昏迷	神经系统、血液、呼吸系统
有机磷、有机氯农药、亚硝酸盐、汞砷制剂、食盐等	流涎、呕吐、口腔黏膜发炎、充血、糜烂、狂躁不安、全身抽搐、瞳孔缩小、腹痛、腹泻、粪臭且有血样黏液	消化系统、神经系统和眼
毒芹、麦角、颠茄、麻黄、马前子、乌头等生物碱	兴奋不安、呈强直性或阵发性肌肉痉挛、震颤、后躯不全麻痹、角弓反张	神经系统、肌肉系统
芥子油、秋水仙素、升汞等	血尿、血红蛋白尿、多尿、无尿（升汞）	泌尿系统
荞麦、三叶草、马铃薯	红斑性皮疹、黄染、脓包	皮肤
毒蛇、其他毒虫	咬伤处肿胀、出血、剧痛、兴奋不安	皮肤、皮下组织

（3）病理变化

①与毒物接触组织、器官的变化：一般与毒物接触的口腔、食道、胃肠黏膜会引起不同程度的充血、出血、变性、坏死、黏膜脱落、溃疡等变化。

②毒物吸收后实质器官的变化：毒物吸收后，引起心、肝、肾、脑等组织器官的充血、出血、水肿、变性、坏死等变化。

③中毒动物放血不良：胴体肌肉呈暗红色，主要淋巴结肿大、出血、切面呈紫（暗）红色。其宰杀口状态、血液坠积等现象，基本与病、死动物肉相同。

④中毒动物的特征性病理变化：某些毒物对某些组织器官有特殊的选择性，会引起这些组织器官的特征性病理变化，见表 6 – 25。

表 6 – 25　中毒动物肉的特征性病理变化

毒物名称	主要病理变化
氰化物	血液、肌肉呈鲜红色
亚硝酸盐	血液呈黑褐色，如酱油状，凝固不良
有机磷	肝肿大、脂变，肾肿大、质脆，心、肌肉、胃肠黏膜出血，肺水肿

续表

毒物名称	主要病理变化
有机氯	肝、肾、脾肿大，体表淋巴结肿大，肺气肿充血，肠呈蓝紫色
食盐	胃肠产生出血性炎症，脑、延髓水肿、充血
灭鼠药	肝、肺肿大和淤血，胃肠壁出血
霉玉米	内脏器官广泛充血，脑膜、脑实质出血和软化
砷	肝、肾、脾呈不同程度变性和坏死，胃肠壁严重穿孔
汞	肾肿大、苍白，肺充血、出血，肝贫血，胃肠道黏膜脱落
毒蛇咬伤	咬伤处局部肿胀，伤口附近肌肉呈煮肉样

(4) 毒物检验

①样品采集：无菌采取胃肠内容物、粪便、血液、尿液和心、肝、肾、淋巴结等，必要时采取可疑的剩余饲料。

②样品包装：将多点采集的样品装入清洁、无菌、无残留药物的容器内，并分别进行无菌包装密封后详细标注采集样品名称、采集人、采集地点和时间等备查资料。

③样品运送和保存：样品采取后，冷藏并尽快送检。注意一般不要加防腐剂，只能加酒精并注明，同时将调查情况和病理剖检变化的记录一并送检，以供参考。

④常见毒物检验方法：主要有纸上呈色反应、薄层层析法、色谱法等。实践中市场上多采用快速、简便的定性检验法——纸上呈色反应法。

2. 中毒动物肉的卫生处理

(1) 确认中毒致死（包括毒死的鸟和野兽）或死因不明的中毒动物肉，胴体和内脏应全部销毁。

(2) 如发现中毒濒死急宰的肉尸和被食物中毒性微生物污染的肉尸，胴体、内脏全部销毁。

(3) 某些饲料中毒，如食盐中毒、酒精中毒、尿素中毒、棉籽饼中毒、霉玉米中毒、甘薯黑斑病中毒等，其胴体经高温处理后利用，内脏、头蹄化制或销毁。

(4) 被毒蛇、毒虫咬伤而急宰的肉尸，将咬伤局部和病变组织修割掉，胴体高温处理后利用。内脏、头蹄全部销毁。

实操训练

实训一 肉的新鲜度检验

(一)技能目标

掌握肉新鲜度综合检验的操作技术和对检验结果进行综合判定的技能。

(二)感官检验

肉块感官检验指标见表6-26。

表6-26 鲜肉的感官指标

等级项目	一级鲜度	二级鲜度	三级鲜度
色泽	肌肉有光泽,红色均匀,脂肪洁白或淡黄色(牛肉脂肪呈淡黄色)	肌肉色泽暗,脂肪缺乏光泽	肌肉无光泽,脂肪灰绿色
黏度	外表微干或微湿,不粘手	外表干燥或粘手,新切面湿润	外表极度干燥或粘手,新切面发黏
弹性	指压后凹陷立即恢复	指压后凹陷恢复慢,且不能完全恢复	指压后凹陷不能恢复,有明显痕迹
气味	具有猪、牛、羊、兔肉的正常气味,无异味	有氨味或略带酸味	有臭味
肉汤	透明澄清,脂肪团聚于表面,具有香味	稍有混浊,脂肪成小滴浮于表面,无鲜味	混浊,有絮状物,脂肪极少浮于表面,有臭味
处理	可食用	削割变质表面部分,切块、通风、烧煮或盐腌	不可食用,可作工业用或销毁

注:本指标适用于活畜屠宰后,经兽医卫生检验已排除疫病,符合市场鲜销而未经冷冻的肉。

(三)理化检验

1. 总挥发性盐基氮 (TVB-N) 的测定

(1)半微量凯氏定氮法原理 蛋白质分解产生的氨、胺类等碱性含氮物质,在碱性溶液中游离并被蒸馏出来,经硼酸溶液吸收,用盐酸(硫酸)标准溶液滴定,通过计算求得其含量。

(2) 器材和试剂 半微量定氮器，微量滴定管（最小分度 0.01mL），绞肉机，烧杯、吸管、量筒、漏斗、100mL 锥形瓶等。

1% 氧化镁混悬液：称取 1.0g 氧化镁，加 100mL 水，振摇成混悬液。

吸收液：2% 硼酸溶液。

甲基红-次甲基蓝混合指示液：0.2% 甲基红乙醇溶液与 0.1% 次甲基蓝溶液，临用时将两液等量混合，即为混合指示液。

盐酸 $[c(HCl) = 0.01 mol/L]$ 或硫酸 $[c(1/2H_2SO_4) = 0.01 mol/L]$ 的标准滴定溶液。

无氨蒸馏水。

(3) 方法步骤

①样品处理：将样品除去脂肪、骨及腱后，切碎搅匀，称取约 10.00g，置于锥形瓶中，加 100mL 水，不时振摇，浸渍 30min 后过滤，滤液置冰箱中备用。

②蒸馏滴定：将盛有 10mL 吸收液及 5~6 滴混合指示液的锥形瓶置于冷凝管下端，并使其下端插入吸收液的液面下，准确吸取 5.0mL 上述样品滤液于蒸馏器反应室内，加 5mL 氧化镁混悬液（1%），迅速盖塞，并加水以防漏气，通入蒸汽进行蒸馏，蒸馏 5min 即停止，吸收液用盐酸标准滴定溶液 (0.01mol/L) 或硫酸标准滴定溶液滴定，终点为蓝紫色。同时做试剂空白试验。

(4) 计算

$$W = \frac{(V_1 - V_2) \times c \times 14}{m \times 5/100} \times 100$$

式中 W——样品中挥发性盐基氮的含量，mg/100g

V_1——测定用样液消耗盐酸或硫酸标准溶液体积，mL

V_2——试剂空白消耗盐酸或硫酸标准溶液体积，mL

c——盐酸或硫酸标准溶液的实际浓度，mol/L

14——与 1.00mL 盐酸标准滴定溶液 $[c(HCl) = 1.000 mol/L]$ 或硫酸标准滴定溶液 $[c(1/2H_2SO_4) = 1.000 mol/L]$ 相当的氮的质量，mg

m——样品质量，g

结果的表述：以三位有效数报告算术平均值。

允许差：相对相差≤10%。

(5) 判定标准 判定标准见表 6-27。

表 6-27　各类新鲜肉的挥发性盐基氮标准

品种指标	鲜（冻）畜肉	鲜（冻）禽肉	海水贝类	海水鱼	淡水鱼	河虾
挥发性盐基氮/（mg/100g）	≤15	≤20	≤15	≤30	≤20	≤20

2. pH 的测定

（1）原理　肌肉 pH 的变化反应了肉品质量的变化。屠宰后的畜肉，由于肌糖原的无氧酵解和 ATP 的分解，乳酸和磷酸含量增加，pH 下降。动物宰前活体肌肉的 pH 为 7.1~7.2。宰后 1h，pH 下降至 6.2~6.3，经过 24h 又降至 5.6~6.0，并一直维持到肉腐败分解之前。当肉腐败时，蛋白质被微生物的蛋白分解酶分解成氨及胺类等碱性含氮物，使 pH 升高。

（2）器材和试剂　酸度计，绞肉机。

0.05mol/L 邻苯二甲酸氢钾缓冲液，0.025mol/L 磷酸盐缓冲液，0.01mol/L 饱和硼砂溶液。

（3）方法步骤　除去肉样中脂肪、筋腱，绞碎，称取 10g，置 250mL 锥形瓶中，加 100mL 中性蒸馏水，不时振摇，浸渍 30min 后过滤，滤液待测。用酸度计测定滤液的 pH。

（4）说明　由于宰后畜肉的 pH 受多种因素的影响，如采样部位、宰前的健康状况，以及外界刺激所产生的应激反应等因素都会影响 pH 的变化，因此 pH 仅作为参考数值。

（5）结果判定　新鲜肉 pH5.8~6.2，次鲜肉 pH6.3~6.6，变质肉 pH6.7 以上。

3. 粗氨测定（纳氏试剂法）

（1）原理　肉中的蛋白质分解产生的氨和胺盐等能与纳斯勒氏（Nesslers）试剂作用生成黄棕色的碘化二亚汞胺沉淀，其颜色的深浅和沉淀物的多少能反映肉中氨的含量。

（2）纳氏试剂　称取碘化钾 10g 于 10mL 蒸馏水中，再加入热的升汞饱和溶液至出现红色沉淀。过滤，向溶液中加入碱溶液（30g KOH 溶于 80mL 水中），并加入 1.5mL 上述升汞饱和溶液。待溶液冷却后，加蒸馏水至 200mL，贮存于棕色玻璃瓶内，置暗处密闭保存。使用时取上清液部分。

（3）方法步骤　取试管 2 支，1 支加入 1mL 肉浸液，另一支加入 1mL 无氨蒸馏水作对照。向两支试管中各加纳斯勒氏试剂 1~10 滴，每加 1 滴后振荡试管，并观察溶液颜色的变化、有无混浊或沉淀等。

（4）判定标准　判定标准见表6-28。

表6-28　纳氏反应结果判定表

试剂滴数	颜色和沉淀	反应	氨含量/（mg/100g）	肉的品质
10	淡黄色、透明	-	≤16	新鲜
10	黄色、透明	±	16~20	腐败初期，应立即食用
10	黄色、轻度混浊、稍有沉淀	+	21~30	腐败初期，应立即食用
6~9	黄色或橘黄色、有沉淀	++	31~45	切除可疑部分，余者立即食用
1~5	明显的黄色或橘黄、有沉淀+++		>45	腐败肉，不能食用

4. 硫化氢检测　（醋酸铅试纸法）

（1）原理　肉在腐败过程中，含硫氨基酸进一步分解，释放出硫化氢。硫化氢在碱性条件下与可溶性铅盐反应，生成黑色的硫化铅，据此判断肉的新鲜度。反应式为：

$$H_2S + Pb(CH_3COO)_2 \longrightarrow PbS\downarrow + 2CH_3COOH$$

（2）试剂

①碱性醋酸铅溶液：于10%醋酸铅溶液中加入10%氢氧化钠溶液至白色沉淀溶解，溶液透明。

②醋酸铅试纸：将滤纸条（8cm×1.2cm）浸入碱性醋酸铅溶液中，数分钟后取出阴干，保存备用。

（3）方法步骤　将待检肉样剪成米粒大小，置于100mL锥形瓶内，使之达容积的1/3。取一醋酸铅试纸条，或取一剪好的定性滤纸条，用碱性醋酸铅溶液浸湿，稍干后插入锥形瓶中，使其下端接近但不触及肉粒表面，一般在肉样上方1~2cm处悬挂，立即将滤纸条的另一端以瓶塞固定于瓶口，室温下静置15min后观察滤纸条的颜色变化。

（4）判定标准　滤纸条无变化为新鲜肉，滤纸条变为黄褐色为次新鲜肉，滤纸条变为黑褐色为变质肉。

5. 球蛋白沉淀试验　（硫酸铜沉淀法）

（1）原理　利用蛋白质在碱性溶液中能和重金属离子结合，形成不溶性盐类沉淀的性质。以10%硫酸铜溶液作试剂，使Cu^{2+}与样液中呈溶解状态的球蛋白结合形成稳定的蛋白质盐。

（2）试剂　10%硫酸铜溶液。

（3）方法步骤　取试管2支，编号后，向一支管中加2mL被检肉浸液，另一支加2mL水作对照。向上述试管中分别滴加10%硫酸铜溶液3~5滴，充分振摇后观察。

（4）判定标准　新鲜肉液体清亮透明，次新鲜肉液体稍混浊，变质肉液体混浊、并有絮状或胶胨样沉淀物。

6. 过氧化物酶反应

（1）原理　新鲜健康的畜禽肉含有过氧化物酶。不新鲜肉、严重病理状态的肉或濒死期急宰的畜禽肉，过氧化物酶显著减少，甚至完全缺乏。利用过氧化氢在过氧化物酶的作用下，分解释放出新生态氧，使联苯胺指示剂氧化为二酰亚胺代对苯醌。后者与尚未氧化的联苯胺形成淡蓝色或青绿色化合物，经过一定时间后变为褐色。

（2）试剂

① 1%过氧化氢溶液：1份30%过氧化氢溶液与2份水混合即成（临用时配制）。

② 0.2%联苯胺乙醇溶液：称取0.2g联苯胺溶于95%乙醇100mL中，置棕色瓶内保存即可。有效期不超过1个月。

（3）方法步骤　取2mL肉浸液（蒸馏水质量为肉样的10倍）于试管中，滴加4~5滴0.2%联苯胺乙醇溶液，充分振荡后加新配制的1%过氧化氢溶液3滴，稍振荡，观察结果。同时做空白对照试验。

（4）判定标准　新鲜肉的肉浸液立即或在数秒内呈蓝色或蓝绿色；次新鲜肉的肉浸液无颜色变化或在稍长时间后呈淡青色并迅速转变为褐色；变质肉的肉浸液无变化，或呈浅蓝色、褐色。

7. 实训报告

采取肉样，进行肉的新鲜度检验，将理化检验结果结合感官检验结果进行综合评价，并写出实训报告。

实训二　肉制品中亚硝酸盐的测定

（一）技能目标

（1）理解亚硝酸盐的测定与控制成品质量的关系。

（2）掌握盐酸萘乙二胺法的基本原理和操作方法。

（二）原理

样品经沉淀蛋白质并除去脂肪后，在弱酸条件下硝酸盐与对氨基苯磺酸重氮化后生成的重氮化合物，再与萘基盐酸二氨乙烯偶联成紫红色的重氮染料，产生的颜色深浅与亚硝酸根含量成正比，可以比色测定。反应式如下：

$$2HCl + NaNO_2 + N_2H\text{—}\langle\text{—}\rangle\text{—}SO_3H$$

$$\xrightarrow{\text{重氮化}} Cl\text{—}N_2\text{—}\langle\text{—}\rangle\text{—}SO_3H + NaCl + 2H_2O$$

$$2HCl \cdot H_2NH_2CH_2CHN\text{—}[\text{萘}] + Cl\text{—}N_2\text{—}\langle\text{—}\rangle\text{—}SO_3H \xrightarrow{\text{偶合}}$$

盐酸萘乙二胺

$$2HCl \cdot H_2NH_2CH_2CNH\text{—}[\text{萘}]\text{—}N=N\text{—}\langle\text{—}\rangle\text{—}SO_3H + HCl$$

紫红色

（三）器材和试剂

小型绞肉机，分光光度计。

亚铁氰化钾溶液：称取 106g 亚铁氰化钾 [$K_4Fe_9(CN)_5 \cdot 3H_2O$]，溶于水后，稀释至 1000mL。

乙酸锌溶液：称取 220g 乙酸锌 [$Zn(CH_2COO)_2 \cdot 2H_2O$]，加 30mL 冰乙酸溶于水，并稀释至 1000mL。

饱和硼砂溶液：称取 5g 硼酸钠（$Na_2BO_7 \cdot 10H_2O$），溶于 100mL 热水中，冷却后备用。

0.4% 对氨基苯磺酸溶液：称取 0.4g 对氨基苯磺酸，溶于 100mL 20% 的盐酸中，避光保存。

0.2% 盐酸萘乙二胺溶液：称取 0.2g 盐酸萘乙二胺，溶于 100mL 水中，避光保存。

亚硝酸钠标准溶液：精密称取 0.1000g 于硅胶干燥器中干燥 24h 的亚硝酸钠，加水溶解移入 500mL 容量瓶中，并稀释至刻度。每毫升此溶液相当于 200μg 亚硝酸钠。

亚硝酸钠标准使用液：临用前，吸取亚硝酸钠标准溶液 5.00mL，置于 200mL 容量瓶中，加水稀释至刻度，每毫升此溶液相当于 5μg 亚硝酸钠。

（四）方法步骤

1. 样品处理

称取 5.0g 经绞碎混匀的样品，置于 50mL 烧杯中，加入 12.5mL 硼砂饱和溶液，搅拌均匀，以 70℃左右的水约 300mL 将样品全部洗入 500mL 容量瓶中，置沸水浴中加热 15min，取出后冷至室温，然后一面转动一面加入 5mL 亚铁氰化钾溶液，摇匀，再加入 5mL 乙酸锌溶液以沉淀蛋白质，加水至刻度，混匀，放置 0.5h，除去上层脂肪，清液用滤纸过滤弃去初滤液 30mL，滤液备用。

2. 样品测定

吸取 40mL 上述滤液于 50mL 比色管中，另吸取 0.00、0.20、0.40、0.60、0.80、1.00、1.50、2.00、2.50mL 亚硝酸钠标准使用液（相当于 0、1、2、3、5、7、10、12.5μg 亚硝酸钠），分别置于 50mL 比色管中，于标准与样品管中分别加入 2mL 0.4% 对氨基苯磺酸溶液，混匀，静置 3～5min 后各加入 1mL 0.2% 盐酸萘乙二胺溶液，加水至刻度，混匀，静置 15min，用 2cm 比色杯，以零管调节零点，于波长 538nm 处测吸光度，绘制标准曲线比较。计算公式为：

$$W = \frac{W_{样} \times 1000}{m \times 40/500 \times 1000 \times 1000}$$

式中　W——样品中亚硝酸盐的含量，g/kg

　　　m——样品质量，g

　　　$W_{样}$——测定用样液中亚硝酸盐的含量，μg

（五）实训报告

采集肉样进行测定，对结果进行分析，写出实训报告。

实训三　食用动物油脂酸值的测定

（一）技能目标

(1) 了解食用油脂酸值测定的原理。
(2) 掌握食用油脂酸值测定的方法。

（二）原理

油脂因水分和其他杂质的存在，在酶或热能的作用下会逐渐被水解、氧化而酸败，使脂肪中的游离脂肪酸增加。用一定量的标准碱溶液中和等量的酸，即可测得油脂酸败的情况，用"酸值"来表示。酸值指中和 1g 油脂中所含游离脂肪酸所消耗的 KOH 的质量（mg）。

（三）器材和试剂

1. 仪器和用具

滴定管，锥形瓶（250mL），试剂瓶，容量瓶、移液管、称量瓶等，天平（感量 0.001g）。

2. 试剂

0.1mol/L 氢氧化钾（或氢氧化钠）标准溶液；中性乙醚－乙醇（体积比 2:1）混合溶剂：临用前用 0.1mol/L 碱液滴定至中性；指示剂：1% 酚酞乙醇溶液。

（四）方法步骤

将检样放置于烧杯内，在80℃以上水浴中熔化。精确称取溶化油脂 3~5g 加到 100mL 具塞锥形瓶中，加入 50mL 中性醇醚混合液，在 40°C 水浴中不断振摇，使其溶化至透明，冷至室温，加入酚酞指示剂 2~3 滴，用 0.1000mol/L KOH 标准溶液滴定至粉红色，并在 1min 之内不退色为止。重复一次测定，取平均数计算。

（五）计算

油脂酸值按下式计算：

$$酸值（mg\ KOH/g\ 油）= \frac{V \times c \times 56.1}{m \times 100}$$

式中　V——滴定消耗的氢氧化钾溶液体积，mL
　　　c——氢氧化钾溶液浓度，mol/L
　　56.1——氢氧化钾的毫克当量
　　　m——试样质量，g

（六）判定标准

一级食用猪油脂的酸值在≤1.0 以下，二级食用猪油脂的酸值≤1.5。

（七）注意事项

（1）滴定所用 0.1000mol/L KOH 溶液的量应为乙醇量的 1/5，以免发生皂化水解。如过量则有混浊沉淀，致结果偏低。

（2）脂肪称量时视油脂的酸值高低而增减，酸值低者称取 5~10g，高者称 1~2g，火腿称 1g 即可。

（3）醇醚混合液中已加有指示剂，在以后滴定时可不必再加指示剂。

（4）油脂颜色深者，可改用 1% 麝香草酚篮乙醇溶液作指示剂。

（5）两次试验的平行误差最好不大于 0.1mg，如酸值高可相对放宽。

（6）中性醇醚混合液宜用罗纹口瓶，以免天热时瓶塞冲出。

（八）实训报告

根据酸值测定的结果，对所检样品的卫生质量做出判定，写出实训报告。

实训四 注水畜禽肉的检验

(一) 技能目标

基本掌握注水畜禽肉的各种检验方法。

(二) 器材和试剂

来自市场的正常肉和注水肉,如市场上无注水肉,可以购买正常畜禽肉。自行注水后检验。要求肉必须是精肉。

(三) 方法步骤

1. 感官检验

掺水的畜禽肉色较正常者淡,有水样光泽,切面呈淡红色和玫瑰色。用手指按压时,有水滴流出,指压后的凹陷恢复较慢。

2. 放大镜观察法

(1) 设备和器材 15~20 倍放大镜、检验刀、大镊子、20mL 注射器各 1 个,大瓷盘 2 个,每组 1 套。

(2) 方法和操作 将正常的和注水的肉或光禽放入大瓷盘内,以备检验者观察。检验者用镊子固定住被检肉,用检验刀顺着肌纤维方向切开肌肉后用放大镜观察。

(3) 判定标准 正常肉的肌纤维排列均匀,结构致密紧凑无断裂、无变细增粗等形态变化,色泽呈鲜红、浅红色,看不到血液和渗出液。注水肉肌纤维肿胀、粗细不匀、结构纹理不清、有大量血水和渗出液。

3. 滤纸贴附检验法

(1) 设备和器材 新华滤纸(最好是定量滤纸)剪成 1cm×8cm 大小的纸条若干,检验刀、镊子各 1 个。每组 1 套。

(2) 方法和操作 检验者用镊子固定被检肉,用检验刀切开肌肉。立即将滤纸条插入肉新鲜切面上 2cm,深贴紧肉面 1~2min。观察滤纸条被浸润情况,纸条揭下后两手均匀拉,检验其拉力。

(3) 判定标准 正常肉滤纸贴后稍湿润且有油渍,揭后耐拉。注水肉滤纸贴后立即被水分和肌肉汁浸湿,均匀一致,超过插入部分 2~4mm 以上(注水越多,湿得越快,这部分越高)。揭后不耐拉,易断。

4. 燃纸检验法

(1) 设备和器材 卷烟纸 1 本、火柴 1 盒、检验刀、镊子各 1 个、瓷盘 2

个，每组1套。

（2）方法和操作　检验者用镊子固定被检肉，用检验刀顺着肌纤维切开肌肉。将卷烟纸贴于肉的新鲜切面上，取下后点火燃烧。

（3）判定标准　正常肉用卷烟纸贴后有油渍，点火后易燃烧。注水肉用卷烟纸贴后立即湿润、点火后不燃烧。

5. 加压检验法

（1）设备和器材　干净塑料袋，质量5kg的哑铃或铁块。

（2）方法和操作　取10cm×10cm×5cm的正常肉和注水肉，分别装在干净的塑料袋内扎紧。将哑铃或铁块压在塑料袋上，10min后观察袋内情况。

（3）判定标准　装正常肉的塑料袋内无水或有非常少的几滴血水。装注水肉的塑料袋内有水被挤出。

6. 熟肉率检验法

（1）设备和器材　锅、电炉子、检验刀、秤、量筒（500~1000mL）各1个，每组1套。

（2）方法和操作　称取正常肉和注水肉肉块各0.5kg，放入锅内，加2000mL水煮沸后继续煮1h，捞出晾凉后称取熟肉质量。根据下式计算：

$$熟肉率 = \frac{熟肉质量}{鲜肉质量} \times 100\%$$

（3）判定标准　正常肉熟肉率>50%。注水肉熟肉率<50%。

（4）注意事项　正常肉与注水肉放在同锅内煮沸时要进行标记，以免混淆。

7. 肉的损耗检验法

（1）设备和器材　吊钩，秤。

（2）方法和操作　取相同大小的正常肉和注水肉各1块，分别称量。将其分开挂在15~20℃通风良好的阴凉处的吊钩上，24h后分别称量。根据下式计算：

$$损耗率 = \frac{晾前肉质量 - 晾后肉质量}{晾前肉质量} \times 100\%$$

（3）判定标准　正常肉损耗率0.5%~0.7%，注水肉损耗率4.0%~6.0%。

8. 试纸法检测注水肉

（1）设备与器材　检验用试纸、检验刀、检验钩、大镊子各1个，瓷盘2个，每组1套。正常和注水的老牛肉、小牛肉和猪肉。

（2）方法和操作　检验者用检验钩钩住被检肉，用检验刀将肌纤维横断，要求切面必须光滑平整。翻开切口，于一侧面贴试纸，立即压实并记录时间，试纸由蓝变红，观察记录试纸变色程度和完全变色（变红）时间。

（3）判定标准　正常猪肉试纸完全变色时间超过20s，注水猪肉20s以内试纸完全变色；正常老牛肉试纸完全变色时间超过 25s，注水老牛肉 25s 以内试纸完全变色；正常小牛肉试纸完全变色时间超过 20s，注水小牛肉 20s 以内试纸完全变色。

（4）注意事项　不同部位、不同品种、宰后贮存时间都会使试纸变色时间有所不同。肉质细嫩、含水量高，如小牛肉的背最长肌，试纸变色快。

除上述几种方法外，还有直接干燥法等。注水肉是个复杂的问题，注入的水多是掺进其他物质或是不洁的水，使之不易流出和鉴别。每种检验法都不十分理想，直接干燥法、熟肉率法、损耗法加入的水含不挥发性杂质多，烘干、煮后、晾后注水肉质量可能大于正常肉，试纸法在观察时存在眼观物差，时间也不易掌握，贴纸法、燃纸法没有量的概念，只凭检验者经验判定。所以注水肉可采用多种方法进行检验，综合判定。

（四）实训报告

采集检品（注水肉）进行检验，对结果进行综合评价，写出实训报告。

实训五　病死畜禽肉的实验室检验

（一）技能目标

能基本掌握病、死畜禽肉的检验操作方法和卫生评价标准。

（二）器材和试剂

正常畜与病畜、死畜各 1 头，禽各 4 只。

（三）方法步骤

1. 感官检验和剖检

详见本项目的"必备知识"。

2. 细菌学检验

感官检验一旦发现有病、死畜禽肉征象时，应立即采样—触片—染色—镜检。

（1）设备和器材　显微镜、有盖搪瓷盘、酒精灯、镊子、剪子、载玻片（要求灭菌）。革兰染色液 1 套、瑞氏染色液。

（2）方法和操作

①无菌操作取有病理变化的淋巴结、实质器官和组织、触片（每个检样制备 2 个以上的触片）。

②将干燥并经火焰固定的触片，经革兰染色法进行染色（也可将自然干燥的组织触片，经瑞氏法进行染色），光学显微镜或油镜下检查。

(3) 判定标准　同微生物或动物性食品微生物学检验标准进行炭疽杆菌、猪丹毒杆菌、巴氏杆菌、链球菌等各种致病菌的判定。

3. 放血程度检验

(1) 滤纸浸润法

①设备与器材：新华滤纸0.5cm×5cm、镊子、检验刀、瓷盘，每组1套。

②方法和操作：检验者用镊子固定被检肉，用检验刀切开肉。取滤纸条插入被检新鲜肉切口处1~2cm深。经2~3min观察。

③判定标准：放血不全时滤纸条被血液浸润且超出插入部分2~3cm。严重放血不全时滤纸条被血样液严重浸润且超出插入5cm以上。

(2) 愈创木脂酊反应法

①设备和器材：镊子、检验刀、瓷皿、吸管、吸球、量筒（10mL）。每组1套。

愈创木脂酊：称取5g愈创木脂，加75%乙醇至100mL，溶解后备用。

3%过氧化氢溶液：量取30%过氧化氢溶液3mL，用蒸馏水稀释至30mL即成（现用现配）。

②方法和操作：检验者用镊子固定肉，用检验刀切取前肢或后肢肉片1~2g，置于瓷皿中。用吸球吸管吸取愈创木脂酊5~10mL注入瓷皿中，此时肌肉不发生任何变化。加入3%过氧化氢溶液数滴，此时肉片周围产生泡沫。

③判定标准：放血良好时肉片周围溶液呈淡蓝色环或无变化；放血不全时数秒钟内肉片变为深蓝色，周围组织全呈深蓝色。

4. 细菌毒素检验（鲎试剂试验）

(1) 原理　鲎试剂中含有内毒素敏感因子凝固酶原、凝固蛋白等凝固素。微量的内毒素可将其依次激活，产生胶冻样凝集现象，其程度与被检物中内毒素含量成正比。本法不但可以定性，还可以依据凝集的最小需要量，推算出检样中内毒素含量。此反应敏感，特异性高，简便快速。

(2) 器材和试剂　水浴锅、天平、灭菌的剪子和镊子。小试管3支、锥形瓶、大平皿或广口瓶（带玻璃珠）、吸管4支等均需除热原处理。每组1套。

除热原处理方法：玻璃器皿用清洁液浸泡24h，取出后流水冲洗，1% NaOH溶液煮沸30min，流水充分洗净后以蒸馏水冲洗，再以无热原蒸馏水冲洗，置于250℃烘箱中烘烤30min或180℃烘箱中烘烤2h。

鲎试剂（TAL试剂）：冻干制品，临用时从冰箱内取出，打开安瓿瓶，加入稀释液0.5mL溶化后备用（可保存2周）。

无热原蒸馏水。

大肠杆菌内毒素的制成品,临用前从冰箱中取出。

氢氧化钠(除热原用)。

健康新鲜肉浸液和生理盐水。

(3) 方法步骤

①检验液的制备:检验者以无菌法从被检肉中心剪取 3cm 肉一块,用无热原蒸馏水冲洗表面后,置于除热原处理的平皿中剪成肉泥,称取 10g 置于装有玻璃珠的广口瓶中,加入无热原的蒸馏水 90mL 混匀,5℃放置 15min(每 5min 振荡一次)后静置 2min,取上清液过滤备用。

②取 3 支小试管,第 1 支加入检样液 0.1mL,第 2 支加入大肠杆菌内毒素稀释液 0.1mL 作阳性对照,第 3 支加入健康新鲜肉浸液或生理盐水 0.1mL 作阴性对照。

③依次向上述 3 个试管中加入鲎试剂 0.1mL 稀释液,立即用透明胶带封好管口,防止污染和蒸发。

④轻轻摇匀后,将试管置于 37℃ 水浴中保温 1h,取出试管慢慢倾斜成 40°~180°,观察结果。

(4) 判定标准

①完全凝固试管　凝胶完全凝固、不变形,为强阳性(+++)。

②80%凝固　倾斜试管,凝胶稍变形但不流动,为阳性(++)。

③40%凝固　倾斜试管,凝胶呈半流动态,具有黏性,为弱阳性(+)。

④无凝固　倾斜试管,凝胶不凝固,为阴性(-)。

(四) 实训报告

采集样品,进行实验室检验,并对检验结果做出评价,写出实训报告。

> 项目思考

1. 肉在保藏时会发生哪些变化?变化的原因和不同阶段肉的主要性状特征是什么?
2. 肉新鲜度检验的项目有哪些?如何进行肉新鲜度检验?
3. 怎样对油脂的质量进行综合评定?
4. 腌腊肉制品的加工卫生和卫生检验的主要内容是什么?
5. 熟肉制品的加工卫生和卫生检验的主要内容是什么?
6. 常见品质异常肉有哪些?如何进行鉴定检验和卫生处理?

项目七　乳与乳制品的卫生检验

知识目标

1. 了解乳的化学组成、理化性质。
2. 了解乳的污染来源。
3. 生鲜乳的感官检验、理化检验和微生物学检验的卫生学指标。
4. 掌握乳房炎乳的检验和牛乳掺假的检验。

技能目标

1. 能对乳的新鲜度进行检验和评价。
2. 能对异常乳进行鉴定和处理。
3. 能对乳制品的卫生进行检验和质量评价。

必备知识

一、鲜乳及其卫生检验

乳主要包括牛乳、羊乳、马乳。乳中含有初生动物所必需的全部营养成分，是哺乳动物出生后赖以生长发育的完全食物。乳类营养丰富，含有人体所必需的营养成分，且容易被消化吸收，已成为人类营养的主要来源之一。

（一）乳的概念、化学组成和理化性状

1. 乳的概念

乳是哺乳动物分娩后由乳腺分泌的一种白色或微黄色悬乳液。乳的成分与性质受动物的生理、病理和其他因素的影响,因而可根据乳的成分可将乳分为初乳、常乳、末乳和异常乳。

(1) 初乳 哺乳动物分娩后 1 周内所分泌的乳汁称为初乳。初乳色黄、浓稠,有特殊气味,干物质含量较高,含有丰富的免疫球蛋白、脂肪、维生素 A、维生素 D 以及铁、钙等矿物质,营养价值高,可提高幼畜的抗病能力。

(2) 常乳 初乳过后至干乳期前的乳称为常乳。常乳是乳制品加工原料和人们的日常饮用乳。

(3) 末乳 母畜停止泌乳前 1 周内所分泌的乳汁称为末乳。末乳具有苦而微咸的味道,细菌和解脂酶增多,不宜贮藏。末乳不能作为加工乳制品的原料乳。

(4) 异常乳 动物泌乳过程中由于本身的生理、病理原因和外来因素影响造成的乳的成分、性质发生改变,不适于饮用和加工乳制品的乳,统称为异常乳。

①生理异常乳:主要是指初乳和末乳。

②病理异常乳:主要是指包括乳房炎乳和患其他疾病动物的乳。

③微生物污染乳:指被微生物污染,微生物数量增加到不能用作加工乳制品的原料乳。

④化学异常乳:主要指低成分乳、低酸度酒精异常乳、冻结乳、风味异常乳、异物混杂乳。

2. 乳的化学组成

乳是多种物质组成的混合物,含有上百种成分,主要由水、脂肪、蛋白质、乳糖、无机盐、维生素和酶类等物质组成。正常乳的各种成分含量比较稳定,但受动物的种类、品种、年龄、泌乳期、季节、气温、健康状况、饲料和挤乳等因素的影响而发生变化。其中变化最为明显的是脂肪,其次为蛋白质,乳糖和无机盐的变化很小。哺乳动物正常乳汁的主要化学成分及其含量见表 7-1。

表 7-1 哺乳动物乳化学成分组成及含量   单位:%

乳的成分	水分	脂肪	乳糖	酪蛋白	乳白蛋白和乳球蛋白	灰分
牛乳	87.32	3.75	4.75	3.00	0.40	0.75
山羊乳	82.34	7.57	4.96	3.62	0.60	0.74
绵羊乳	79.46	8.63	4.28	5.23	1.45	0.97
马乳	90.68	1.17	5.77	1.27	0.75	0.36
犬乳	75.44	9.57	3.09	6.10	5.05	0.73
人乳	88.50	3.30	6.80	0.90	0.40	0.20

3. 乳的物理性质

乳的物理性质包括色泽、滋味、气味、酸度、相对密度、沸点、冰点等。乳的物理性质不仅是辨别乳质量的必要因素，同时也是辨明加工中牛乳变化和检验牛乳掺杂情况的依据。

（1）色泽 新鲜乳的色泽与产乳季节、饲料和乳畜的品种等有一定的关系。新鲜牛乳呈现乳白色或微黄色的不透明的液体。

（2）滋味 新鲜牛乳含有乳糖，稍带甜味。异常乳中的乳房炎乳，因氯的含量较高而有较浓厚的咸味。山羊乳因含有的特别脂肪酸导致具有膻味。

（3）气味 乳由于含有挥发性物质，因此含有令人愉快的乳香味，加热后香味更浓。这些物质主要是低级脂肪酸、丙酮酸、乙醛类和二甲硫等。乳很容易吸收外界各种气味，所以挤出牛乳在每一个处理过程都必须注意环境的清洁和各种因素的影响。

（4）相对密度 乳的相对密度是指乳在20℃时的质量与相同体积水（4℃时）的质量比值。正常乳的相对密度为1.028~1.032，平均为1.030。乳密度的大小由乳中干物质的含量决定，非脂干物质多则密度增加，反之则降低。鲜乳脱脂后密度增加，掺水或脱脂，乳的密度都会受到影响。此外乳的密度还受温度的影响。因而在验收时，需测定乳的密度。

（5）酸度 乳的酸度表示乳中酸的数量，用滴定酸度表示。乳的酸度主要是乳中的蛋白质、氨基酸、柠檬酸盐、磷酸盐和CO_2等酸性物质所形成。与贮藏过程中微生物生长繁殖产生的酸无关，这种酸称为固有酸度或自然酸度，另外乳在贮藏过程中，微生物的生长繁殖分解乳糖产生酸使pH降低，称为发酵酸度。自然酸度与发酵酸度之和，称为总酸度。通常所说的牛乳酸度是指其总酸度。常有两种表示方式，一种是吉尔涅尔度（°T），另一种是乳酸度（乳酸含量）。一般以标准碱液采用滴定法测定酸度，通常是指以酚酞作指示剂中和100mL牛乳所需0.1mol/L氢氧化钠溶液的体积（mL）。牛乳的酸度通常为16~18°T（乳酸度0.15%~0.18%）。

新鲜正常牛乳的pH在6.5~6.7，平均为6.6，酸败乳和初乳的pH在6.4以下，乳房炎乳和低酸度乳的pH在6.8以上。羊乳的pH在6.3~6.7。乳酸度的增高会降低乳的溶解度和保存期，所以乳酸度是乳品卫生质量的重要指标，在贮藏鲜乳时为防止酸度升高，必须迅速冷却，并在低温贮藏。

（6）冰点和沸点 乳的冰点很稳定，一般牛乳的冰点在-0.565~0.525℃，山羊乳的冰点为-0.580℃。乳中掺入水可导致冰点上升，掺水1%，冰点约上升0.0054℃；酸败的牛乳其冰点会降低。所以测定冰点必须要求牛乳的密度正常。

牛乳的沸点在101kPa（1atm）下约为100.55℃。乳的沸点受乳中干物质的含量的影响，乳浓缩时，沸点会相应上升。

（7）表面张力　测定乳的表面张力可用于区别正常乳和异常乳，测定乳中是否混有其他添加物。新鲜牛乳在20℃时表面张力为0.04~0.06N/m，全脂乳表面张力为0.052N/m，脱脂乳为0.056N/m。牛乳的表面张力随温度升高而降低。

（8）黏度　乳的黏度实际指乳中各分子的变形速度与切变应力之间的比例关系。牛乳在20℃时的黏度为1.5~2.0mPa·s。它与乳的化学组成、泌乳期和温度有关，初乳、末乳和病畜乳的黏度比常乳大，乳的含脂率或非脂乳固体含量增加时黏度升高，温度升高时乳的黏度降低。

（二）鲜乳的初加工卫生

1. 乳的生产卫生

为了得到品质良好的乳，在原料的生产中除了改良动物品种、加强饲养管理外，还应做好动物防疫与检疫、严格遵守卫生制度，最大限度地杜绝污染。养殖场应制定生产卫生制度，加强卫生监督和管理。

2. 原料乳的验收

原料乳（生乳）必须来自健康乳畜乳房中挤出的无任何成分改变的常乳。产犊后7d内的初乳、应用抗生素期间和休药期间的乳汁、变质乳不应用作生乳。各项指标均应符合《GB 19301—2010 生乳》的规定。

3. 乳的过滤净化

在养殖场，没有严格遵守卫生的条件下挤乳时，乳容易被粪屑、饲料、垫草、牛毛、乳块、蚊蝇或其他异物污染。因此，刚挤出的乳必须及时过滤，以便除去机械性杂质。同时，凡是将乳从一个地方送到另一个地方，或者由一个容器送到另一个容器时，都应该进行过滤。常用纱布、滤袋或过滤器过滤。原料乳经过数次过滤后，虽然除去了大部分杂质，但乳中污染的极小机械杂质和细菌细胞，难以用一般的过滤方法除去。在乳品厂为使乳达到更高的纯净度，常用离心净乳机来净化乳。

4. 乳的冷却

刚挤出的乳温度约为36℃左右，是微生物生长繁殖最适宜温度，如不及时冷却，混入乳中的微生物就会迅速繁殖，导致乳变质凝固，酸度增加。因此挤乳后将生乳迅速冷却，既可以抑制微生物的繁殖，又可延长抑菌物质的活性。牛乳中的抑菌物质主要是指牛乳中的乳烃素、溶菌酶和乳过氧物氢酶等物质，具有抑菌和抗菌作用。但它们所维持的抗菌时间与乳的温度和细菌污染程度有关。乳的温度越低，细菌含量越少，抑菌时间越长，反之，则短。冷却对乳中微生物的抑制作用见表7-2。

表 7-2　乳的冷却与乳中细菌数的关系　　　　单位：CFU/mL

贮存时间	冷却乳	未冷却乳
刚挤出的乳	11500	11500
3h 以后	11500	18500
6h 以后	6000	102000
12h 以后	7800	114000
24h 以后	62000	1300000

乳中抑菌物质的抑菌效果不仅与温度有关，还与污染程度有关。乳被污染的程度和冷却温度越低，其维持时间也越长。乳的抗菌性与污染程度的关系见表 7-3。

表 7-3　乳的抗菌性与污染程度的关系

乳温/℃	抗菌特性的作用时间/h	
	挤乳时严格遵守卫生制度	挤乳时不严格遵守卫生制度
37	3.0	2.0
30	5.0	2.3
16	12.7	7.6
13	36.0	19.0

冷却只能暂时使微生物的生命活动停止，当温度升高时，微生物又开始活动，因此冷却后的乳尽可能贮存于低温下，并应保持相应温度。乳的冷却温度与酸度的关系见表 7-4。

表 7-4　乳的冷却温度与酸度的关系

乳的贮存时间	乳的酸度/°T		
	未冷却乳	冷却到18℃的乳	冷却到13℃的乳
刚挤出的乳	17.5	17.5	17.5
挤出后 3h	18.3	17.5	17.5
挤出后 6h	20.9	18.5	17.5
挤出后 9h	22.5	18.5	17.5
挤出后 12h	变酸	19.0	17.5

如表 7-4 所示，乳冷却越早，温度越低，乳的 pH 保持得越好。所以刚挤出的乳过滤后必须尽快冷却到 4℃，并在此温度下贮运到乳品厂。

5. 乳的贮存和运输

（1）贮存　为了保证工厂连续生产的需要，必须有一定的原料乳贮存量。一般工厂总的贮乳量应不少于 1d 的处理量。冷却后的乳应尽可能保持低温，以防止温度升高而保存性降低。因此，贮存原料乳的设备，要有良好的绝热保温措施，并配有适当的搅拌机构定时搅拌乳液，以防止乳脂肪上浮造成分布不均匀。贮罐要求保温性能好，一般乳经过 24h 贮存后，乳温上升不得超过 2~3℃。

巴氏杀菌乳的贮存温度应为 2~6℃。灭菌乳应贮存在干燥、通风良好的场所。贮存成品的仓库必须卫生、干燥，产品不得与有害、有毒、有异味或对产品产生不良影响的物品同库贮存。

（2）运输　乳的运输是乳品生产的重要环节，其运输方法较多，但不管采用哪种方法，都必须遵循以下原则：一是防止乳在运输途中升温；二是保持容器必须清洁卫生并加以消毒；三是夏季必须装满盖严，以防震荡，冬季不得装得太满，避免因冻结而使容器破裂；四是长距离运送时，最好采用乳槽车。

6. 乳的杀菌与灭菌

经过过滤冷却的乳，应尽快进行消毒。乳及时进行杀菌或灭菌，可有效防止乳的腐败变质，长时间保持新鲜度。乳品厂常用的杀菌和灭菌方法有以下几种。

（1）巴氏杀菌法　巴氏杀菌法是采用较低温度（一般为 60~82℃），在规定的时间内对食品进行加热处理，以达到杀死微生物营养体的目的的杀菌方法。

①低温长时间杀菌法（LTLT）：将乳加热至 62~65℃，维持 30min。因该方法所用时间长，虽可保持乳的状态和营养，但不能有效杀灭有些病原微生物，目前已少用。

②高温短时间杀菌法（HTST）：将乳加热到 72~75℃，至少保持 15s，或是 80~85℃维持 15~16s。这种方法可杀死大部分微生物，但也会破坏乳中的营养成分。

（2）超高温瞬时杀菌法（UHT）　采用高温短时间使乳的有害微生物致死的灭菌方法。将乳液经 135℃以上灭菌数秒，在无菌状态下包装，以达到商业无菌的要求。乳品企业多用此法。该方法可有效保持乳本身的风味，还能将病原菌和具耐热芽孢的形成菌等有害微生物杀死，但导致乳中的部分蛋白质分解或变性，色、香、味不如巴氏杀菌乳，脱脂乳的高度、浊度、黏度也受到影响。

7. 乳的包装

包装材料必须符合食品卫生要求，没有任何污染，并要避光、密封和耐压。灭菌乳的包装应采用无菌罐装系统，包装材料必须无菌。包装容器的灭菌方法有饱和蒸汽灭菌、双氧水灭菌、紫外线辐射灭菌、双氧水和紫外线联合灭菌等。产品标签参照《GB 7718—2011 预包装食品标签通则》的规定执行。

（三）鲜乳的卫生检验

（1）采样 散装或用大型容器盛装的乳，采样前应先打开搅拌装置，将牛乳充分混匀，从容器表面、中部、底部3点采样。采样量为被检乳量的0.02%~0.10%，每份样品不得少于250mL。若为瓶装或袋装乳，取整件原装的样品按生产班次分批取样或按批号取样。采样量按每批或每个班次取1%。所取样品分为3份，分别供检验、复检和备查用。采集理化检验的样品时所用采样容器都必须清洁干燥，不得含有待测物质或干扰物质；采集微生物检验用的取样容器必须无菌。牛乳样品应迅速在2~4℃条件下冷藏，在12h内送检测单位。无法立即送检测单位的，应于-20℃条件下冷冻，样品离开冷冻保存条件12h内送检测单位。

（2）感官检验 鲜乳的感官检验主要检查乳的色泽，气味、滋味、组织状态等几方面。首先将乳样置于15~20℃水浴保温10~15min并充分摇匀。新鲜正常的牛乳应呈白色或微黄色，具有新鲜牛乳固有的香味，组织状态均匀一致，无凝块，无沉淀，无杂质，无黏稠和浓厚现象，无其他外来滋味和气味。生鲜乳的感官要求（《GB 19301—2010 生乳》）见表7-5。

表7-5 生鲜乳的感官要求

项目	要求	检验方法
色泽	呈乳白色或微黄色	取适量试样置于50mL烧杯中，在自然光下观察色泽和组织状态。闻其气味，用温开水漱口，品尝滋味
滋味、气味	具有乳固有的香味，无异味	
组织状态	呈均匀一致液体，无凝块、无沉淀、无正常视力可见异物	

（3）理化检验 主要检验乳的密度、乳脂率、蛋白质、新鲜度、有害物质等（《GB 19301—2010 生乳》），见表7-6。

表7-6 乳的理化指标

项目	指标	检验方法
冰点[①②]/℃	-0.560 ~ -0.500	GB 5413.38
相对密度/（20℃/4℃）	≥1.027	GB 5413.33
蛋白质/（g/100g）	≥2.8	GB 5009.5

续表

项目	指标	检验方法
脂肪/（g/100g）	≥3.1	GB 5413.3
杂质度/（mg/kg）	≥4.0	GB 5413.30
非脂乳固体/（g/100g）	≥8.1	GB 5413.39
酸度/°T		
牛乳②	12~18	GB 5413.34
羊乳	6~13	

注：①挤出 3h 后检测。

②仅适用于荷斯坦奶牛。

①相对密度的测定：一般多用 20℃/4℃乳稠计来测定乳的相对密度。方法是取混匀并调节温度为 10~20℃的样品，小心倒入玻璃圆筒或 200~250mL 量筒内，勿使发生泡沫并测量样品温度。小心将乳稠计沉入样品中到相当刻度 30°处，然后让其自然浮动，但不能与筒内壁接触。静置 2~3min，眼睛对准筒内牛乳液面的高度，读出乳稠计数值。如果测定温度不在 20℃，则应进行纠正。

②乳脂率的测定：《GB 5413.3—2010 婴幼儿食品和乳品中脂肪的测定》规定了乳脂肪的测定方法。通常用巴布科克氏法和盖勃法，用浓硫酸破坏乳脂肪球膜，同时使牛乳中的酪蛋白钙盐转变成可溶性的重硫酸酪蛋白，增加液体的相对密度，使脂肪更容易浮出。脂肪游离出来，再利用加热离心，使脂肪完全迅速分离，直接读取脂肪层的数值，便可知被测乳的含脂率。

③蛋白质的测定：《GB 5009.5—2016 食品中蛋白质的测定》规定，食品中蛋白质的测定方法有三种，即凯氏定氮法、分光光度计法、燃烧法。

凯氏定氮法的原理是食品中的蛋白质在催化加热条件下被分解，产生的氨与硫酸结合生成硫酸铵。碱化蒸馏使氨游离，用硼酸吸收后以硫酸或盐酸标准滴定溶液滴定，根据酸的消耗量乘以换算系数，即为蛋白质的含量。

分光光度计法的原理是食品中的蛋白质在催化加热条件下被分解，分解产生的氨与硫酸结合生成硫酸铵，在 pH4.8 的乙酸钠 - 乙酸缓冲溶液中与乙酰丙酮和甲醛反应生成黄色的 3，5 - 二乙酰 - 2，6 - 二甲基 - 1，4 - 二氢化吡啶化合物。在波长 400nm 处测定吸光度值，与标准系列比较定量，结果乘以换算系数，即为蛋白质含量。

燃烧法的原理是试样在 900~1200℃高温下燃烧，燃烧过程中产生混合气体，其中的碳、硫等干扰气体和盐类被吸收管吸收，氮氧化物被全部还原成氮气，形成的氮气气流通过热导检测仪（TCD）进行检测。

④新鲜度的测定：通过酸度、酒精试验和煮沸试验均可判定乳的新鲜度。

酸度（°T）是以酚酞为指示剂，中和100mL乳所需0.1000mol/L氢氧化钠标准溶液的体积（mL）。检验方法参照《GB 5413.34—2010 乳和乳制品酸度的测定》的规定采用中和滴定法。该法测定酸度虽然准确，但在现场收购时受到实验室条件限制。

酒精试验是为观察鲜乳的抗热性而广泛使用的一种方法。通过酒精的脱水作用，确定酪蛋白的稳定性。新鲜牛乳对酒精的作用表现相对稳定；而不新鲜的牛乳，其中蛋白质胶粒已呈不稳定状态，当受到酒精的脱水作用时，则加速其聚沉。此法可验出鲜乳的酸度，以及盐类平衡不良乳、初乳、末乳及细菌作用产生凝乳酶的乳和乳房炎乳等。一般以72%体积分数的中性酒精与原料乳等量相混合摇匀，振摇后出现絮片的乳为酒精阳性乳，表明乳的酸度较高。

煮沸试验是取10mL乳于试管中，置沸水浴中5min，取出观察有无絮片出现或发生凝固现象。如有絮片或凝固，表示乳不新鲜，酸度大于26°T。

⑤有害物质的测定：分别参照《GB 5413.37—2010 乳和乳制品中黄曲霉毒素 M_1 的测定》的规定测定黄曲霉毒素、《GB 5009.12—2017 食品中铅的测定》的规定测定铅、《GB 5413.30—2016 乳和乳制品杂质度的测定》的规定测定杂质度等。

（4）微生物检验　乳和乳制品的微生物检验包括菌落总数测定、大肠菌群测定、沙门菌检验、志贺菌检验、金黄色葡萄球菌等肠道致病菌和霉菌的检验。具体方法参照《GB 4789 食品微生物学检验》系列标准的规定执行。

（四）乳的卫生评价与处理

1. 合格乳标准

（1）原料乳　应符合《GB 19301—2010 食品安全国家标准　生乳》的规定。

①感官指标：正常牛乳应为乳白色或微带黄色，不得含有肉眼可见的异物，不得有红色、绿色或其他异色。不能有苦、咸、涩的滋味和饲料、青贮、霉等其他异常气味。

②理化指标：生鲜牛乳的理化指标见表7-6。

③细菌指标：生鲜牛乳的细菌指标见表7-7、灭菌乳原料乳的微生物指标见表7-8。

表7-7 生鲜牛乳的细菌指标

分级	平皿细菌总数分级指标（万个/mL）	美蓝退色时间分级指标
Ⅰ	≤50	≥4h
Ⅱ	≤100	≥2.5h
Ⅲ	≤200	≥1.5h
Ⅳ	≤400	≥40min

表7-8 灭菌乳原料乳的微生物要求

项目	指标/（CFU/mL）	项目	指标/（CFU/mL）
细菌总数	100000	芽孢总数	100
耐热芽孢数	10	嗜冷菌数	1000

（2）绿色食品消毒牛乳 各项指标应符合《NY/T 657—2012 绿色食品乳制品》的规定（表7-9、表7-10）。

表7-9 绿色食品消毒牛乳感官指标

项目	指标
色泽	呈乳白色或稍带黄色
组织状态	呈均匀一致的液体，无凝块、沉淀，无正常视力可见异物
滋味与气味	具有乳固有的香味、无异味

表7-10 绿色食品消毒牛乳微生物指标

项目	指标
细菌总数（个/mL）	≤15000
大肠菌群（个/100mL）	≤40
致病菌	不得检出

2. 不合格乳的卫生评价

鲜乳经过全面检查，有下列缺陷者，不得食用，应予以销毁。
（1）乳有下述缺陷者，禁止销售：
①乳出现黄、红色或绿色等异常色泽；
②乳汁黏稠、有凝块或沉淀，有血或脓、肉眼可见异物或杂质；
③有明显的饲料味、苦味、酸味、霉味、臭味、涩味和其他异常气味或滋味。
（2）乳汁内有明显污染物或加有防腐剂、抗生素和其他任何有碍食品卫生物质者，也不得销售。

(3) 牛乳相对密度不得低于1.028，乳脂率不得低于3.0%，酸度不得大于22°T，乳中不得检出掺杂、掺假物质和致病菌。

(4) 炭疽、牛瘟、狂犬病、钩端螺旋体病、开放性结核、乳房放线菌病等患畜乳，一律不准食用。

二、品质异常乳的卫生检验

（一）掺假掺杂乳的检验与卫生处理

为增加其乳量或掩盖其劣点，乳品生产和经营者在乳中加入各种物质，以假乱真、以杂当真或以伪当真，危害消费者的身体健康。因此要求能对乳样进行快速准确地检验，并得出结论。

1. 常见掺假物的分类

牛乳掺假情况极其复杂。掺假物种类繁多，五花八门，有时难以检出。其中以掺水、碱、盐、糖、淀粉、豆浆、尿素等物质较为常见，并且以混合物掺假现象较为普遍。按掺假物的性质不同分为以下几类。

（1）最常见的一种掺假物质是水。加入量一般为5%~20%，有时高达30%。

（2）为增加乳的密度或掩盖乳的酸败，常在乳中掺入电解质。为提高乳的密度常在乳中掺入食盐、芒硝、硝酸钠、尿素、蔗糖和亚硝酸钠等物质；为掩盖乳的酸败，降低乳的酸度，防止牛乳因酸败而发生凝结现象，常在乳中加入少量的碳酸钠、碳酸氢钠、石灰水、氨水等中和剂。

（3）加入非电解质　在乳中加入米汤、豆浆和明胶等，以增加重量，同时能增加乳的黏度，感官检验时没有稀薄感。

（4）为了防止乳的酸败，在乳中加入防腐物质。

①防腐剂：主要有甲醛、苯甲酸、水杨酸、硼酸及其盐类、过氧化氢、亚硝酸钠、重铬酸钾等。

②抗生素：主要有青霉素、链霉素、红霉素等。

2. 牛乳中掺假掺杂物的检验

首先进行感官检验，检查乳的色泽、气味、黏稠度、有无咸味、苦味或其他异味。再进行测定乳的相对密度、电导率、冰点等物理性质。同时，根据现场调查和感官检验结果，通过分析，确定化学检验项目，采用定量或定性分析方法检验乳中主要营养物质的含量、掺假物质和含量。通过综合检验与分析，判定乳中是否掺假。

（1）感官检验　检查乳的色泽、气味和滋味、组织状态、有无杂质或沉淀。如掺淀粉乳乳汁变清白，有时有微细淀粉颗粒；掺豆浆乳呈淡黄色，乳香味差，并有豆腥味；掺食盐乳变稀，有咸味；掺碱乳口感有碱的涩味。

（2）相对密度的测定　正常牛乳的相对密度为 1.028～1.032，掺水后降低，并使酸度、脂肪、蛋白质、乳糖等成分的含量相应降低。在掺水的同时又掺入提高密度的其他物质，如电解质、非电解质或胶体物质等，可使乳的密度维持在正常范围内，但酸度、脂肪、乳糖含量等则可能低于正常值。

（3）滴定酸度　正常牛乳的滴定酸度小于 18°T，随着乳的存放时间延长，乳中微生物生长繁殖产生乳酸，使滴定酸度增高。如在乳中加水和中和剂后，可使酸度降低。另外乳房炎乳的滴定酸度也低于正常值。

（4）冰点测定　乳的冰点一般比较稳定，正常在 -0.565～-0.525℃，加入水、电解质、非电解质、牛尿等，都能使冰点下降。

（5）电导率　乳的电导率与其中的离子浓度、脂肪、乳糖和蛋白质有关。牛乳掺水后，电导率下降；乳中掺入电解质时，电导率明显增加。

（6）乳清相对密度　乳中掺入水、米汤、豆浆等物质后，乳清密度下降。在乳中加入酸，使酪蛋白沉淀。检验时分离乳清，测定其相对密度。

3. 卫生处理

除单纯掺水乳可作乳粉等浓缩加工的乳制品原料外，其他的掺假掺杂乳一律不得食用。

（二）乳房炎乳的检验与卫生处理

由于外伤或者细菌感染，乳房发生炎症，这时分泌的乳，其成分和性质都发生变化，乳糖含量降低，氯含量增加，球蛋白含量升高，酪蛋白含量下降，并且上皮细胞坏死、脱落进入乳汁中，白细胞也会增加，甚至有血和脓。因此，收购生乳时应加强乳房炎乳的检验。

1. 氯糖数的测定

氯糖数是指乳中氯离子的含量与乳糖的含量之比。健康牛乳中氯糖数不超过 4，而乳房炎乳的氯糖数增至 6～10。参照《GB 5413.5—2010 婴幼儿食品和乳品中乳糖、蔗糖的测定》、《GB 5413.24—2010 婴幼儿食品和乳品中氯的测定》的规定，测定和计算氯糖数。

2. 隐血与脓的检出

乳房炎乳中含有脓和隐血，将 4～5mL 牛乳加入到二氨基联苯（联苯胺）试剂中，20～30s 后，如果乳中含有有隐血和脓时则液体呈深蓝色。

3. 氢氧化钠凝乳检验法

乳房炎乳在碱性条件下出现沉淀。方法是取乳样 3mL 于白色平皿中，加 0.5mL 氢氧化钠试液，立即回转混合，10s 后观察（表 7-11）。

表 7-11　乳房炎乳的判定标准

现象	结果
无沉淀和絮片	－（阴性）
稍有沉淀发生	±（可疑）
有片条状沉淀	＋（阳性）
发生黏稠性团块，并继之分为薄片	＋＋（强阳性）
有持续性黏性团块	＋＋＋（强阳性）

4. 体细胞计数

衡量乳房健康状况及乳卫生质量的标志之一是乳中细胞含量的多少。我国和很多发达国家都采用体细胞计数的方法，防止乳房炎乳混入原料乳中。在正常牛乳中体细胞含量平均为 26 万个/mL，不超过 50 万个/mL。当乳牛患有乳房炎时，乳中体细胞数超过 50 万个/mL。

5. 卫生处理

乳房炎乳不得食用，经消毒后可作为饲料。

（三）乳中抗生素残留的检验与卫生处理

1. 牛乳中抗生素残留原因和危害性

不合理使用抗生素治疗动物疾病、饲养含抗生素的饲料和饲料添加剂等因素，将造成原料乳中抗生素残留。特别对泌乳期乳牛用药不当或不注意安全时间是造成牛乳中抗生素残留的重要原因。一些不法商在高温季节为了防止牛乳酸败，在牛乳中掺杂各种抗生素以抑制细菌生长。

长期食用抗生素超标的牛乳，食用者可能会产生各种不良的反应，如对抗生素类药物的敏感性降低，增加病原菌对抗生素的耐药性等；同时牛乳中抗生素残留也会直接影响到乳制品的加工和品质。

2. 牛乳中抗生素残留检测方法

（1）微生物受阻检测法（TTC 法）　检验牛乳中抗生素残留的传统方法是微生物受阻检测法。其测定原理是根据抗生素对微生物的生理机能、代谢的抑制作用来定性或定量确定样品中抗微生物药物的残留。我国《GB/T 4789.27—2008 鲜乳中抗生素残留量检测法》，还有 20 世纪 60～70 年代国外普遍采用的抑菌圈试验、混浊度试验均属于此类。常见的有氯化三苯四氮唑法（TTC）、管碟法、纸片法和德尔文特斯特法。

（2）理化检测法　理化检测法是利用抗生素分子中的基团所具有的特殊反应或性质来测定其含量，如高效液相色谱法、气相色谱法、质谱法、联用技术等，能用于进行定性、定量和药物鉴定。敏感性较高，但检测程序复杂，检测费用较高。在牛乳中抗生素残留检测方面,最常用的理化检测方法是高效液相色谱和联用技术。

①高效液相色谱:高效液相色谱是目前广泛应用的一种理化检测方法,它引入了气相色谱理论,在技术上采用了高压泵,高效固定相和高灵敏度检测器,实现了分离速度快,效率高和操作自动化。

②联用技术:各种分析技术联用是现代兽药残留分析乃至整个分析化学方法上的发展特点。计算机的应用加速了这一趋势。联用技术可扬长避短,一般集分离、定量和定性于一体,因而特别适用于确证性分析。

③其他理化检测方法:牛乳中抗生素残留检测方法还有气相色谱法(GC)、高效薄层色谱法(HPTLC)、超临界流体色谱(SFC)和毛细管区域电泳法(CIE)等。这些方法尽管在残留检测中不常用,但因其各自特有的性能,能弥补常用方法中的不足之处。

(3)免疫分析法 免疫学分析方法在食品分析中正得到越来越广泛的运用。目前药物残留免疫分析技术主要分为三大类:相对独立的分析方法,即免疫测定法;免疫分析技术与常规理化分析技术联用的方法;免疫受体法。

①免疫测定法:相对独立的免疫测定法有放射免疫测定法(RIA)、酶联免疫吸附分析法(ELISA)、固相免疫传感器等。

②免疫分析技术与常规理化分析技术联用方法:利用免疫分析的高选择性作为理化测定技术中的净化手段,典型的方式为免疫亲和色谱(IAC)。与传统的微生物受阻法和常规的理化分析方法技术相比,免疫分析技术最突出的优点是操作简单、速度快。

③免疫受体法:免疫受体法是目前国际法规认可的一类专利检测法。免疫受体检测法是酶联免疫吸附分析(ELISA)的一个变换形式,其基本原理是将特定抗生素类群作为靶子,让固定在一定部位的特定抗体或广谱受体捕捉。大多数检测法利用竞争性原理,使样品内的抗生素与内置抗生素标志物竞争与固定抗体或广谱受体结合,然后进行冲洗和显色。内置抗生素标志物与固定抗体或广谱受体形成复合体,通过酶的作用分解形成有色物质或发光物质。通过测定色度或光度并与参比物对照,就可以判断结果是阴性还是阳性。免疫受体试验的特点是速度快,通常在 1min 内可以得到试验结果,但一般只能作为定性试验,特异性很强,检测费用较高。

3. 卫生处理

鲜牛乳中抗生素不得检出。生产中一旦抗生素检测为阳性者,不得食用。

三、乳制品的卫生检验

乳制品是以鲜乳为主要原料,采用不同的生产工艺将乳加工成乳粉、酸乳、炼乳、干酪和乳饮料等产品。各种乳制品的生产要求原料乳和添加剂要符合卫生要求,并要做好乳制品的卫生检验。

(一)乳粉的卫生检验

乳粉是以动物乳汁为原料经杀菌、浓缩、喷雾干燥制成的粉末状产品。乳粉既保持了乳汁的营养,又便于贮藏和运输。

1. 检验项目

(1) 感官检验 检查其色泽、气味和滋味、组织状态及溶解度是否符合卫生质量要求。乳粉的感官指标应符合《GB 19644—2010 乳粉》的规定,见表7-12。

表7-12 乳粉的感官指标

项目	要求		检验方法
	乳粉	调制乳粉	
色泽	呈均匀一致的乳黄色	具有应有的色泽	取适量试样置于50mL烧杯中,在自然光下观察色泽和组织状态。闻其气味,用温开水漱口,品尝滋味
滋味、气味	具体纯正的乳香味	具有应有的滋味、气味	
组织状态	干燥均匀的粉末		

(2) 理化检验 参照《GB/T 5009.46—2003 乳与乳制品卫生标准的分析方法》和《GB 19644—2010 乳粉》的规定检验乳粉的蛋白质、脂肪等一般成分和铅、铜、硝酸盐、黄曲霉毒素、亚硝酸盐等有害物质的含量。污染物限量应符合《GB 2762—2022 食品中污染物限量》的规定。食品添加剂和营养强化剂的使用应符合《GB 2760—2024 食品添加剂使用标准》和《GB 14880—2012 食品营养强化剂使用标准》的规定。乳粉的理化指标应符合《GB 19644—2010 乳粉》的规定,见表7-13。

表7-13 理化指标

项目	指标		检验方法
	乳粉	调制乳粉	
蛋白质/%	≥非脂固体[①]的34%	≥16.5	GB 5009.5
脂肪[②]/%	≥26.0	—	GB 5413.3

续表

项目	指标		检验方法
	乳粉	调制乳粉	
复原乳酸度/°T			
牛乳	≤18	—	GB 5413.34
羊乳	7~14	—	
杂质度/（mg/kg）	≤16	—	GB 5413.30
水分/%	≤5.0		GB 5009.3

注：①非脂乳固体（%）=100% - 脂肪（%）- 水分（%）。
②仅适用于全脂乳粉。

（3）微生物检验　参照《GB/T 4789 食品微生物学检验》系列标准的规定。真菌毒素限量，应符合《GB 2761—2017 食品中真菌毒素限量》的规定。乳粉的微生物符合《GB 19644—2010 乳粉》的规定，见表 7-14。

表 7-14　乳粉的微生物指标

项目	采样方案①及限量（若非指定，均以 CFU/g 或 CFU/mL 表示）				检验方法
	n	c	m	M	
菌落总数②	5	2	50000	200000	GB 4789.2
大肠菌群	5	1	10	100	GB 4789.3 平板计数法
金黄色葡萄球菌	5	2	10	100	GB 4789.10 平板计数法
沙门菌	5	0	0/25g	—	GB 4789.4

注：①样品的分析及处理按 GB 4789.1 和 GB 4789.18 执行。
②不适用于添加活性菌种（好气和兼性厌氧益生菌）的产品。

2. 乳粉的卫生评定

（1）原料乳必须是新鲜常乳，不得使用异常乳。原料乳的各项卫生指标必须符合国家标准的规定。

（2）符合国家或行业有关标准规定的所有项目指标。

（3）乳粉中检出含有防腐剂、重金属残留量超标者均不得供食用。对检出黄曲霉毒素、致病菌和严重污染者，应予以销毁。

（4）发现哈喇味、酸败臭味，以及发霉、吸潮结块、生虫和褐色变化者，应予以销毁。

（二）酸牛乳的卫生检验

酸乳是以新鲜的牛乳为原料，经过巴氏杀菌后再向牛乳中添加有益菌（发酵剂），经发酵后，再冷却灌装的一种牛乳制品。目前市场上酸乳制品分为酸乳和风味酸乳。

酸乳是以生牛（羊）乳或乳粉为原料，经杀菌、接种嗜热链球菌和保加利亚乳杆菌（德氏乳杆菌保加利亚亚种）发酵制成的产品。

风味酸乳是以80%以上生牛（羊）乳或乳粉为原料，添加其他原料，经杀菌、接种嗜热链球菌和保加利亚乳杆菌（德氏乳杆菌保加利亚亚种）发酵前或后添加或不添加食品添加剂、营养强化剂、果蔬、谷物等制成的产品。

1. 检验项目

（1）感官检验　从色泽、滋味和气味、组织状态等方面检验其卫生质量。酸乳的感官指标（《GB 19302—2010 发酵乳》）见表 7-15。

表 7-15　酸牛乳的感官指标

项目	酸乳	风味酸乳
色泽	呈均匀一致的乳白色或微黄色	具有与添加成分相符的色泽
滋味和气味	具有发酵乳特有的滋味、气味	具有与添加成分相符的滋味和气味
组织状态	组织细腻、均匀，允许有少量乳清析出；风味发酵乳具有添加成分特有的组织状态	

（2）理化检验　酸牛乳的蛋白质、脂肪、非脂固体、酸度分别参照《GB/T 5009.5—2016 食品中蛋白质的测定》《GB/T 5413.3—2010 婴幼儿食品和乳品中脂肪的测定》《GB/T 5413.39—2010 乳和乳制品中非脂乳固体的测定》《GB/T 5413.34—2010 乳和乳制品酸度的测定》的规定检验，硝酸盐和亚硝酸盐参照《GB/T 5009.33—2010 食品中亚硝酸盐与硝酸盐的测定》的规定检验，黄曲霉毒素 M_1 参照《GB/T 5009.24—2016 食品中黄曲霉毒素 M 族的测定》的规定检验。酸牛乳的理化指标见表 7-16。

表 7-16　酸牛乳的理化指标

项目	纯酸牛乳			调味酸牛乳、果味酸牛乳		
	全脂	部分脱脂	脱脂	全脂	部分脱脂	脱脂
脂肪/%	≥3.1	1.0~2.0	≤0.5	≥2.5	0.8~1.6	≤0.4
蛋白质/%	≥2.9			≥2.3		
非脂固体/%	≥8.1			≥6.5		
酸度/°T				70		

（3）微生物检验　酸乳不做菌落总数检验。大肠菌群数参照《GB/T 4789.3—2016 食品微生物学检验　大肠菌群计数》的规定检验；肠道致病菌和致病性球菌参照《GB/T 4789.4—2016 食品微生物学检验　沙门氏菌检验》《GB/T 4789.5—2012 食品微生物学检验　志贺氏菌检验》《GB/T 4789.10—2016 食品微生物学检验 金黄色葡萄球菌检验》《GB/T 4789.11—2014 食品微生物学检验　β 型溶血性链球菌检验》《GB/T 4789.18—2024 食品微生物学检验　乳与乳制品采样和检验处理》的规定检验，乳酸菌是反映酸乳的特异性指标，其检验参照《GB 4789.35—2023 食品微生物学检验　乳酸菌检验》的规定进行。

2. 酸牛乳的卫生评定

（1）生产酸牛乳的原料乳要求同乳粉。

（2）酸牛乳各项卫生指标必须符合国家规定的各项标准。

（3）感官和微生物指标不合格或表面生霉的产品，不得出售，一律废弃。

（4）检出致病菌者，应作工业用或销毁。

（三）奶油的卫生标准

奶油是消化率较高的脂肪，并含有大量的维生素 A，是采用机械分离法或静置法，从鲜乳中分离出来的稀奶油，经杀菌、成熟、搅拌、压炼等一系列加工处理制成的产品。分为稀奶油、奶油、无水奶油。奶油的各项指标应符合《GB 19646—2010 稀奶油、奶油和无水奶油》的规定。

1. 奶油的感官和理化指标

奶油的感官和理化指标见表 7-17 和表 7-18。

表 7-17　奶油的感官要求

项目	要求	检验方法
色泽	呈均匀一致的乳白色、乳黄色或相应辅料应有的色泽	取适量试样置于 50mL 烧杯中，在自然光下观察色泽和组织状态。闻其气味，用温开水漱口，品尝滋味
滋味、气味	具有稀奶油、奶油、无水奶油或相应辅较应有的滋味和气味，无异味	
组织状态	均匀一致，允许有相应辅料的沉淀物，无正常视力可见异物	

表 7-18 奶油的理化指标

项目	指标			检验方法
	稀奶油	奶油	无水奶油	
水分/%	—	≤16.0	≤0.1	奶油按 GB 5009.3 的方法测定；无水奶油按 GB 5009.3 的卡尔·费休法测定
脂肪/%	≥10.0	≥80.0	≥99.8	GB 5413.3[①]
酸度[②]/°T	≤30.0	≤20.0	—	GB 5413.34
非脂乳固体[③]/%	—	2.0		

注：①无水奶油的脂肪（%）=100% – 水分（%）。
②不适用于以发酵稀奶油为原料的产品。
③非脂乳固体（%）=100% – 脂肪（%） – 水分（%）。

2. 微生物限量

以罐头工艺或超高温瞬时灭菌工艺加工的稀奶油产品应符合商业无菌的要求，参照《GB/T 4789.26—2023 食品微生物学检验 商业无菌检验》的规定检验。其他产品应符合表 7-19 的规定。

表 7-19 微生物限量

项目	采样方案[①]及限量（若非指定，均以 CFU/g 或 CFU/mL 表示）				检验方法
	n	c	m	M	
菌落总数[②]	5	2	10000	100000	GB 4789.2
大肠菌群	5	2	10	100	GB 4789.3 平板计数法
金黄色葡萄球菌	5	1	10	100	GB 4789.10 平板计数法
沙门菌	5	0	0/25g（mL）	—	GB 4789.4
霉菌	≤90				GB 4789.15

注：①样品的分析及理按 GB 4789.1 和 GB 4789.18 执行。
②不适用于以发酵稀奶油为原料的产品。

（四）炼乳的卫生检验

炼乳是一种牛乳制品，用鲜牛乳或羊乳经过消炼乳毒浓缩制成的饮料，它的特点是可贮存较长时间。炼乳是"浓缩乳"的一种，是将鲜乳经真空浓缩或其他方法除去大部分的水分，浓缩至原体积 25%~40% 的乳制品，装罐密封，再经加热灭菌，称为淡炼乳。甜炼乳是鲜乳中加约 15% 蔗糖，工艺同淡炼进行浓缩，使体积降到原来的 1/3，产品中蔗糖浓度可达 40% 以上。《GB 13102—2010 炼乳》对炼乳的要求见表 7-20、表 7-21 和表 7-22。

表 7-20　炼乳的感官要求

项目	要求			检验方法
	淡炼乳	加糖炼乳	调制炼乳	
色泽	呈均匀一致的乳白色或乳黄色，有光泽		具有乳和辅料应有的滋味和气味	取适量试样置于 50mL 烧杯中，在自然光下观察色泽和组织状态。闻其气味，用温开水漱口，品尝滋味
滋味、气味	具有乳的滋味和气味	具有乳的香味，甜味纯正	具有乳和辅料应有的滋味和气味	
组织状态	组织细腻，质地均匀，黏度适中			

表 7-21　炼乳的理化指标

项目	指标				检验方法
	淡炼乳	加糖炼乳	调制炼乳		
			调制淡炼乳	调制加糖炼乳	
蛋白质/（g/100g）	≥非脂乳固体的[①]34%		≥4.1	≥4.6	GB 5009.5
脂肪（X）/%	7.5≤X	<15.0	X≥7.5	X≥8.0	GB 5413.3
乳固体[②]/（g/100g）	≥25.0	≥28.0	—	—	GB 5413.3
蔗糖/（g/100g）	—	≤45.0	—	≤48.0	GB 5413.3
水分/%	—	≤27.0	—	≤28.0	GB 5009.3
酸度/°T	≤48.0				GB 5413.34

注：①非脂乳固体（%）=100%－脂肪（%）－水分（%）－蔗糖（%）。
　　②乳固体（%）=100%－水分（%）－蔗糖（%）。

表 7-22　炼乳的微生物限量标准

项目	采样方案*及限量				检验方法
	n	c	m	M	
菌落总数	5	2	30000	100000	GB 4789.2
大肠菌群	5	1	10	100	GB 4789.3 平板计数法
金黄色葡萄球菌	5	0	0/25g（mL）	—	GB 4789.10 平板计数法
沙门菌	5	0	0/25g（mL）	—	GB 4789.4

*样品的分析及处理按 GB 4789.1 和 GB 4789.18 执行。

实操训练

乳酸度测定和掺假掺杂乳、乳房炎乳的检验

（一）乳酸度的测定

1. 技能目标

掌握滴定法、酒精实验法和煮沸实验法测定乳酸度的方法。

2. 器材和试剂

碱式滴定管，水浴锅，250mL 椎形瓶，试管，烧杯，0.5%酚酞乙醇溶液，0.1mol/L NaOH 溶液，68%、70%、72%中性酒精等。

3. 方法步骤

（1）滴定法

①吸取 10mL 牛乳、移入 250mL 椎形瓶中，加入 20mL 中性蒸馏水，滴入 0.5%酚酞乙醇溶液 0.5mL，摇匀，用 0.1mol/L NaOH 溶液滴定，至出现微红色并在 1min 内不消失为终点。

②将滴定时所消耗的 0.1mol/L NaOH 溶液的体积（mL）乘以 10，即为牛乳的酸度（°T）。

（2）酒精试验法　取 1~2mL 乳于试管中，加入等量的中性酒精（68%或 70%或 72%的酒精）。迅速充分混合，如有絮状物（蛋白沉淀）出现，即为酒精阳性乳，否则为酒精阴性乳。

出现絮状物，表示酸度高，乳的酸度与酒精浓度关系见表 7 – 23。

表 7 – 23　乳的酸度与酒精体积分数的关系

酒精体积分数/%	出现絮状物的酸度/°T
68	20
70	19
72	18

（3）煮沸实验法　取试管或小烧杯，加入乳样 10~20mL，然后在酒精灯上加热，观察其煮沸后的情况，摇动试管，如见白色絮状物附着管壁或沉淀管底，即表示乳的酸度已达到 26°T 以上。

（二）搀假、搀杂乳的检测

1. 技能目标

学会乳中常见搀假、搀杂物进行检测，并根据检测结果进行分析判断。

2. 器材和试剂

移液管，试管，碘液，0.04%溴麝香草酚蓝溶液醚醇混合液，25% NaOH溶液，硫酸，硝酸，硝酸银，10%铬酸钾溶液等。

3. 方法步骤

（1）搀入淀粉、米汤的检测　取5mL乳样注入试管中，稍稍煮沸，冷却后加数滴碘液（碘的酒精溶液或0.1mol/L的碘液），有淀粉存在时，则有蓝色或青蓝色沉淀物出现。

（2）掺入碱的检验　取被检乳样5mL于试管中，将试管倾斜，沿管壁加入0.04%溴麝香草酚兰溶液2~3滴于液面上，转动试管2~3r，使这些液体更好地接触，但切忌使液体互相混合。然后将试管垂直静置2min，再观察液面间颜色。同时用鲜乳做空白对照实验。掺碱量与颜色深浅的半定量对应关系见表7-24。

表7-24　乳中掺碱量与颜色的对应关系

掺碱量/%	无	0.05	0.1	0.3	0.5	0.7	1.0	1.5
颜色	黄色	浅绿色	绿色	深绿色	青绿色	浅蓝色	蓝色	深蓝色

（3）掺入豆浆的检测　吸取2mL乳样于试管中，加入醇醚混合液（1:1）3mL和25% NaOH溶液5mL，摇匀，静置5~10min，同时吸取2mL蒸馏水或正常乳做对照实验，如出现黄色，表明乳中搀有豆浆。

（4）乳中掺甲醛的检测　吸取5mL乳样注入试管内，仔细缓慢地沿着试管壁加入2mL硫酸和硝酸混合液，注意防止乳与酸混合，要使乳与酸分成两层。经过1~2min后在乳与酸交接面处如产生紫色环，说明有甲醛存在（不含甲醛的牛乳在交接面处呈淡黄褐色）。当甲醛含量极少时（少于0.00001%）需要经过0.5~1h才出现。

（5）乳中加入盐的检测　取5mL硝酸银溶液于试管中，再加2滴10%铬酸钾溶液，混匀（呈红色），取被检乳1mL注入试管中，充分混匀。如果红色消失，溶液变为黄色，说明乳中含氯量0.14%以上，则此乳为异常乳。若红色不变，则说明氯的含量低于指标为正常乳。

（三）乳房炎乳的检验

1. 技能目标

掌握检验乳房炎乳的溴甲酚紫法和结果判定，掌握氯糖数的测定方法和判定标准。

2. 器材和试剂

（1）溴甲酚紫法　称取 60g 碳酸钠（$Na_2CO_3 \cdot 10H_2O$，化学纯）溶于 100mL 蒸馏水中，称取 40g 无水氯化钙溶于 300mL 蒸馏水。二者均需均匀搅拌、加温、过滤，然后将两种滤液倾注一起，予以混合、搅拌加温和过滤，于第二次滤液中加入等量的氢氧化钠溶液继续搅拌、加温、过滤即为试液，加入溴甲酚紫于试液内，有助于结果的观察。试剂宜放在棕色瓶中保存。

（2）氯糖数的测定　10mL 吸管，100mL 量筒，250mL 椎形瓶，200mL 容量瓶，50mL 滴定管，石蕊试纸，20% 硫酸铝溶液，10% 铬酸钾溶液，0.2mol/L NaOH 溶液，0.02817mol/L 硝酸银溶液（每 1000mL 水溶解 4.788g 硝酸银，标定后使用）。

3. 方法步骤

（1）溴甲酚紫法　吸取乳样 3mL 于白色平皿中，加 0.5mL 试液，立即回转混合，约 10s 后观察结果，见表 7-25。

表 7-25　乳房炎乳（溴甲酚紫法）检查结果判定

结果	判定
无沉淀及絮片	－（阴性）
稍有沉淀	±（可疑）
肯定有沉淀（片条）	＋（阳性）
发生黏稠性团块并继之分为薄片	＋＋（强阳性）
有持续性黏稠性团块（凝胶）	＋＋＋（强阳性）

（2）氯糖数的测定

①方法：用吸管吸取乳样 20mL，注入 200mL 容量瓶中，加 20% 硫酸铝溶液 10mL 和 0.2mol/L 的 NaOH 溶液 8mL，混合均匀加水至刻度，摇匀后过滤。

取 100mL 滤液，用 0.02817mol/L 硝酸银标准溶液滴定到砖红色。0.02817mol/L 硝酸银溶液相当于 1mg 氯。

在滴定前用石蕊试纸测定溶液的酸碱性并调整溶液至中性。

②计算：

$$W(氯) = \frac{V \times 10}{1.030 \times 1000}$$

式中　V——滴定时用去的硝酸银体积，mL

1.030——正常乳的相对密度

$V \times 10$——每 100mL 牛乳中含氯量，mg

$$氯糖数 = \frac{W(氯) \times 100}{W(乳糖)}$$

健康牛乳中的氯糖数不超过4。患乳房炎时乳中氯化物正常，乳糖数减少，故氯糖数大于4。

（四）实训报告

采集样品，进行实验室检验，并对检验结果做出评价，写出实训报告。

项目思考

1. 试述乳的化学成分和理化特性。
2. 试述鲜乳的卫生检验方法和卫生评价的主要内容。
3. 原料乳常见的掺假掺杂现象有哪些？如何检测？
4. 乳房炎乳的检验和卫生处理要点是什么？
5. 如何进行乳制品的卫生检验？

项目八　蛋与蛋制品的卫生检验

> **知识目标**

1. 了解蛋的形态结构和化学组成。
2. 掌握鲜蛋在保藏过程中的污染和变化。
3. 掌握蛋的感官检查和灯光透视检查方法。

> **技能目标**

1. 能对蛋的新鲜度进行检验。
2. 能对蛋制品的卫生进行检验和评价。

> **必备知识**

一、蛋的卫生检验

（一）蛋的组成

蛋主要由蛋壳、蛋白和蛋黄三大部分组成，各部分有其不同形态结构和生理功能。三者各占全蛋质量的 12%～13%、55%～56% 和 32%～35%。但其比例受产蛋家禽年龄、产蛋季节、蛋禽饲养管理条件及产蛋量的影响。

蛋的化学组成主要有水分、脂肪、蛋白质、碳水化合物、类脂、矿物质和维生素等。这些成分的含量因家禽种类、品种、年龄、饲养条件、产蛋期及其他因素不同而有较大的差异。几种蛋的主要化学组成见表 8-1。

表 8-1 几种蛋的主要化学组成　　　　　　　　单位:%

禽蛋种类	水分	蛋白质	脂肪	碳水化合物	灰分
鸡蛋（白皮）	75.8	12.7	9.0	1.5	1.0
鸡蛋（红皮）	73.8	12.8	11.1	1.3	1.0
鸭蛋	70.3	12.6	13.0	3.1	1.0
鹅蛋	69.3	11.1	15.6	2.8	1.2
鹌鹑蛋	73.0	12.8	11.1	2.1	1.0

蛋类的营养素含量不仅丰富，而且质量好，是营养价值很高的食物。鲜蛋可能被细菌污染，鲜蛋在保藏过程中会发生变化，严重者会变质，因此要加强蛋类的卫生检验，从感官上和理化鉴定上对蛋品质进行卫生检验和监督。

（二）蛋贮藏时的变化

无论采用哪一种贮藏方法，鲜蛋在贮藏的过程，都会受到外界温度、湿度、包装材料的状态、收购时蛋品质和保存时间等因素的影响，蛋的内容物会发生不同程度的物理、化学和生物方面的变化。

1. 重量

鲜蛋在贮藏期间重量会逐渐减轻，贮存时间越长，减重越多。重量减轻越多，气室越大。这是由于蛋内水分经由蛋壳上的气孔蒸发所致。影响蛋重变化的主要因素有温度、湿度、贮藏期和涂膜、蛋壳的厚薄、贮藏方法。

2. 气室

气室是衡量蛋新鲜程度的标志之一。在贮藏过程中由于水分蒸发、CO_2 的逸散、蛋内容物干缩使气室增大。在其他条件相同的情况下，贮存时间越长，气室越大。

3. 黏度

蛋液具有一定的黏度，新鲜蛋的蛋液黏度高，陈旧蛋的蛋液黏度低。这种变化与贮藏中蛋白质的分解和表面张力的大小有关。贮存方法不同、贮存时间的长短对蛋液的黏度都有影响。

4. 蛋黄系数

蛋黄系数是衡量蛋新鲜度的一个标志。新鲜蛋的蛋黄系数大，平均为 0.36~0.44，陈旧蛋系数小。在 25℃ 下贮藏 8d，或者 16℃ 下贮藏 23d，蛋黄系数可降至 0.3，但在 37℃ 时只需 3d 蛋黄系数即可降至 0.3。可见除时间因素外，温度对蛋黄系数的降低有重要影响。

5. 哈氏单位

哈氏单位也称哈夫单位，是表示蛋的新鲜度和蛋白质量的指标。哈氏单位越高，则蛋白越浓稠，品质越好；反之表示蛋白稀薄，品质较差。国外根据哈氏单位值的大小来评定商品蛋的等级。根据加拿大农业试验站的测定，贮存期间鲜蛋哈氏单位的变化和贮藏时间有直接的关系。哈氏单位随着贮藏时间的延长而降低，哈氏单位变小的过程实际上是蛋白在酶的作用下逐渐水化的过程，浓蛋白变稀，与稀蛋白的界限变得不清晰，浓蛋白水化的结果是系带逐渐松弛，失去弹性，最后与蛋黄脱离。

6. pH

新鲜蛋黄的 pH 为 6.0~6.4，贮存过程中 pH 会逐渐上升接近中性以至于达到中性。蛋白的变化比蛋黄大。最初蛋白的 pH 为 7.6~7.9，贮存后可升到 9.0 以上。但当蛋接近变质时，pH 有下降的趋势。当蛋白的 pH 降到 7.0 左右时尚可食用，若 pH 继续下降则不宜食用。蛋在贮存期间 pH 上升的原因主要是由于蛋内 CO_2 不断从气孔向外逸散所致。当气室内的 CO_2 与外界空气平衡后就停止下降，此时蛋白 pH 可达 9.0 以上。如果在蛋壳表面涂膜后再贮藏，则 pH 的下降速度可以减缓。

7. 水分

新鲜的蛋白、蛋黄含水量分别为 73.57% 和 47.58%，经一段时间贮存的蛋，由于渗透作用，蛋白中的水分逐渐向蛋黄中转移，使蛋黄中水分增加，蛋白中水分可降至 71% 以下。蛋白水分减少的原因，除一部分向蛋黄渗透外，还有一部分通过气孔向外蒸发，同时造成气室增大。

8. 含氮量

在贮藏过程中蛋内的蛋白质在微生物的作用下逐渐分解，产生部分氮和含氮化物，从而使蛋内氮含量增加。据测鲜蛋中每 100g 蛋黄液含氮 3.4~4.1mg，每 100g 蛋白液含氮 0.4~0.6mg。随着贮藏时间延长，蛋液中含氮量逐渐增多。

（三）蛋的新鲜度检验

严格鉴定鲜蛋的质量，对鲜蛋的收购、包装、运输、保藏和蛋品的加工有重要意义。鲜蛋的检验方法一般有感官检验法、光照检验法、密度检验法、气室高度检验法和卵黄指数测定等方法。

1. 感官检验法

该方法主要凭借检查人员的感觉器官（视觉、听觉、触觉、嗅觉）鉴别蛋的质量。此种方法对蛋的质量只能做出大概的鉴定。

蛋新鲜度的感官检验可以概括为"一看二听三摸四嗅"。

一看：看蛋的表面，形状，大小，清洁度，有无霉斑、光泽。良质蛋蛋壳实整平滑，无破损，清洁无粪污，无斑点，壳壁坚实，气孔不显露，蛋壳上有一层霜状粉末。陈蛋表面粉霜脱落，皮色油亮或乌灰，碰撞声空洞。

二听：一是从敲击蛋壳发出的声音来判断有无裂损、变质和蛋壳厚薄程度。方法是将两枚蛋拿在手中，使回转相敲或用手指甲轻轻敲击，听蛋壳发出的声音。若声音坚实，似砖头碰击声为新鲜蛋；若声音发间沙哑，有"啪啪"声为裂纹蛋；空头蛋大头上有空洞声；钢壳蛋发音尖脆，有"叮叮"声；贴皮蛋、臭蛋发音像敲瓦片声；用指甲竖立在蛋上推去，有"吱吱"声的是雨淋蛋。二是摇，由于陈旧蛋由于蛋内水分散发，蛋白变稀，蛋黄膜破裂，所以摇动时有不同程度的响声。

三摸：主要靠手感。新鲜蛋拿在手中有"沉"的压手感觉。孵化过的蛋，外壳发滑，分量轻；霉蛋和贴皮蛋外壳发涩。

四嗅：打开蛋壳嗅气味。泻黄蛋有不愉快的气味；黑腐蛋（老黑蛋，腐败蛋、坏蛋）有强烈硫化氢臭味；重度黑黏壳蛋，蛋液有异味。

2. 光照检验法

即用光照透视来检查蛋的内容物的状况，是禽蛋收购和加工中普遍采用的一种方法。该法简便易行，通过灯光透视，可以确定气室的大小、蛋白、蛋黄、系带、胚珠和蛋壳的状态和透光程度。

检验时是在暗室或弱光的环境中，将蛋的大头向上紧贴照蛋器的照蛋孔上，使蛋的纵轴与照蛋器约成30°倾斜。先观察气室的大小和内容物透光程度，然后将蛋迅速旋转约1周，根据蛋内容物移功情况来判断气室的状况、蛋白的黏稠度、系带的松弛度、蛋黄和胚胎的稳定程度，以及蛋内有无污斑、黑点和其他异物。

新鲜正常的蛋在灯光下气室小而固定，蛋内完全透光，且呈淡橘红色。蛋白浓厚、清亮、包于蛋黄周围。蛋黄位于中央偏钝端，呈朦胧暗影，中心色浓，边缘色谈；蛋内无斑点和斑块。

3. 相对密度检验法

贮存时，由于蛋中水分不断蒸发，相对密度每日减少0.0017~0.0018。鸡蛋的相对密度在1.04以下说明蛋存放较久，相对密度在1.015时可推知蛋已完全腐败。

取1000mL水加入60g食盐，制成相对密度为1.027的盐水，倒入平底玻璃缸内。把蛋放入盐水中进行观察：刚生产的鲜蛋横沉于缸底；生产后1周的鲜蛋沉于缸底时钝端稍向上翘；次鲜蛋（普通蛋）沉于缸底、直立，钝端向上；陈旧蛋浮于水中间，钝端向上；腐败蛋则钝端向上浮于水面。

4. 哈氏单位测定

测量哈氏单位时，先把蛋打破倒在玻璃板上，在保持蛋黄和浓蛋白层完好的情况下，用蛋白高度测定仪，避开系带测量蛋黄周围浓蛋白层中部，取三个等距离点的平均值为蛋白高度。该法是以蛋的质量和蛋白的高度，按回归关系计算出的蛋白高度数据,以衡量蛋白质朗优劣。其指标范围为 30~100,数值越高,蛋越新鲜。蛋的最佳哈氏单位指标为 75~80。

5. 卵黄指数测定

卵黄指数又称卵黄系数,是蛋黄高度除以蛋黄横径所得的商。蛋贮存时间越长,卵黄指数就越小。新鲜蛋的卵黄指数为 0.36~0.44。

此外,鲜蛋还要求测定汞含量(以汞计),要求不超过 0.05mg/kg。

(四)蛋的质量标准

蛋的质量标准和分级一般从两个方面综合确定:一是外观检查,二是光照鉴别。在分级时,应注意蛋壳的洁净度、色泽、重量和形状,蛋白、蛋黄、胚胎的能见度及其强度和位置,气室大小等。

1. 内销鲜蛋的质量标准

(1)质量标准 应符合《GB 2748—2003 鲜蛋卫生标准》的规定(表 8-2、表 8-3)。

表 8-2 鲜蛋的感官指标

项目	指标
色泽	具有禽蛋固有的色泽
组织形态	蛋壳清洁,无破裂,打开后蛋黄凸起,有韧性,蛋白澄清透明,稀稠分明
气味	具有产品固有的气味,无异味
滋味	无杂质,内容物不得有血块及其他鸡组织异物

表 8-3 鲜蛋的理化指标

项目	指标
无机砷/(mg/kg)	≤0.05
铅(Pb)/(mg/kg)	≤0.2
总汞(以 Hg 计)/(mg/kg)	≤0.05
六六六、滴滴涕	按 GB 2763 规定执行

(2)收购等级标准 收购鲜蛋一般不分等级,没有统一的标准,但有些地区制订了收购标准。

一级蛋:不分鸡、鸭、鹅品种,不论大小(除初生蛋和仔鸭蛋外),必须新鲜、清洁、完整、无破损;

二级蛋:品质新鲜,蛋壳完整,沾有污物或受雨淋水湿的蛋;

三级蛋:严重污壳(污壳面积超过 50%)的蛋和仔鸭蛋。

在加工腌制蛋时，一级、二级鸭蛋宜加工彩蛋或糟蛋，三级蛋用于加工咸蛋。

在冷藏时，一级蛋可贮存9个月以上，二级蛋可贮存6个月左右，三级蛋可短期贮存期或及时安排销售。

（3）冷藏鲜蛋

①一级冷藏蛋：蛋的外壳清洁，坚固完整，稍有斑痕。透视时气室允许微活动，高度不超过1cm；蛋白透明，稍浓厚；蛋黄紧密，明显发红色，位置略偏离中央，胚胎无发育现象。一级冷藏蛋除夏季不宜加工成变蛋、咸蛋外，其他季节都可加工。

②二级冷藏蛋：蛋的外壳坚固完整，有少许泥污或斑迹。在透视时气室高度不能超过1.2cm，允许波动；蛋白透明稀薄，允许有水泡；蛋黄稍紧密，明显发红色，位置偏离中央，黄大扁平，转动时正常，胚胎稍大。二级冷藏蛋可以加工成咸蛋，只在冬季可以加工变蛋。

③三级冷藏蛋：蛋的外壳完整，有脏迹且脆薄。透视时气室允许移动，空头大，但不允许超过全蛋的1/4；蛋白稀薄如水，蛋黄大且扁平，色泽显著发红，明显偏离中央，胚胎明显扩大。三级冷藏蛋不宜加工成变蛋、咸蛋。

2. 出口鲜蛋的分级标准

根据规定，按照蛋的重量、蛋壳、气室、蛋白、蛋黄、胚胎状况分为三级。

一级蛋：刚产出不久的鲜蛋，外壳坚固完整，清洁干燥，色泽自然有光泽，并带有新鲜蛋固有的腥味。透视时气室很小，高度不超过0.8cm，且不移动；蛋白浓厚透明，蛋黄位于中央，无胚胎发育现象。

二级蛋：存放时间略长的鲜蛋，外壳坚固完整，清洁，允许稍带斑迹。透视时气室略大，高度不超过1.0cm，不移动；蛋白略稀透明，蛋黄稍大明显，允许偏离中央，转动时略快，胚胎无发育现象。

三级蛋：存放时间较久，外壳较脆薄，允许有污壳斑迹。透视时气室超过1.2cm，允许移动；黄大而扁平，并显著呈红色，胚胎允许发育。

近年来供应出口的商品蛋，其质量分级标准也有所变化，尤其是外贸中还要根据国际市场的习惯和买方的要求，经双方协商，将分级标准具体规定在合同上。

二、蛋制品的卫生检验

以鲜蛋为原料制成的产品，按其加工方法不同主要包括再制蛋、冰蛋品和干蛋品。蛋制品能够较长期贮存，调节市场供应，便于运输，且能增加风味，易于消化吸收，因而蛋制品在动物性食品加工业中占有重要的地位。许多蛋制品为直接食用的食品,其卫生质量直接关系着广大食用者的健康。因此,对蛋制品加工过程中的卫生监督和产品的卫生检验,具有重要的卫生学意义。

(一)冰蛋品的卫生检验

冰蛋品系全蛋液、蛋白液或蛋黄液经搅拌、过滤、装听、低温下冻结而成的相应产品;也有在过滤后,先经巴氏消毒,再装听,低温急冻而成的"巴氏消毒蛋"。包括冰鸡全蛋、冰鸡蛋黄和冰鸡蛋白三种。

1. 加工卫生

(1) 半成品加工的卫生监督 质量的好坏直接影响着成品的质量,因而半成品加工时,要求卫生检验人员对原料蛋进行检验、清洗、消毒、晾干,以及对去壳所得蛋液整个过程进行卫生监督。

①先进行感官检验,剔除不符合加工要求的劣质蛋。然后进行照蛋检验,剔除所有次劣蛋和腐败变质蛋。

②经检验挑选出来的新鲜蛋,在清水中洗净蛋壳,然后放在含1%~2%有效氯的漂白粉液(或0.04%~0.1%过氧乙酸液)中浸泡5min,再于45~50℃并加有0.5%硫代硫酸钠的温水中浸洗除氯。

③将消毒后的蛋送至清洁无菌的晾蛋室晾干。

④用人工打蛋或机械去蛋壳的方法去除蛋壳。手工打蛋时,操作人员应严格遵守卫生制度,防止蛋液人为污染。

(2) 成品加工的卫生监督

①加工厂采用搅拌器将半成品蛋液搅拌均匀,再通过$0.1~0.5cm^2$的筛网将蛋液内的蛋壳碎片、壳内膜等杂质滤除。

②为保证产品质量,要及时对半成品蛋液进行预冷,这样可以阻止细菌繁殖,并缩短速冻时间。预冷在冷却罐内进行,罐内装有蛇形管,蛇形管内通以-8℃的冷盐水不停地循环,使罐内的蛋液很快降温至4℃左右。

③将冷却至4℃的蛋液装听(桶),然后送入速冻间进行冷冻。

④将装有蛋液的听(桶)送至速冻间冷冻排管上,听(桶)之间要留有一定的间隙。以利于冷气流通。速冻间温度要保持在-20℃以下,冷冻36h后,将听(桶)倒置,使其四角冻结充实,防止膨胀,并可缩短冷冻时间。冷冻时间不超过72h,听(桶)内中心温度达-18~-15℃时,速冻即可完成。

⑤将速冻后的听(桶)用纸箱包装,然后送到冷藏库冷藏,冷藏库的温度需保持在-15℃以下。

2. 卫生检验

冰蛋品的卫生检验包括感官检验、理化检验和微生物检验。具体检验方法参照《GB/T 5009.47—2003 蛋与蛋制品卫生标准的分析方法》的规定进行。

(二) 干蛋品的卫生检验

干蛋品是将蛋液中大部分水分蒸发干燥而制成的蛋制品，包括干蛋粉（全蛋粉、蛋白粉、蛋黄粉）和干蛋白（蛋白片）。干蛋粉是将鲜蛋经打蛋后，将全蛋、蛋白或蛋黄搅拌、过滤，在干燥室内喷雾干燥，使其急速脱水，并杀灭大部分微生物，再经过筛，最后成为均匀的全蛋粉、蛋白粉或蛋黄粉。

1. 加工卫生

干蛋品的加工工艺包括半成品和成品的加工。其中半成品加工方法与冰蛋品相同。干蛋品成品加工的卫生监督过程为：干蛋粉的加工可采用喷雾干燥，即先将蛋液经过搅拌过滤，除去蛋壳和杂质，并使蛋液均匀，然后喷入干燥塔内，形成微粒与热空气相遇，瞬时即可除去水分，落入底部形成蛋粉，最后经晾粉、过筛即为成品。但生产蛋白粉时，需将蛋白液进行发酵，以除去其中的碳水化合物和其他杂质。

2. 卫生检验

干蛋品的卫生检验包括感官检验、理化检验和微生物学检验。具体检验方法参照《GB/T 5009.47—2003 蛋与蛋制品卫生标准的分析方法》的规定进行。

(三) 再制蛋的卫生检验

再制蛋是指在蛋壳原形的情况下，经过一系列加工而成的蛋制品，主要有变蛋、咸蛋和糟蛋三种，均为我国传统的禽蛋制品，不仅在国内有很大的消费市场，而且国际市场对此需求也不断增加。

1. 变蛋的卫生检验

(1) 加工卫生　变蛋又称为彩蛋。变蛋的制作方法大致有三种工艺。一是生包法，是把调制好的料泥直接包在蛋壳上；二是浸泡法，是把辅料调制成料液，将鲜蛋浸渍在料液中加工而成；三是涂抹法，是先制成变蛋粉料，然后将变蛋粉料经调制后均匀涂抹在蛋壳上来制作变蛋。

①原料蛋的挑选：加工变蛋的原料蛋可选用鸭蛋、鸡蛋和鹅蛋，原料蛋质量的好坏直接关系着成品变蛋的质量。因此，在加工变蛋前必须对原料蛋进行认真地挑选，挑选的方法一般采用感官检验、照蛋检验和大小分级。

②加工辅料：加工变蛋的辅料主要有纯碱、生石灰、食盐、红茶末、植物灰（或干黄泥）、谷壳，辅料通过一系列的化学反应后将原料蛋变为变蛋。所有辅料都必须保持清洁、卫生。氧化铅的加入量要按有关规定执行，以免变蛋中铅含量超出国家卫生标准，危害人体健康。

(2) 卫生检验

①感官检验：先仔细观察变蛋外观（包泥，形态）有无发霉，敲、摇检验

时注意颤动感和响水声。变蛋刮泥后,观察蛋壳的完整性(注意裂纹),然后剥开蛋壳,要注意蛋体的完整性。检查有无铅斑、霉斑、异物和松花花纹,剖开后,检查蛋白的透明度、色泽、弹性、气味、滋味,检查蛋黄的形态、色泽、气味、滋味。

②理化检验:变蛋的理化检验项目有pH、游离碱度、挥发性盐基氮、总碱度、铅、砷等,其测定参照《GB/T 5009.47—2003 蛋与蛋制品卫生标准的分析方法》的规定进行。

③变蛋的微生物检验:变蛋的微生物检验项目有菌落总数、大肠菌群和致病菌(系指沙门菌),其检验参照《GB/T 4789.2—2016 食品微生物学检验 菌落总数测定》《GB 4789.3—2016 食品微生物学检验 大肠菌群计数》和《GB 4789.4—2024 食品微生物学检验 沙门氏菌检验》的规定进行。

2. 咸蛋的卫生检验

(1)加工卫生 咸蛋又称盐蛋、腌蛋、味蛋,制作简便,费用低廉,耐贮藏,四季均可食用,尤其是夏令佳肴。煮熟后的咸蛋,蛋白细嫩,蛋黄鲜红,油润松沙,清爽可口,咸度适中,深受消费者的喜爱。咸蛋的加工遍及全国各地,加工方法也很多,主要有稻草灰腌制法、盐泥涂包法、盐水浸渍法。

①原料蛋的挑选:要选择蛋壳完整的新鲜蛋,经过严格检验,具体检验方法与变蛋加工的原料蛋挑选方法相同。

②辅料的卫生:咸蛋加工的辅料有食盐、草木灰和黄泥;加工咸蛋的食盐要求纯净,氯化钠含量高(96%以上),必须是食用盐,不能用工业盐;草木灰和黄泥要求干燥,无杂质,受潮霉变和杂质多的不能使用;加工用水达到生活饮用水卫生标准。

(2)卫生检验

①感官检验:查看包着的灰泥是否过于干燥,有无脱落现象,有否破损。检验咸蛋的成熟程度,也就是咸味是否适中,以决定是否还要继续腌制。

②光照透视检验:采样为5%左右,除去包着的灰、泥后灯光透视。正常的蛋可见透亮鲜明,蛋黄红色带黄,随蛋的转动而转动,蛋白清晰。

③摇晃检验:将咸蛋拿在手中,轻轻摇动,听到有拍水声者是成熟蛋,无振荡、拍水声者是混蛋。

④去壳检验:抽取几枚蛋,打开蛋壳,见蛋白、蛋黄分明,蛋白水样透明,蛋黄坚实,色红或橙者为好蛋;略有腥气味,蛋黄不坚实者为未成熟蛋;蛋黄、蛋白不清,蛋黄发黑,有臭气者是变质咸蛋。

⑤煮熟后检验：取几枚样品蛋洗净后煮熟，良质咸蛋蛋壳完整，烧煮的水洁净透明，切开后蛋白鲜嫩洁白，蛋黄坚实，色红或橙黄，周围有油珠；裂纹蛋有蛋白外溢凝固，烧煮水混浊；变质蛋烧煮时炸裂，内容物全黑或黑黄，煮蛋的水混浊而有臭气。

（四）蛋制品的卫生标准

巴氏杀菌冰全蛋、冰蛋黄、冰蛋白、巴氏杀菌全蛋粉、蛋黄粉、蛋白片、皮蛋（变蛋、松花蛋）、咸蛋、糟蛋的卫生指标应符合《GB 2749—2003 蛋制品卫生标准》的规定，其主要内容如下。

1. 感官指标

蛋制品的感官指标见表 8-4。

表 8-4 蛋制品的感官指标

品种	指标
巴氏杀菌冰全蛋	坚洁均匀，呈黄色或淡黄色，具有冰鸡全蛋的正常气味，无异味，无杂质
冰蛋黄	坚洁均匀，呈黄色，具有冰鸡蛋黄的正常气味，无异味，无杂质
冰蛋白	坚洁均匀，呈白色或乳白色，具有冰鸡蛋白正常的气味，无异味，无杂质
巴氏杀菌全蛋粉	粉末状或极易松散的块状，呈均匀淡黄色，具有鸡全蛋粉的正常气味，无异味，无杂质
蛋黄粉	粉末状或极易松散块状，呈均匀黄色，具有鸡蛋黄粉的正常气味，无异味，无杂质
蛋白片	晶片状，呈均匀浅黄色，具有鸡蛋白片的正常气味，无异味，无杂质
皮蛋（变蛋、松花蛋）	外壳包泥或涂料均匀洁净，蛋壳完整，无霉变，敲摇时无水响声；剖检时蛋体完整，蛋白呈青褐、棕褐或棕黄色，半透明状，有弹性，一般有松花花纹。蛋黄呈深浅不同的墨绿色或黄色，略带溏心或凝心。具有皮蛋应有的滋味和气味，无异味
咸蛋	外壳包泥（灰）或涂料均匀洁净，去泥后蛋壳完整，无霉斑，灯光透视时可见蛋黄阴影剖检时蛋白液化，澄清，蛋黄呈橘红色或黄色环状凝胶体。具有咸蛋正常气味，无异味
糟蛋	蛋形完整，蛋膜无破裂，蛋壳脱落或不脱落。蛋白呈乳白色、浅黄色，色泽均匀一致，糊状或凝固状。蛋黄完整，呈黄色或橘红色，半凝固状。具有糟蛋正常的醇香味，无异味

2. 理化指标

蛋制品的理化指标见表 8-5。

表 8-5 蛋制品的理化指标

项目	指标
水分/（g/100g）	
巴氏杀菌冰全蛋	≤76.0
冰蛋黄	≤55.0
冰蛋白	≤88.5
巴氏杀菌全蛋粉	≤4.5
蛋黄粉	≤4.0
蛋白片	≤16.0
脂肪/（g/100g）	
巴氏杀菌冰全蛋	≥10
冰蛋黄	≥26
巴氏杀菌全蛋粉	≥42
蛋黄粉	≥60
游离脂肪酸/（g/100g）	
巴氏杀菌冰全蛋	≤4.0
冰蛋黄	≤4.0
巴氏杀菌全蛋粉	≤4.5
蛋黄粉	≤4.5
挥发性盐基氮/（mg/100g）	
咸蛋	≤10
酸度（以乳酸计）/（g/100g）	
蛋白片	≤1.2
铅（Pb）/（mg/kg）	
皮蛋	≤2.0
糟蛋	≤1.0
其他蛋制品	≤0.2
锌（Zn）/（mg/kg）	≤50
无机砷/（mg/kg）	≤0.05
总汞（以Hg计）/（mg/kg）	≤0.05
六六六、滴滴涕	参照 GB 2763 的规定执行

3. 微生物指标

蛋制品的微生物指标见表 8-6。

表 8-6　蛋制品的微生物指标

项目	指标
菌落总数/（CFU/g）	
巴氏杀菌冰全蛋	≤5000
冰蛋黄、冰蛋白	≤1000000
巴氏杀菌全蛋粉	≤10000
蛋黄粉	≤50000
糟蛋	≤100
皮蛋	≤500
大肠菌群/（MPN/100g）	
巴氏杀菌冰全蛋	≤1000
冰蛋黄、冰蛋白	≤1000000
巴氏杀菌全蛋粉	≤90
蛋黄粉	≤40
糟蛋	≤30
皮蛋	≤30
致病菌（沙门菌、志贺菌）	不得检出

实操训练

蛋的感官检验

（一）技能目标

掌握鲜蛋感官检查及其常用仪器检验的方法、原理。

（二）器材和试剂

蛋盘、平皿，镊子、找蛋器、FHK 型蛋质分析仪（日本产）。
各种不同程度的鲜蛋、破蛋和劣质变质蛋。

（三）方法步骤

1. 感官检查
运用嗅觉、视觉和触觉检查判定蛋的感官性状。
2. 灯光透视检验法
该法简便易行，通过灯光透视，可以确定气室的大小，蛋白、蛋黄、系带、胚珠和蛋壳的状态和透光程度。

3. 气室高度测定

(1) 测定时将蛋的大头向上,使蛋的顶点和规尺上的零线重合。检验者的视线应该和蛋的顶点取平,然后读取气室左右两端落在规尺刻度线上的刻度数(即气室左、右边的高度)。

(2) 计算公式为:

$$气室高度 = \frac{气室左边高度 + 气室右边高度}{2}$$

(3) 判定标准为:特级鲜蛋高度为3mm以内,一级鲜蛋高度为4~5mm,二级鲜蛋高度为10mm以内,三级鲜蛋高度为11mm以上但不超过蛋长轴的1/3,陈旧蛋高度为超过蛋长轴的1/3。

4. 蛋黄指数测定

(1) 将被测蛋小心破壳,再将破壳蛋内容物轻轻倒于蛋质分析仪的水平玻璃测试台上,然后用蛋质分析仪的垂直测微器取蛋黄最高点的高度,用卡尺小心量取蛋黄最宽处的宽度(即横径),量时小心不要弄破蛋黄膜。

(2) 计算公式为:

$$蛋黄指数 = \frac{蛋黄高度(cm)}{蛋黄宽度(cm)}$$

(3) 判定标准为:新鲜蛋0.04~0.45,次鲜蛋0.25~0.40,陈旧蛋0.25以下。

5. 哈氏单位测定

(1) 先将蛋称量,然后把蛋打开倒在水平的玻璃台上。用蛋质分析仪的垂直测微器测定浓蛋白最宽部位的高度,这个部位大约距蛋黄1cm,优质蛋的蛋黄周围几乎紧贴着浓蛋白。测定时将垂直测微器的轴慢慢地下降到和蛋白表面接触,读取读数,精确到0.1mm,依次选取3个点,测出3个高度值,取其平均数计为蛋白高度。

(2) 计算公式为:

$$Hu = 100 \cdot \lg[h - \frac{36.2 \times (30m^{0.37} - 100)}{100} + 1.9]$$

式中　Hu——哈氏单位

　　　h——蛋白高度,mm

　　　m——蛋的质量,g

(3) 判定标准　哈氏单位的指标范围是30~100,"30"表示质量差,"100"为最高指标。特级蛋为哈氏单位72以上,甲级蛋为哈氏单位60~72,乙级蛋为哈氏单位30~60。

（四）实训报告

根据实际检测的方法写出蛋新鲜度的检验过程，并根据检验结果提出处理意见，写出实训报告。

> 项目思考

1. 根据什么标准对蛋的质量进行分级？
2. 简述蛋在保藏时的变化。
3. 如何检验蛋的新鲜度？
4. 如何进行蛋制品的卫生检验？

项目九　水产品的卫生检验

知识目标

1. 掌握鱼与鱼制品的卫生检验和卫生评定方法。
2. 掌握贝甲类水产品的卫生检验和卫生评定方法。

技能目标

能够熟练地进行鱼类的感官和理化检验。

必备知识

一、鱼与鱼制品的卫生检验

(一) 鱼在保藏过程中的变化

1. 鲜鱼的变化

鱼类在被捕获之后，除少数淡水鱼尚可存活短时间外，绝大多数很快死亡。鱼类死后肌肉中会发生一系列与活体不同的变化，整个过程可分为初期生化变化和僵硬、成熟和自溶、细菌腐败三个阶段。

(1) 初期生化变化和僵硬　动物死后，在停止呼吸和断氧条件下，肌肉中糖原酵解生成乳酸，同时 ATP 分解；但肌肉中的磷酸肌酸（CrP）在肌酸激酶的催化作用下，可将由 ATP 分解产生的 ADP 重新再生成 ATP，同时糖原酵解的过程中也会产生 ATP。所以动物即使死亡，在短时间内肌肉中 ATP 含量能维持不变。随着磷酸肌酸和糖原的消失，肌肉中 ATP 含量显著下降，肌肉开始变硬，同时，pH下降，下降的程度与肌肉中糖原的含量有关。

鱼体僵硬一般发生在死后十几分钟至4~5h。僵硬先由背部肌肉开始，逐渐遍及整个鱼体，处于僵硬状态的鱼，用手握鱼头时，鱼尾一般不会下弯，指压肌肉时不显现压迹，口紧闭，鳃盖紧合。僵硬持续时间短的几分钟，长的可维持数天之久。僵硬进行的速度，因种类、鱼体大小、捕捞方法、放置温度及处理方式等条件而异。因为畜肉较鱼肉含糖原多，故两者僵硬程度不同。鱼体的温度越低，死后僵硬发生越慢，僵硬保持的时间也越长，振动、翻弄、挤压等不小心处理渔获物，容易引起僵硬过早消失。洄游性的红肉鱼类处于僵直阶段的pH最低为5.6~6.0，底栖性的白肉鱼类处于僵直阶段的pH最低为6.0~6.4，不利于致腐微生物生长繁殖，因此，僵直期的鱼体鲜度是良好的。

（2）成熟和自溶　鱼体僵硬持续期过后又逐渐变软，而且肌肉具有弹性，此时便进入了成熟阶段。鱼体的成熟期很短，因为鱼类是冷血动物，体内组织蛋白酶在较低的温度下仍保持较强的活力，使肌肉组织开始自体分解而过渡到自溶阶段，分解产物主要是蛋白胨、多肽和氨基酸，肌肉组织软化而失去固有的弹性。

（3）细菌腐败　鱼体腐败变质是腐败细菌在鱼体内生长繁殖，将鱼体组织分解的过程，分解产物包括氨、胺类、酚类和吲哚等。腐败变质不仅降低了鱼肉的品质，而且影响消费者的健康。

腐败细菌的繁殖、分解过程几乎是与僵直、自溶过程同时发生和进行的，但在僵直和自溶初期，细菌的繁殖和含氮物的分解比较缓慢；到自溶后期，因鱼肉蛋白质分解产物——氨基酸和低分子含氮化合物的增多，pH增加到7以上，再加上鱼富含水分，细菌繁殖与分解作用加快。当细菌繁殖到一定数量，低级分解产物增加到一定程度，鱼体即产生明显的腐败臭味。

鱼类在垂死时，从皮肤腺体中分泌出较多的黏液，覆盖在整个体表，而后进入僵直过程。新鲜鱼的黏液透明，随着污染微生物对黏液分解作用的加强而逐渐变混浊并有臭味。微生物的生长繁殖多从鳃和眼窝开始，其次是皮肤与内脏。因为鱼多数死于窒息，鳃部往往具有充血现象，加之鳃盖上的黏液分泌物，不仅沾染细菌机会多，也为细菌繁殖提供了有利条件，故鱼鳃细菌的繁殖常较鱼体其他部位更为早、快，是腐败初期的标志之一。随着腐败变质的进行，鱼鳃由鲜红色变成褐色以至土灰色。眼窝的情况和鳃相似，由于眼球是由富含血管的结缔组织与结膜固着于眼眶，也是细菌最易繁殖的环境之一，当眼球周围的组织被细菌分解时，眼球便下陷，且变得混浊无光泽，有时虹膜及眼眶红染。鱼鳞松弛易脱也是鱼体腐败的象征，这是由于体表的细菌在分解体表黏液之后，沿鳞片侵入皮肤，使皮肤与鳞片相联的结缔组织分解的结果。当肠内细菌大量繁殖并产生气体时，腹部便膨胀起来，肛门向外突出，严重时肠管脱出,此时如将鱼体置于水中则自动上浮。当脊椎旁大血管组织被分解破坏后,周围组织则因血液成分外渗而变红。由于体表与腹腔的细菌进一步向鱼体深部入侵,肌肉组织最后也被分解,从而变得松弛并与鱼骨分离,至此鱼体已达严重腐败程度。

2. 冰冻鱼的变化

在渔业生产上,特别是在大规模捕捞以后,冷冻保鲜的方法是最常用的,不仅保鲜效果好,还可延长保鲜时间。保鲜的方法是将鲜鱼置于不高于-25℃的条件下冻结,致使鱼体中心温度降到-15℃,然后放入-18℃低温冷库中冷藏,借以抑制腐败菌类的生长繁殖和酶的活力。但是,即使将冻鱼保藏在-18℃的条件下,其变质的变化也并不完全停止,仅仅是变化速度缓慢而已,长久冷冻的鱼品的质量还会有所下降。

鱼体在冰冻过程中变化非常复杂,其中最明显的变化是体内水分形成冰晶,从而使鱼体硬固。鱼在冻藏过程中,主要发生失水干缩和脂肪氧化两种变化。

(1) 失水干缩 即由于水分流失而使鱼体干缩和重量损耗。水分散失严重时,可导致冰冻鱼外形和风味的不良变化,质量降低。含水量、个体大小、冻结方法、冷藏温度、相对湿度和空气流速等都有较大影响。含水分高而个体小的鱼类失水干缩现象特别显著。德国研究者指出,把鳕鱼放在-36℃冻结,在-18℃或-30℃冻藏,其质量可保持1.5~2个月;若用-70℃超低温冻藏,其质量几乎无变化。

(2) 脂肪氧化 冷冻鱼在长期存放中,脂肪还会受嗜冷菌和霉菌产生的脂肪分解酶的作用而游离出脂肪酸。当脂肪酸不断增多并进行分解时,丁酸、乙酸、辛酸等低级脂肪酸就会产生特殊的气味和滋味,形成水解型酸败变质。如脂肪酸中的碳链被裂解而产生一些碳链较短的酮酸、甲基酮等,形成酮化型酸败变质。

此外,鱼体脂肪会因氧化作用使不饱和脂肪酸转化成氧化物,然后再分解成醛和醛酸及低级脂肪酸,形成氧化型酸败变质。特别是多脂鱼类,这种现象尤为突出。酸败产物除影响口味外,还有一定毒性。因此,含脂多的水产品不宜久藏。

3. 咸鱼的变化

咸鱼是用食盐作为加工和保藏手段的鱼制品。咸鱼贮运不当,会出现以下变化。

(1) 发红 嗜盐菌类如黏质沙雷菌等在腌制的咸鱼上生长繁殖时,会产生一种红色色素——灵杆菌素,使鱼体表呈现红色,俗称发红。我国江南一带,每到梅雨季节,咸鱼常有此变化。最初只发现于体表,继而侵入肌肉深部。

（2）脂肪氧化　俗称油酵，其特征是在皮肤表面、切断面和口腔内形成一层褐色薄膜。咸鱼的脂肪氧化比蛋白质分解出现得早，食盐不能延缓脂肪氧化的速度。

（3）腐败　咸鱼贮存不当而又污染严重时，通常会由于耐盐菌类的生长繁殖而使肌肉组织分解腐败，咸鱼表现为皮肤污秽、组织弹性丧失、肉质发红或变暗，有的在头部（鳃附近）等部位出现淡蔷薇色，且可深入到肌肉深层，并散发不良气味。

4. 干鱼的变化

干鱼是利用天然或人工加热加温以及真空冷冻升华等措施除去鱼体中的部分水分以延长保藏期的鱼制品。一般盐干品的水分含量在40%左右，淡干品的水分含量在20%左右，故淡干品比盐干品易保存。干鱼在保藏中可能发生的变化主要是霉变、发红、脂肪氧化和虫害。霉变的发生，多与最初干度不足或者吸水回潮有关，含盐的制品更易回潮。干鱼发红是由于产生红色素的嗜盐菌引起的，主要见于盐干品，严重时形成有氨臭的红色黏块。干鱼脂肪氧化，俗称哈喇，鱼体脂肪因含不饱和脂肪酸多，较一般动物脂肪更易氧化，这在多脂鱼类的制品中尤其严重，外观和风味均受到影响。因此，在加工保藏时，注意减少或避免光和热的影响。干鱼在贮藏中还常出现虫害，常见的害虫有鲣节虫、红带皮蠹、脯蛎及鲞蠹。

（二）鱼及鱼制品的卫生检验

鱼与鱼制品的检验以感官检验为主。必要时辅以理化检验和细菌检验。感官检验在生产上应用最广，无需仪器与设备，只要了解鱼体的固有特征及其死后的变化规律，再结合实际经验，就能得出比较可靠的判断。

1. 感官检验

（1）鲜鱼的检验　首先观察鱼眼角膜清晰光亮程度和眼球的饱满程度，眼球是否下陷及周围有无发红现象。再揭开鳃盖观察鳃丝色泽及黏液性状，并嗅测其气味。然后检查鳞的色泽与完整性及附着是否牢固，同时用手测定体表黏液的性状，必要时可用一块吸水纸印渍鱼体黏液进行嗅测。再以手指按压肌肉或将鱼置于手掌，确定肌肉坚实度和弹性。注意肛门周围有无污染，肛门是否凸出。直接嗅闻鱼体表、鳃、肌肉或内脏的气味，也可用竹签刺入肌肉深层，拔出后立即嗅闻。如有必要也可进行剖检，去除一侧体壁观察内脏状况，检查内脏有无溶解吸收及胆汁印染现象，然后横断脊柱，观察有无脊柱旁红染现象。不同新鲜度鱼的感官特征见表9-1。

表9-1 不同新鲜度鱼的感官特征

项目	新鲜鱼	次鲜鱼	不新鲜鱼
体表	具有鲜鱼固有的体色与光泽，黏液透明；鳞片完整，紧贴鱼体不易剥落	体色较暗淡，光泽差，黏液透明度较差，有酸味；鳞片不完整，较易剥落，光泽较差	体色暗淡无光，黏液浑浊或污秽并有腥臭味；鳞片不整，松弛，极易剥落
眼睛	眼球饱满，角膜光亮透明，有弹性	眼球平坦或稍凹陷，角膜起皱、暗淡或微混浊，或有溢血	眼球凹陷，角膜浑浊，虹膜和眼腔红染
鳃部	鳃盖紧闭，鳃丝鲜红或紫红色，结构清晰，黏液透明，无异味或海水味（海水鱼可带土腥味）	鳃盖较松，鳃丝呈紫红、淡红或暗红色，黏液有酸味或轻微的腥味	鳃盖松弛，鳃丝粘连，呈淡红、暗红或灰红色，黏液混浊并有显著腥臭味
坚挺度	死后坚挺，竹签抬起鱼身中部两端稍弯或呈直弧形	坚挺度较差，竹签抬起头尾端稍下垂	坚挺度极差，从中间提起几乎呈弯弓状
气味	有固有的鱼腥味	有较重的腥味	浓腥味为腐败鱼，大蒜味为有机磷中毒鱼，六六六味为有机氯致死鱼，污泥水味为污水毒死鱼
腹部肛门	腹部正常不膨胀，肛门紧缩凹陷不外突（雌鱼产卵期除外）不红肿	膨胀不明显，肛门稍突出	膨胀或变软，表面有暗色或淡绿色斑点，肛门突出
肌肉	肌肉坚实，富有弹性，手指压后凹陷立即消失，无异味，肌纤维清晰有光泽	肌肉组织结构紧密、有弹性，压陷能较快恢复，但肌纤维光泽较差，稍腥味	肌肉松弛，弹性差，压陷恢复较慢；肌纤维无光泽，有霉味和酸臭味
内脏	气鳔充满，胆囊完整，肠管稍硬，走向清晰可辨	气鳔固定不实，胆汁稍有外溢，肠管色暗	胆汁外溢，内脏呈黄色，肠管腐烂，相互脱离
骨肉联合	鱼肉和鱼骨联系紧密，肌肉鲜嫩	腹底骨肉联系不密，剖腹后骨骼末端突出	肉骨明显脱离，剖腹有污水流出，有腥腐臭味
脊柱	脊柱旁无红染现象	脊柱旁红染现象不明显	脊柱旁红染现象明显

(2) 冰冻鱼的检验

①活鱼冰冻后的特征：眼睛明亮，眼球凸出、充满眼眶；鳞片上覆有冻结的透明黏液层，皮肤天然色泽明显；鱼鳍展平张开，鱼体仍保持临死前挣扎的弯曲状态。

②死鱼冷冻后的特征：眼不突出，鱼鳍紧贴鱼体，鱼体挺直。中毒和窒息死后冰冻的鱼，口及鳃张开，皮肤颜色较暗。

③腐败后冷冻鱼的特征：完全没有活鱼冰冻后的特征。在可疑情况下，可用小刀或竹签穿刺鱼肉嗅闻其气味，或者切取鱼鳃一块，浸于热水后嗅测。

此外，对冰冻较久的鱼，应检查头部和体表有无哈喇味，有无黄色或褐色锈斑。因长期存放的鱼，脂肪有可能被氧化。

(3) 咸鱼的检验　观察鱼体外观是否正常，条形是否完整，外表有无脂肪氧化引起的泛油发黄，即所谓油酵及嗜盐细菌大量繁殖引起的发红现象。质次和不新鲜的咸鱼，鱼体多不清洁。注意鱼鳃及肌肉等处有无酪蝇的幼虫（俗称跳虫）和红带皮蠹等害虫活动的残迹。用手触摸鱼体有无黏糊、腐烂现象。为了检查其深层肌肉的色泽以及肌肉与骨骼结合状况，可用刀切鱼体，观察鱼肉断面，鉴定肉的坚实度及气味。好的咸鱼肉质坚实，用手指揉捏时，不成面团样，肌肉色泽均匀，无陈腐、霉变、发酸、发臭。最后可试煮以测定其气味和滋味。此外，注意有无回潮、析盐或发霉、虫蛀等现象。不同新鲜度咸鱼的感官指标见表9-2。

表9-2　不同新鲜度咸鱼的感官指标

项目	良质咸鱼	次质咸鱼	劣质咸鱼
色泽	色泽新鲜，具有光泽	色泽不鲜明或暗淡	体表发黄或变红
体表	体表完整，无破肚及骨肉分离现象，体形平展，无残鳞、无污物	鱼体基本完整，但可有少部分变成红色或轻度变质，有少量残鳞或污物	体表不完整，骨肉分离，残鳞及污物较多，有霉变现象
肌肉	肉质致密结实，有弹性	肉质稍软，弹性差	肉质疏松易散
气味	具有咸鱼所特有的风味，咸度适中	可有轻度腥臭味	具有明显的腐败臭味

(4) 干鱼的检验　观察鱼体是否完整，体表色泽是否正常，有无霉变、发红、脂肪氧化、虫蛀和异味。内脏是否除尽，腹腔是否干燥，肌纤维是否清晰，有无干鱼固有滋味。不同新鲜度干鱼的感官指标见表9-3。

表9-3 不同新鲜度干鱼的感官指标

项目	良质干鱼	次质干鱼	劣质干鱼
色泽	外表洁净有光泽，表面无盐霜，鱼体呈白色或淡	外表光泽度差，色泽稍暗	体表暗淡色污，无光泽，发红或呈灰白、黄褐，浑黄色
气味	具有干鱼的正常风味	可有轻微的异味	有酸味、脂肪酸败或腐败臭味
组织状态	鱼体完整、干度足，肉质韧性好，切割刀口处平滑无裂纹、破碎和残缺现象	鱼体外观基本完善，但肉质韧性较差	肉质疏松，有裂纹、破碎或残缺，水分含量高

2. 理化检验

根据鱼肉腐败分解产物的种类和数量可判定鱼类的新鲜度。目前已经有了一系列的测定方法，如测定挥发性盐基氮、三甲胺、组胺、吲哚含量、K值（次黄嘌呤和肌苷的和对 ATP 各级降解物的比值）、pH 和硫化氢试验、球蛋白沉淀反应等。目前能较好地反映鲜度变化规律而且与感官指标比较一致的是挥发性盐基氮含量，可采用半微量凯氏定氮法或康维氏微量扩散法测定鱼肉样品中挥发性盐基氮含量。

国外用核苷磷酸化酶、次黄嘌呤氧化酶测定鱼肉匀浆中肌苷及次黄嘌呤的积累浓度来确定其新鲜度，近年还开展了酶色条快速目测试验。这类新的方法，国内虽也开始试用，但因捕捞鱼的实际保鲜条件较差，在生产中使用这些指标，目前还很困难。

理化检验指标还有重金属毒物（如汞）、农药及组胺含量等的检测。可采用冷原子吸收法或双硫腙比色法测定鱼肉样品中的总汞含量。

3. 微生物检验

鱼类所污染的微生物，由于受环境条件的影响而差异较大，微生物检验也很费时且繁琐，因此，一般只在需要微生物指标时才进行检验，主要用于研究工作。

4. 寄生虫检验

鱼类常见的寄生虫病有50多种，是鱼类疾病中的一个大类。按病原的种类可将其分为原虫病、蠕虫病等。病原常寄生于鳃、体表、肌肉和内脏，有些寄生虫终生寄生于鱼体，有些寄生虫则仅以鱼类作为中间宿主或终末宿主。有些寄生虫只有在大量寄生时才会引起鱼类发病，甚至死亡，有些寄生虫则危害不很明显。在所有鱼类寄生虫病中，华支睾吸虫病、猫后睾吸虫病、阔节裂头蚴病、异形吸虫病、横川后殖吸虫病和球虫病可感染人，在公共卫生方面有重要意义。

在鱼的卫生检验中一般用肉眼观察判别，必要时取其蚴虫所在的组织，滴入适量的 0.85% 食盐水，直接压片镜检（此法对鳃不适宜）。必要时可加滴少许甘油水（甘油与水的浓度为 1:3）以提高其透明度。也可用含 1% 稀盐酸和 1% 胃蛋白酶的生理盐水，在 37℃ 条件下消化病鱼组织 24h 左右，过筛离心后，取其沉淀镜检，发现圆形或卵圆形带吸盘或吸沟的小囊状体即可确诊。

（三）有毒鱼类的鉴别

1. 毒鱼类

有许多鱼类含有生理毒素（经常性或一时性的），有的几乎遍布于全身，有的仅存于局部脏器、组织或分泌物中，能使食用者发生中毒，毒性剧烈者可引起死亡。极少数毒素是由水产品本身所产生的，大多数毒素是鱼贝类通过食物链而蓄积的。产于我国的有毒鱼类约有 170 余种，分布在不同的水域。

（1）肉毒鱼类　肉毒鱼类广泛分布于太平洋、印度洋、大西洋热带和亚热带海域，种类很多，生活习性各异。据初步统计，属于肉毒鱼类的有 300 余种，我国也有 30 种，主要分布在广东和海南沿海，少数种类也见于东海南部和我国台湾省。这类鱼的肌肉和内脏含有毒雪卡素，食后会引起中毒。这些鱼的外形和一般食用鱼几乎没有差异，从外形不易鉴别，需要有经验者辨认。肉有强毒或猛毒者有点线鳃棘鲈、侧牙鲈、黄边裸胸鳝、大眼鲹等。而且有些科、属的大多数种类是食用鱼类，其中少部分有毒，因此区别难度很大，容易误食中毒。例如，餐桌上的虾虎鱼是一款美肴，但同科的云斑栉虾虎鱼却吃不得，1964 年我国台湾省基隆市曾发生数起食此鱼的中毒事故。肉毒鱼类的食毒原因十分复杂，有些鱼类在某个地区无毒，为食用鱼，但到了另一个地区却有毒，不能食用；也有的种类，平时无毒，但一到生殖季节就有毒；有些鱼类本身无毒，但当赤潮时其摄食有毒涡鞭毛藻后被毒化，雪加毒素（雪卡毒）进入鱼的肌肉和内脏中，被食入后即可引起中毒。

（2）豚毒鱼类　河豚鱼（tetrodontidae）又名蝏鲅鱼、气泡鱼，属鲀形目、鲀亚目、鲀科，是无鳞鱼的一种，是一种味道鲜美但含有剧毒物质的鱼类。在我国，河豚鱼分布于沿海，少数种类上溯江河，约有 40 余种。河豚鱼一般形态特征为：体形椭圆，不侧扁，体表无鳞、长有小刺，头粗圆，后部逐渐狭小，类似前粗后细的棒槌；小口，唇发达，有明显的门牙，上下各两枚；有气囊，遇敌害时能使腹部膨胀如球样；有尾柄，背鳍与臀鳍对生并位于近尾部，无腹鳍；背面黑灰色或杂以其他颜色的条纹（斑块），满生棘刺，腹部多为乳白色。

河豚鱼体内含有一种毒性极强的天然神经毒素，称为河豚毒素（tetrodotoxin，简称 TTX），半数致死量（LD_{50}）为 8.7μg/kg 体重（小鼠腹腔注射），人的致死剂量约为 2mg。

河豚鱼的含毒情况比较复杂，其毒力强弱随鱼体部位、品种、季节、性别以及生长水域等因素而异。毒素主要分布在鱼体中的卵巢、肝脏、皮肤和血液中，且毒力最强；肾、肠、眼、鳃、脑髓等次之；肌肉和睾丸的毒力最低，但鱼体死亡时间较长，内脏和血液中的毒素会慢慢渗入其中。在品种方面以星点东方鲀、斑点东方鲀、双斑东方鲀、虫纹东方鲀、铅点东方鲀、豹纹东方鲀、红鳍东方鲀、黄鳍东方鲀等毒力较强，特别是这些品种的肌肉也含有相当强的毒力。在每年的 2~5 月份为产卵期，卵巢及肝脏的毒力最强，但全年都有毒。在性别上除生殖器官的毒力雌性远较雄性为强外，其他部位的毒力两性无甚差异。人工养殖的河豚，其河豚毒素的含量极低。

河豚鱼中毒患者一般在食后 20min 至 3h 出现症状，最初表现为发热、口渴，唇舌和指头等神经末梢分布处发麻，以后发展到四肢麻痹、共济失调和全身软瘫，心率由加速而变缓慢，血压下降，瞳孔先收缩而后放大，重症因呼吸困难窒息而死。致死时间最短为 1.5h，最长约 8h，大多在 4~6h 死亡。

(3) 胆毒鱼类　我国胆毒鱼类中毒病例仅次于河豚鱼中毒。中毒主要发生在有吞服鱼胆治疗眼病或作为"凉药"习惯的地区。胆毒鱼类的胆汁含有胆汁毒素，主要损害肝和肾，中毒患者有时出现神经症状。其典型代表为青、草、鲢、鳙、鲤等淡水鱼，尤以草鱼（鲩）最多。

(4) 卵毒鱼类　这类鱼的卵子含有鱼卵毒素。鲤科鱼类中产于我国西北及西南地区的裂腹鱼亚科各属的许多鱼类，卵有毒。大部分分布在湖泊河流等淡水区域，如青海湖裸鲤、软刺裸裂尻鱼、小头单列齿鱼、半刺光唇鱼、条纹光唇鱼、薄颌光唇鱼、虹彩光唇鱼、长鳍光唇鱼、云南光唇鱼、温州厚唇鱼，以及狗鱼、鲭鱼、鲶鱼。卵毒鱼类最典型的有光唇鱼中的溪鱼、裂腹鱼类中的鲤鱼。线鳚是海产卵毒鱼的代表种。

(5) 血毒鱼类　这类鱼血液中含有血毒素，仅见于鳗鲡、黄鳝和海鳝。轻者恶心、呕吐、腹泻、无力、多涎、皮疹，严重者可因呼吸困难而死亡。

(6) 肝毒鱼类　鱼类肝脏本是富含营养物的佳品，可是吃了某些海产鱼类的肝脏却会引起剧烈中毒。这类鱼的肝中含有丰富的维生素 A、维生素 D、鱼油毒、痉挛毒和麻痹毒，如鲨鱼、鲔鱼、鲅（蓝点马鲛）鱼、旗鱼、鲕鱼、金枪鱼、大舒、鲟鳇鱼以及鲸鱼等的肝脏都含有毒素，若误作菜肴就会发生食物中毒。不过，这些鱼类的肌肉都是无毒的。从积累的资料得知，一些使人中毒的肝脏有毒鱼类，都是一些大型的老龄鱼，同一种类的小型鱼、幼龄鱼的肝脏，人食后大多不会发生中毒。目前的防疫卫生部门规定 5kg 以上的大型鱼（如鲨鱼、鲔鱼），必须摘除肝脏后方可上市，人们切不可食用。

(7) 含高组胺鱼类　主要见于海产鱼类中的青皮红肉鱼，如金枪鱼、鲐鱼、鲹鱼、鲭鱼、鲣鱼、鲱鱼、沙丁鱼等，这些鱼类的体内含有较多的组氨酸，当鱼死亡后，受到富含组氨酸脱羧酶的细菌污染，发生腐败，肉中组氨酸脱去羧基产生组胺，人食用后可引起过敏性食物中毒。

2. 刺毒鱼类

刺毒鱼类包括虎鲨类、角鲨类、工鲶类等，体内有毒棘和毒腺，这类毒鱼能蜇伤人体，引起中毒。有些鱼类死后，其棘刺的毒力可保持数小时，烹饪时也应注意。毒鲉科鱼类背上密生硬刺，虹鱼尾端有一硬刺，若触及人的皮肤，令人疼痛难忍，特别是毒鲉中的日本鬼鲉（*Inimicus japenicus*）为渔民所最为畏惧，一经触及，即令人日夜剧痛不止，往往需经数天才能恢复。虹鱼截除尾刺后可供食用，毒鲉因处理困难而不作食用。

3. 毒鱼类的利用及中毒的预防

毒鱼虽然有毒，但其含毒部位不同，故并不意味着所有的毒鱼都不能食用，只要处理得当，弃去有毒脏器或破坏其毒素，就可成为营养价值很高的食用鱼类。

毒鱼类的利用和中毒的预防应遵循以下原则。

（1）应普及识别毒鱼及预防中毒的宣传教育，加强对水产品的管理，不得擅自处理和乱弃毒鱼及其有毒的脏器。

（2）肉毒鱼类与几种河豚鱼的肌肉有毒不宜食用　凡在渔业生产中（包括集体或个人）捕得的河豚鱼，都应送交水产购销部门收购，不得私自出售、赠送或食用。供市售的水产品中不得混有河豚鱼，水产批发、零售单位应层层把关，严防河豚鱼私自流入市场。经批准加工河豚鱼的单位，应在非产卵季节利用鲜活河豚鱼，并且必须严格按照规定进行"三去"加工，即先去尽内脏、皮、头；洗净血污，再盐腌晒干。剖割下来的内脏、皮、头等含毒部分，以及经营中剔除的变质河豚鱼和小河豚鱼等应妥善处理，勿随便抛弃。

（3）对卵毒、胆毒、血毒鱼类，只要不吃有毒的鱼卵，不乱吞食鱼胆治病，不吃生鳗和不生饮鳗血，就可避免中毒。有必要使用鱼胆治病时，应遵医嘱，严格控制剂量。同时也应向民间某些不懂毒理、轻率搬用土方的医生普及鱼胆毒性的知识。

（4）在产销经营过程中应确保鱼体鲜度，以免鱼卵、内脏中的毒素渗入肌肉。

（5）对含组胺高的鱼类，要选择新鲜者食用，变质者废弃。组胺为碱性物质，烧煮时加入醋、雪里蕻或山楂等能减少鱼肉中组胺的含量，可避免过敏性食物中毒。

（6）如量大需加工食用时，应在有条件的地方集中加工。加工前必须先除去内脏、皮、头等含毒部位，洗净血污，鱼肉经盐腌、晒干后，完全无毒方可出售。

（7）在生产加工过程中小心谨慎，防止被刺毒鱼蜇伤。

二、贝甲类的卫生检验

贝甲类水产动物因体内组织含水分较多，同时也含相当量的蛋白质，其生活环境又多半不大清净，体表污染带菌的机会很多，加之捕、运、购、销辗转较多，极易发生腐败变质，故贝甲类水产品以鲜活为佳。除对虾、青虾等在捕获离水或死后应及时加冰保藏加工外，其他各种贝类、河蟹、青蟹死后均不得食用。

贝甲类的检验，一般只作感官检验，必要时做理化检验或微生物检验。贝甲类的理化检验首先是除去外壳，之后的操作方法与鱼相同。

（一）虾与虾制品的检验

虾的感官检验方法：观察虾体头胸节与腹节连接的紧密程度，以测知虾体的肌肉组织和结缔组织是否完好。在头胸节末端有胃和肝脏，容易腐败分解，并影响节间连接处的组织；观察虾体腹节背沿内的黑色肠管是否明显可辨，以测知虾体是否自溶或变质；观察虾体体表色泽是否鲜亮、是否干燥、有无发黏变色，以测知体表组织是否完好；观察虾体是否能保持死亡时的姿态，是否可加外力使其改变伸曲状态，以测知肌肉组织是否完好。

1. 生虾

不同新鲜度生虾的感官特征见表9-4。

表9-4　不同新鲜度生虾的感官特征

项目	新鲜生虾	不新鲜或变质生虾
外壳	体形完整，外壳透明、光亮	外壳暗淡无光泽
体表	体表呈青白色或青绿色；清洁无污秽黏性物质，触之有干燥感	体色变红，体质柔软；甲壳下颗粒细胞崩解，大量黏液渗到体表，触之有滑腻感
肢节	头、胸、腹处连接紧密	头胸节和腹节连接处松弛易脱落，甲壳与虾体分离
伸曲力	须足无损，刚死亡虾保持伸张或蜷曲的固有状态，外力拉动松手后可恢复原有姿态	死亡时间长且气温高，虾体发生自溶，组织变软，失去伸曲力
肌肉	肉体硬实，紧密而有韧性，断面半透明	肉质松软、黏腐，切面呈暗白色或淡红色
内脏	内脏完整，胃脏及肝脏没有腐败	内脏溶解
气味	有固有的清淡腥味，无异常气味	有浓腥臭味，严重腐败时有氨臭味

2. 冻虾仁

不同新鲜度冻虾仁的感官特征见表 9-5。

表 9-5　不同新鲜度冻虾仁的感官特征

项目	良质冻虾仁	劣质冻虾仁
色泽	呈淡青色或乳白色	色变红
气味	无异味	有酸臭气味
组织形态	肉质清洁完整，无脱落之虾头、虾尾、虾壳及杂质；虾仁冻块中心在 -12℃ 以下，冰衣外表整洁	肉体不整洁，肌肉组织松弛

3. 虾米

不同新鲜度虾米的感官特征见表 9-6。

表 9-6　不同新鲜度虾米的感官特征

项目	良质虾米	变质虾米
色泽	外观整洁，呈淡黄色且有光泽	暗淡无光，呈灰白至灰褐色
组织形态	无搭壳现象，虾尾向下蜷曲，肉质紧密坚硬	碎末多，表面潮润，搭壳严重，肉质酥软或如石灰状
滋味及气味	无异味	有霉味

4. 虾皮

不同新鲜度虾皮的感官特征见表 9-7。

表 9-7　不同新鲜度虾皮的感官特征

项目	良质虾皮	变质虾皮
色泽	淡黄色有光泽	呈苍白或淡红色，暗淡无光
组织形态	外壳清洁，体形完整；尾弯如钩状，虾眼齐全，头部和躯干紧联；以手紧握一把放松后，能自动散开，无杂质	外表污秽，体形不完整，碎末较多。以手紧握后，黏结而不易散开
气味	无异味	有严重霉味

（二）蟹与蟹制品的检验

蟹的感官检验方法：观察蟹体腹面脐部上方是否呈现黑印，以测知蟹胃是否腐败；观察步足与躯体连接的紧密程度，以测知肌肉组织和结缔组织是否完好;持蟹体加以侧动,观察内部有无流动状,以测知内脏(蟹黄)是否自溶或变质;检视体表是否保持固有色泽,以测知外壳所含色素是否已分解变化;必要时可剥开蟹壳,直接观察蟹黄是否液化,鳃丝是否发生变化和出现混浊现象。

1. 鲜蟹

不同新鲜度蟹的感官特征见表9-8。

表9-8 不同新鲜度蟹的感官特征

项目	活鲜蟹	垂死蟹
灵敏度	蟹只灵活,好爬行,善于翻身	蟹只精神委顿,不愿爬行,如将其仰卧时,不能翻身
组织状态	腹面甲壳较硬,肉多黄足,腹盖与蟹壳之间突起明显	肉少黄不足,体重轻

2. 梭子蟹（死鲜蟹）

不同新鲜度梭子蟹的感官特征见表9-9。

表9-9 不同新鲜度梭子蟹的感官特征

项目	良质死鲜蟹	变质死蟹
体表色泽	外表纹理清晰有光泽,背壳青褐色或紫色,脐上部无胃印,腹部和螯足内侧呈白色	外表纹理模糊光泽暗淡,背壳褐色,脐上部透现出褐色或微绿色的胃印;螯足内壁灰白色或褐色
蟹黄性状	蟹黄凝固不流动	蟹黄发黑或呈液状,能流动
鳃	眼光亮,鳃丝清晰,白色或稍带褐色	鳃丝暗浊,灰褐色或深褐色
肢体连接程度	肉质致密,有韧性,色泽洁白,步足和躯体连接紧密,提起蟹体时,步足不松弛下垂	肉质黏糊,步足和躯干连接松弛,提起时,步足下垂甚至脱落
气味	有一种新鲜气味,无异味	有腐败臭味

3. 醉蟹和腌蟹

不同新鲜度醉蟹和腌蟹的感官特征见表9-10。

表9-10 不同新鲜度醉蟹和腌蟹的感官特征

项目	良质醉蟹和腌蟹	变质醉蟹和腌蟹
气味	外表清亮,甲壳坚硬	壳纹混浊
鳃	鳃丝清晰呈米色	鳃不清洁呈褐色或黑色

续表

项目	良质醉蟹和腌蟹	变质醉蟹和腌蟹
组织状态	蟹黄凝结，深黄或淡黄色；螯足和步足僵硬；肉质致密，有韧性	蟹黄流动或呈液状；螯足和步足松弛下垂，甚至经常脱落；肉质发糊，有霉味或臭味；严重者，壳内肉质空虚，重量明显减轻或壳内流出大量发臭卤水，卤水不洁净，甚至飘浮油滴
滋味与气味	咸度均匀适中并有醉蟹或腌蟹特有之香味和滋味	

（三）贝蛤类的检验

1. 贝蛤

贝蛤类的感官检验方法：贝类以死活作为可否食用的标准。活的贝蛤，贝壳紧闭，不易揭开。当两壳张开时，稍加触动就立刻闭合，并有清亮的水自壳内流出。如果触动后不闭合，则表示已经死亡。检查文蛤、蚶子时，还可随便取数枚在手掌上探重、抖动或互相撞击，活贝在相互敲击时发出笃笃的实音；死贝一般都较轻（排除内部泥沙），在相互敲击时发出咯咯的空音。

对大批贝蛤类进行检验时，可以用脚触动包件，如包件内活贝多，即发出的贝壳合闭的嗤嗤声；反之其声微弱或完全没有。后者应进一步抽取一定数量的贝体做探重和敲击试验，逐一检查死活。如死亡率较高，则整个包件逐只检查或改作饲料用。剖检时，死贝蛤两壳一揭就开，水汁混浊且稍带微黄色，肉体干瘪，色变黑或红，有腐败臭味。必要时，可以煮熟后进行感官评定。

2. 牡蛎、蚶、蛏

牡蛎、蚶、蛏等都可采用贝蛤检验的方法进行检验。

3. 咸泥螺

（1）田螺　田螺可抽样检查。将样品放在一定容器内，加水至适量，搅动多次，放置15min后，检出浮水螺和死螺。

（2）咸泥螺　良质的咸泥螺贝壳清晰，色泽光亮，呈乌绿色或灰色，沉于卤水中，卤水浓厚洁净，有黏性，无泡沫，深黄色或淡黄色，无异味；变质的咸泥螺则贝壳暗淡，肉与壳稍有脱离而使壳略显白色，螺体上浮，卤液混浊产气，或呈褐色，有酸败刺鼻的气味。

> 实操训练

鱼的卫生检验

(一) 技能目标

熟悉鲜鱼类的国家卫生标准 (《GB 2733—2005 鲜、冻动物性水产品卫生标准》),掌握鱼类卫生标准的分析方法 (《GB/T 5009.45—2003 水产品卫生标准的分析方法》)。

(二) 器材与试剂

1. 样品

淡水鱼。

2. 器具

具塞锥形瓶、分液漏斗、比色管、紫外分光光度计。

3. 试剂

碳酸钠、氢氧化钠、对硝基苯胺、盐酸、亚硝酸钠、正戊醇、三氯乙酸、磷酸组胺。

(三) 方法步骤

1. 溶液配制

碳酸钠溶液 (50g/L)、氢氧化钠溶液 (250g/L)、三氯乙酸溶液 (100g/L)。

偶氮试剂:甲液:称取 0.5g 对硝基苯胺,加 5mL 盐酸溶解,再加水稀释至 200mL,置于冰箱中;乙液:亚硝酸钠溶液 (5g/L),临用现配。甲液 5mL 与乙液 40mL 混合后立即使用。

组胺标准溶液:精密称取 0.2767g 于 (100±5)℃ 干燥 2h 的磷酸组胺,溶于 100mL 容量瓶中,再加水稀释至刻度,此溶液每毫升相当于 1.0mg 组胺。

磷酸组胺标准使用溶液:吸取 1.0mL 组胺标准溶液置于 50mL 容量瓶中,加至刻度。此溶液每毫升相当于 20μg 组胺。

2. 感官检查

淡水鱼:体表有光泽,鳞片较完整不易脱落,黏液无混浊,肌肉组织致密有弹性,腮丝清晰,色鲜红或暗红,无异臭味。眼球饱满,角膜透明或稍有混浊,紧缩或稍有突出。

3. 灯光透视检验法

（1）样品处理　称取 5~10g 切碎样品置于具塞锥形瓶中，加入 15.0~20.0mL 100g/L 三氯乙酸溶液，浸泡 2~3h，过滤。吸取 2.0mL 滤液置于分液漏斗中，加 250g/L 氢氧化钠溶液使呈碱性，每次加入 3mL 正戊醇，振摇 5min，提取 3 次，合并正戊醇并稀释至 10.0mL。吸取 2.0mL 正戊醇提取液于分液漏斗中，每次加 3mL 1mol/L 的盐酸，合并盐酸提取液并稀释至 10.0mL 备用。

（2）测定　吸取 2.0mL 盐酸提取液于 10mL 比色管中。另吸取 0.00、0.20、0.40、0.60、0.80、1.00mL 组胺标准使用液（相当于 0、4、8、12、16、20μg 组胺），分别置于 10mL 比色管中，加水至 1mL，再各加 1mL 的 1mol/L 盐酸。样品管和标准管各加 3mL 50g/L 的碳酸钠溶液 3mL 偶氮试剂，加水至刻度，混匀，放置 10min 后，倒入 1cm 比色杯。以零管调节零点，于波长 480nm 处测定吸光度，绘制标准曲线进行比较，或与标准系列目测比较。

4. 结果计算

$$W = [(m_1/1000) \times 100]/[m_2 \times (2/V) \times (2/10) \times (2/10)]$$

式中　W——样品中组胺含量，mg/100g

　　　V——加入三氯乙酸溶液（100g/L）体积，mL

　　m_1——测定时样品中组胺质量，μg

　　m_2——样品质量，g

项目思考

1. 鱼与鱼制品的卫生检验要点有哪些？
2. 如何预防有毒鱼类引起的食物中毒？
3. 贝甲类有何感官特点？

项目十 屠宰加工副产品的卫生检验

> **知识目标**

1. 了解动物屠宰后常见的副产品的加工卫生。
2. 认识动物性副产品的用途。
3. 熟悉生化制剂的原料要求。
4. 掌握肠衣的原料要求与加工卫生。
5. 掌握皮毛加工过程中的卫生与检验方法。

> **技能目标**

1. 能对食用屠宰加工副产品进行卫生检验。
2. 能在皮张、各种毛类的加工和卫生检验过程中进行操作检验。

> **必备知识**

一、食用屠宰加工副产品的卫生检验

（一）食用副产品的加工卫生

食用副产品包括头、蹄爪（腕、跗关节以下的带皮部分）、尾、心、肝、肺、肾、肠、脂肪、乳房、膀胱、公畜外生殖器、骨、血液及可食用的碎肉等。根据加工情况可分为可食用的生鲜副产品和可食用的熟副产品。头、蹄、心、肝、肾、胃、肠等可食用的生鲜副产品，经酱、卤、熏、烤、腌、蒸、煮等任何一种或多种加工方法加工后，可制成有独特风味的可食用的熟副产品，含有丰富的含氮浸出物和维生素等，具有很高的营养价值。食用副产品必须来自健康畜禽，经卫生检验合格后由屠宰车间送到副产品车间，进一步检验并在宰后 2~3h 进行加工。加工时应严格遵守卫生规则。

食用副产品应在专门的各食用副产品加工处理间进行，加工车间应符合卫生要求，加工工艺布局合理，避免交叉污染。头、蹄、尾、耳、唇等带毛的副产品，在加工时应除去残毛、角、壳和其他污物，并用水清洗干净。牛、羊的真胃、瘤胃、网胃、瓣胃和猪的胃、肠等，在加工时应先剥离浆膜上的脂肪组织，切断十二指肠和食管，于胃小弯处纵切胃壁，翻转倒出胃内容物，用洗胃机或长流水洗净，用刀剔下黏膜层作为生化制剂原料。大肠翻倒内容物后用水洗净。无毛、无黏膜、无骨的产品，如肝、肾、心、肺、脾脏和乳房等，加工时应分离脂肪组织，剔除血管、气管、胆囊及输尿管等，并用清水洗净血污。经上述加工后的食用副产品，应置于 4℃ 冷库冷却，最后可作为灌肠、罐头或其他制品的生产原料，或直接送往市场鲜销。若要长期贮存，需经冷冻、干燥或盐腌处理。各种加工过程中剔出的骨骼，可加工为食用骨粉、骨油和骨髓油，或炼骨胶。

（二）食用副产品的卫生检验

来自屠宰车间的副产品，虽然经过了卫生检验，但在副产品车间内，仍需经常实施卫生监督和检验。内脏组织含水量高，易受胃肠内容物、粪便、污血的污染，极易腐败变质。因此，内脏质量优劣的感官鉴定尤为重要。食用内脏均应具备一定的感官特征，进行感官评价时，首先应留意其色泽、组织致密程度、韧性和弹性，其次观察有无脓点、出血点或伤斑，特别应该观察有无病变表现，然后是嗅其气味，看有无腐臭或其他令人不愉快的气味，有必要时用手触摸了解组织形态。

发现水肿、出血、脓肿和发炎的组织，以及具有增生、肿瘤、寄生虫损害、变性或其他变化的废弃组织与器官，均全部化制。所有未经初步加工或因加工质量差，产品受到毛、粪、污物污染的食用副产品，不得发出利用，以免病原菌污染引起人的食物中毒或散播疫病。

二、动物生化制剂原料的卫生检验

（一）动物生化制剂的概念及其原料

动物生化制剂，是指所有由动物脏器，包括腺体、组织、体液、分泌物、胎盘、毛、皮、角、蹄壳中制取的供医疗或工业用制品，也称脏器生化药物。所用的组织和脏器就是动物生化制剂原料。生化制剂成分多属生物大分子，毒性低，副作用小，易吸收，疗效可靠，在现代医学中占有重要地位。自古以来我国就有用牛黄、马宝、胆汁、胎盘、鸡内金等动物原料防治疾病的实践经验。随着科学技术的进步，从动物体分离和提取的生化药物越来越多。如甲状腺素、胰岛素、胃膜素、脑垂体制剂和妊娠马血清等都能规模化生产。动物生化制剂在整个医药工业中已占有相当比例。

动物屠宰后可收集的生化制剂原料有松果腺、脑垂体、甲状腺、胰腺、胸腺、肾上腺、卵巢、睾丸、胎盘、脊髓、胚胎、肝脏、胆囊、血液、脾脏、腮腺、颌下腺、舌下腺、胃、肠、脑、眼球、骨等。

（二）动物生化制剂原料采集的卫生要求

1. 迅速采集

生化剂原料易变质腐败，其有效成分的活性降低，影响后续提取加工质量。如内分泌腺所含的激素极不稳定，死后不久就失去活力，故采集腺体应与屠体解体取出脏器同时进行。为了使有效成分不受破坏，必须在短时间内取出腺体。脑垂体的采集和固定不得迟于宰后45min，胰腺不得迟于20min，松果腺和肾上腺不得迟于50min，甲状腺于宰后30min内取出，其他腺体和脏器不得迟于宰后2h。

2. 剔出病变

生化制剂原料必须来源于健康畜体，不得由患传染病的畜屠体上取得。凡有腐败分解、钙化、硬结、化脓、囊肿、坏死、出血、变性、异味或污染的，都不得作为制药原料采集。要由专门人员用完全洁净的手和器械（刀、剪）采集，尽可能不伤及腺体表面，同时还要尽量采集完整，不造成资源的浪费。采集好的原料应无病理变化。

3. 妥善保存

为使激素的活力不致发生变化，加工好的腺体应迅速保存。生化制剂原料不同，保存有些差异。大多数原料是在－20℃左右或不高于－12℃的温度下迅速冰冻保存。有些特殊原料采集后还需进行一定处理，然后再保存，如脑垂体采集后应立即放入50%丙酮中脱水，每24h更换丙酮一次，更换三次后置纯丙酮中保存于－4℃冷库；对于保存价值高的腺体可采用冷冻升华干燥法保存，即在－35℃左右条件下使脏器中的水分直接升华，达到干燥保存的目的；有些材料在提取时只能用新鲜材料，如用胰脏提取胰蛋白酶。

三、肠衣的卫生检验

（一）肠衣的卫生指标

采用健康牲畜的食道、胃、小肠、大肠和膀胱等器官，经过特殊加工，对保留的组织进行盐渍或干制的一层半透明的薄膜，称为肠衣。

肠衣主要用作灌肠，是食品的一部分，故必须严格执行卫生检验与监督。肠衣的检验以感官检查为主，注意其色泽、气味、坚韧性等。肠衣的卫生指标要符合《GB/T 7740—2022 天然肠衣》的规定。肠衣色泽指标见表 10-1。良质的肠衣呈乳白色，其次为淡黄色或灰白色，不应有霉败腐臭气味，薄而坚韧，透明均匀。猪肠衣要求薄而渗水，羊肠衣则以厚些为佳，但不能有明显的筋络。凡有缺陷的肠衣，应列为次品或劣品，根据不同的情况加以处理。

表 10-1 肠衣的色泽

名称	色泽
盐渍猪肠衣	白钯、乳白色、淡粉红色、浅黄色、黄白色
盐渍绵羊肠衣	白色、青白色、黄白色、灰白色
盐渍山羊肠衣	白色、青白色、黄白色、灰白色
干制牛肠衣	淡黄色、棕黄色
干制猪肠衣	黄色、银白色、淡黄色
干制羊肠衣	黄色、银白色、淡黄色

（二）肠衣的不良变化与卫生处理

1. 腐败

腐败主要因盐腌不当或高温所致肠管呈现出黑色斑点（硫化铁）、变黑、发臭、黏腻、易撕裂。初期轻度腐败时，可晾在通风处抑制腐败分解，或用 0.01%~0.02% 高锰酸钾溶液冲洗，显著腐败时应作工业用或化制。

2. 污染

污染是由于肠壁黏附肠内容物所致。轻度污染去污后可以利用。重度污染而又不能去掉污垢的，作工业用或化制。

3. 褐斑

由于盐腌时使用的食盐不纯净［混有铁盐（0.005%以上）和钙盐（微量）］，它们与肠蛋白质形成不溶性蛋白化合物，使肠管呈现褐色斑。带褐斑的肠段无弹性，肠管缩窄而有粗糙的岛屿样组织，用水不能洗掉。褐斑多见于温热季节。对轻度褐斑的肠衣可用2%的稀盐酸或醋酸处理,再用苏打溶液洗涤除去褐斑后利用。具有严重褐斑肠段经受不住填充物的压力,不能作食用肠衣。

4. 红斑

红斑是由嗜卤素肉色球菌和一些色素杆菌所引起的。腌肠在12~35℃经10d以上保存,在未浸泡着的肠段上有的会出现红色或玫瑰色斑点,使肠带有大蒜气味。红斑浅,容易除掉,其病原体对人体无害,可以利用。

5. 霉败

霉败指干燥肠衣上生霉。如没有显著的感官变化,且能用刷子刷掉,可以利用,对人体无害。

6. 青痕

青痕指盐腌肠衣的表面出现青黑斑痕。当腌肠装在含有鞣酸的木桶内,鞣酸和食盐或肠衣内的铁盐反应而呈黑色。用蒸汽沸水冲洗处理木桶(尤其是新桶),即可防止。青痕轻者不受限制使用,重者化制。

7. 肠脂肪的酸败

盐腌猪大肠的肠壁中含有15%~20%的脂肪,去脂不良的盐腌牛肠内面有3%~5%的脂肪。在肠衣保存方法不当时,肠脂肪在空气、光照、高温和微生物的作用下迅速分解(酸败),并放出特殊不良气味。发生脂肪酸败的肠衣不能食用。

8. 虫蚀

火腿铿节虫及其幼虫,在温暖季节,常钻入干肠制品。为了预防昆虫对干肠制品的损害,可用灭害灵处理仓库和干燥室的墙壁、地板、天花板以及肠产品的包装。被昆虫穿孔及其分泌物污染过的干肠制品部分,不能食用。

四、皮毛加工的卫生检验

(一)皮张加工的卫生检验

1. 皮张加工的卫生要求

屠畜屠宰后剥下的鲜皮,在未经鞣制以前称为生皮。为了防止生皮腐烂,便于贮存运输,需对其进行初加工,其加工过程包括皮张的清理和皮张的防腐保存。所有加工的皮张应来自非疫区的健康动物,检疫检验合格。严禁从传染病的患畜获取皮张。首先清洗鲜皮上的泥土、粪便、血污,修割其上脂肪、残肉和筋膜后沥干。其次是防腐,通常采用干燥法、盐腌法和冷冻法。

(1)干燥法 这是我国民间最常用的方法,简便易行,成本低,通过自然干燥的方法除去皮中的水分。干燥时以皮肉面向外搭在木架上晾干为好，切忌在烈日下曝晒，以免皮张干燥不匀和分层。批量皮张常在干燥室内干燥。

（2）盐腌法　采用干燥食盐或盐水来处理鲜皮，通过盐的高渗作用，使皮张脱水，抑制细菌的生长，达到防腐的目的。

（3）冷冻法　这是鲜皮最简单的防腐法，但冷冻可使皮张脆硬易断，运输不便，容易风干。长期贮存或长途运输时不宜采用此法。

2. 皮张的卫生检验

皮张质量检查一般从生皮肉面的色泽、真皮的致密度、背皮的厚度与弹性以及表面的完整性等方面进行。动物的品种、年龄、性别、屠宰季节及加工等因素对皮张质量影响较大。从事皮张鉴定工作的兽医检验人员需掌握健皮、死皮和有缺陷皮张的特征。

（1）健皮的特征　来自健康动物的生皮，肉面颜色涤浅淡。上等肥胖牲畜皮张肉面呈淡黄色，中等肥胖牲畜皮张肉面呈黄白色，瘦弱动物皮张呈淡蓝色。盐腌法保存的生皮，颜色与鲜皮一致。剥下数小时之内打卷的皮张，干燥后其肉面变暗。皮面致密，弹性好。背皮厚度适中且均匀一致。无外伤、血管痕、虻眼、癣癞、腐烂、割破、虫蚀等缺陷。

（2）死皮的特征　从死亡动物尸体上剥下来的皮张称作"死皮"。皮张肉面呈暗红色，且往往带有较多的肉和脂肪。常因血液坠积而使皮张肉面的半部呈蓝紫色，皮下血管充血呈树枝状。

《中华人民共和国动物防疫法》规定，禁止从炭疽、鼻疽、牛瘟、气肿疽、狂犬病、恶性水肿、羊快疫、羊肠毒血症、马流行性淋巴管炎、马传染性分血等恶性传染病的动物尸体上剥取皮张，一旦发现，一律销毁；其他传染病的皮张按有关规定进行相应处理。

（3）皮张的缺陷　主要是指其完整性受到了破坏。可分生前形成、屠宰加工时形成和保存时形成三种情况。

①动物生前形成的缺陷：因寄生虫引起的皮肤损坏，如牛皮蝇幼虫寄居时形成的虻眼、虱咬部分多发生湿疹状丘疹甚至小脓疱、癣癞形成的皮面粗糙。因机械损伤引起的皮肤损坏，如烙印标记留在皮上所致烙印、治疗时由针头刺的孔洞所致的针孔、外伤愈合后形成的瘢痕等。

②屠宰加工时形成的缺陷：剥皮时方法不当造成切割穿孔、削痕及肉脂残留等。

③皮张保存时形成的缺陷：主要有腐烂、烫伤（塌晒）、油烂、霉烂、虫伤等。

（二）毛类加工的卫生检验

1. 猪鬃

由猪体上收集的毛，统称鬃毛，其位于背部的长达 5cm 以上的鬃毛，特称猪鬃。猪鬃刚韧富弹性，不变形，耐潮湿，不受冷热影响，是工业和军需用刷的主要原料。猪鬃是我国的重要出口物资，其品质受自然环境和品种影响较大，如土种猪的鬃粗长，优于改良猪的鬃。泡烫后刮下的湿鬃毛，为了除去毛根上的表皮组织上，可将其堆 2~3d，通过发热分解促其表皮组织腐败脱落。然后加水梳洗，除去绒毛和碎皮屑，摊开晒干，送往加工。也可采用稀苛性钠溶液蒸煮浸泡法，使表皮组织溶解，效果更好。猪鬃收集并整理后按色分类，用铁质梳除去绒毛和杂质后，按其长度进行分级、扎捆成束。

好的猪鬃一般色泽光亮，毛根粗壮，无杂毛、绒毛、霉毛、表皮等。

2. 毛

毛纺织工业的原料资源有羊毛、驼毛、马毛、牛毛（特别是牦牛毛）、兔毛、羽毛等。牲畜的产毛量和品质决定于动物的年龄、品种、营养状况、气候和饲养管理条件等。

毛的来源可分为两种，一种是按季节从动物体剪下的毛，另一种是屠宰加工时从屠体和皮张上煺下的毛，如猪毛、马毛和牛毛等。从畜体下剪下的毛，应注意检疫和消毒，同时也应注意毛的清洁和分级。在屠宰场获得的毛，多是从宰后屠体煺下的毛，这种毛经过很好的加工、清洗和消毒，也可以作为良好的轻工业原料。

3. 羽毛

由于禽类的羽毛质轻松软，具有防水性，有护体、保温等功能，常把鹅和鸭身上的绒毛用来作为羽绒服的填充物。羽毛加工后可制作羽毛扇、羽毛球、羽毛笔等。同时由于羽毛本身蛋白质含量高，粉碎后可以成为高蛋白质饲料。

羽毛品质的好坏，主要决定于羽毛的收集方式和加工方法。工业用羽毛应采自健康的家禽。屠宰时为了防止羽毛被血污染常采用口腔放血法。拔毛的方式分干拔和湿拔，以干拔的羽毛为佳。羽绒业收集羽毛多采用干拔法。屠宰加工时则多采用湿拔法。拔下的羽毛应铺成薄层，经通风干燥后用除灰机清除泥土和灰尘，再用分毛机将绒毛、片毛、薄毛和硬梗分开，并分别贮存。

鉴定羽毛品质时，应注意是否混入血毛、食毛虫、杂毛、虱和其他杂质，也要注意有无霉变、腐败和分解现象。

项目思考

1. 食用副产品加工的卫生要求是什么？
2. 如何采集动物生化制剂原料？
3. 肠衣保存过程中可能出现哪些不良现象？如何进行卫生处理？
4. 皮张和各种毛类的加工卫生及检验要点是什么？

附录

附录一　动物检疫管理办法

（2022年9月7日农业农村部令2022年第7号公布，
自2022年12月1日起施行）

第一章　总则

第一条　为了加强动物检疫活动管理，预防、控制、净化、消灭动物疫病，防控人畜共患传染病，保障公共卫生安全和人体健康，根据《中华人民共和国动物防疫法》，制定本办法。

第二条　本办法适用于中华人民共和国领域内的动物、动物产品的检疫及其监督管理活动。

陆生野生动物检疫办法，由农业农村部会同国家林业和草原局另行制定。

第三条　动物检疫遵循过程监管、风险控制、区域化和可追溯管理相结合的原则。

第四条　农业农村部主管全国动物检疫工作。

县级以上地方人民政府农业农村主管部门主管本行政区域内的动物检疫工作，负责动物检疫监督管理工作。

县级人民政府农业农村主管部门可以根据动物检疫工作需要，向乡、镇或者特定区域派驻动物卫生监督机构或者官方兽医。

县级以上人民政府建立的动物疫病预防控制机构应当为动物检疫及其监督管理工作提供技术支撑。

第五条　农业农村部制定、调整并公布检疫规程，明确动物检疫的范围、对象和程序。

第六条　农业农村部加强信息化建设，建立全国统一的动物检疫管理信息化系统，实现动物检疫信息的可追溯。

县级以上动物卫生监督机构应当做好本行政区域内的动物检疫信息数据管理工作。

从事动物饲养、屠宰、经营、运输、隔离等活动的单位和个人，应当按照要求在动物检疫管理信息化系统填报动物检疫相关信息。

第七条　县级以上地方人民政府的动物卫生监督机构负责本行政区域内动物检疫工作，依照《中华人民共和国动物防疫法》、本办法以及检疫规程等规定实施检疫。

动物卫生监督机构的官方兽医实施检疫，出具动物检疫证明、加施检疫标志，并对检疫结论负责。

第二章　检疫申报

第八条　国家实行动物检疫申报制度。

出售或者运输动物、动物产品的，货主应当提前三天向所在地动物卫生监督机构申报检疫。

屠宰动物的，应当提前六小时向所在地动物卫生监督机构申报检疫；急宰动物的，可以随时申报。

第九条　向无规定动物疫病区输入相关易感动物、易感动物产品的，货主除按本办法第八条规定向输出地动物卫生监督机构申报检疫外，还应当在启运三天前向输入地动物卫生监督机构申报检疫。输入易感动物的，向输入地隔离场所在地动物卫生监督机构申报；输入易感动物产品的，在输入地省级动物卫生监督机构指定的地点申报。

第十条　动物卫生监督机构应当根据动物检疫工作需要，合理设置动物检疫申报点，并向社会公布。

县级以上地方人民政府农业农村主管部门应当采取有力措施，加强动物检疫申报点建设。

第十一条　申报检疫的，应当提交检疫申报单以及农业农村部规定的其他材料，并对申报材料的真实性负责。

申报检疫采取在申报点填报或者通过传真、电子数据交换等方式申报。

第十二条　动物卫生监督机构接到申报后，应当及时对申报材料进行审查。申报材料齐全的，予以受理；有下列情形之一的，不予受理，并说明理由：

（一）申报材料不齐全的，动物卫生监督机构当场或在三日内已经一次性告知申报人需要补正的内容，但申报人拒不补正的；

（二）申报的动物、动物产品不属于本行政区域的；

（三）申报的动物、动物产品不属于动物检疫范围的；
（四）农业农村部规定不应当检疫的动物、动物产品；
（五）法律法规规定的其他不予受理的情形。

第十三条 受理申报后，动物卫生监督机构应当指派官方兽医实施检疫，可以安排协检人员协助官方兽医到现场或指定地点核实信息，开展临床健康检查。

第三章 产地检疫

第十四条 出售或者运输的动物，经检疫符合下列条件的，出具动物检疫证明：

（一）来自非封锁区及未发生相关动物疫情的饲养场（户）；
（二）来自符合风险分级管理有关规定的饲养场（户）；
（三）申报材料符合检疫规程规定；
（四）畜禽标识符合规定；
（五）按照规定进行了强制免疫，并在有效保护期内；
（六）临床检查健康；
（七）需要进行实验室疫病检测的，检测结果合格。

出售、运输的种用动物精液、卵、胚胎、种蛋，经检疫其种用动物饲养场符合第一款第一项规定，申报材料符合第一款第三项规定，供体动物符合第一款第四项、第五项、第六项、第七项规定的，出具动物检疫证明。

出售、运输的生皮、原毛、绒、血液、角等产品，经检疫其饲养场（户）符合第一款第一项规定，申报材料符合第一款第三项规定，供体动物符合第一款第四项、第五项、第六项、第七项规定，且按规定消毒合格的，出具动物检疫证明。

第十五条 出售或者运输水生动物的亲本、稚体、幼体、受精卵、发眼卵及其他遗传育种材料等水产苗种的，经检疫符合下列条件的，出具动物检疫证明：

（一）来自未发生相关水生动物疫情的苗种生产场；
（二）申报材料符合检疫规程规定；
（三）临床检查健康；
（四）需要进行实验室疫病检测的，检测结果合格。

水产苗种以外的其他水生动物及其产品不实施检疫。

第十六条 已经取得产地检疫证明的动物，从专门经营动物的集贸市场继续出售或者运输的，或者动物展示、演出、比赛后需要继续运输的，经检疫符合下列条件的，出具动物检疫证明：

（一）有原始动物检疫证明和完整的进出场记录；

（二）畜禽标识符合规定；

（三）临床检查健康；

（四）原始动物检疫证明超过调运有效期，按规定需要进行实验室疫病检测的，检测结果合格。

第十七条　跨省、自治区、直辖市引进的乳用、种用动物到达输入地后，应当在隔离场或者饲养场内的隔离舍进行隔离观察，隔离期为三十天。经隔离观察合格的，方可混群饲养；不合格的，按照有关规定进行处理。隔离观察合格后需要继续运输的，货主应当申报检疫，并取得动物检疫证明。

跨省、自治区、直辖市输入到无规定动物疫病区的乳用、种用动物的隔离按照本办法第二十六条规定执行。

第十八条　出售或者运输的动物、动物产品取得动物检疫证明后，方可离开产地。

第四章　屠宰检疫

第十九条　动物卫生监督机构向依法设立的屠宰加工场所派驻（出）官方兽医实施检疫。屠宰加工场所应当提供与检疫工作相适应的官方兽医驻场检疫室、工作室和检疫操作台等设施。

第二十条　进入屠宰加工场所的待宰动物应当附有动物检疫证明并加施有符合规定的畜禽标识。

第二十一条　屠宰加工场所应当严格执行动物入场查验登记、待宰巡查等制度，查验进场待宰动物的动物检疫证明和畜禽标识，发现动物染疫或者疑似染疫的，应当立即向所在地农业农村主管部门或者动物疫病预防控制机构报告。

第二十二条　官方兽医应当检查待宰动物健康状况，在屠宰过程中开展同步检疫和必要的实验室疫病检测，并填写屠宰检疫记录。

第二十三条　经检疫符合下列条件的，对动物的胴体及生皮、原毛、绒、脏器、血液、蹄、头、角出具动物检疫证明，加盖检疫验讫印章或者加施其他检疫标志：

（一）申报材料符合检疫规程规定；

（二）待宰动物临床检查健康；

（三）同步检疫合格；

（四）需要进行实验室疫病检测的，检测结果合格。

第二十四条　官方兽医应当回收进入屠宰加工场所待宰动物附有的动物检疫证明，并将有关信息上传至动物检疫管理信息化系统。回收的动物检疫证明保存期限不得少于十二个月。

第五章　进入无规定动物疫病区的动物检疫

第二十五条 向无规定动物疫病区运输相关易感动物、动物产品的，除附有输出地动物卫生监督机构出具的动物检疫证明外，还应当按照本办法第二十六条、第二十七条规定取得动物检疫证明。

第二十六条 输入到无规定动物疫病区的相关易感动物，应当在输入地省级动物卫生监督机构指定的隔离场所进行隔离，隔离检疫期为三十天。隔离检疫合格的，由隔离场所在地县级动物卫生监督机构的官方兽医出具动物检疫证明。

第二十七条 输入到无规定动物疫病区的相关易感动物产品，应当在输入地省级动物卫生监督机构指定的地点，按照无规定动物疫病区有关检疫要求进行检疫。检疫合格的，由当地县级动物卫生监督机构的官方兽医出具动物检疫证明。

第六章 官方兽医

第二十八条 国家实行官方兽医任命制度。官方兽医应当符合以下条件：

（一）动物卫生监督机构的在编人员，或者接受动物卫生监督机构业务指导的其他机构在编人员；

（二）从事动物检疫工作；

（三）具有畜牧兽医水产初级以上职称或者相关专业大专以上学历或者从事动物防疫等相关工作满三年以上；

（四）接受岗前培训，并经考核合格；

（五）符合农业农村部规定的其他条件。

第二十九条 县级以上动物卫生监督机构提出官方兽医任命建议，报同级农业农村主管部门审核。审核通过的，由省级农业农村主管部门按程序确认、统一编号，并报农业农村部备案。

经省级农业农村主管部门确认的官方兽医，由其所在的农业农村主管部门任命，颁发官方兽医证，公布人员名单。

官方兽医证的格式由农业农村部统一规定。

第三十条 官方兽医实施动物检疫工作时，应当持有官方兽医证。禁止伪造、变造、转借或者以其他方式违法使用官方兽医证。

第三十一条 农业农村部制定全国官方兽医培训计划。

县级以上地方人民政府农业农村主管部门制定本行政区域官方兽医培训计划，提供必要的培训条件，设立考核指标，定期对官方兽医进行培训和考核。

第三十二条 官方兽医实施动物检疫的，可以由协检人员进行协助。协检人员不得出具动物检疫证明。

协检人员的条件和管理要求由省级农业农村主管部门规定。

第三十三条 动物饲养场、屠宰加工场所的执业兽医或者动物防疫技术人员，应当协助官方兽医实施动物检疫。

第三十四条 对从事动物检疫工作的人员，有关单位按照国家规定，采取有效的卫生防护、医疗保健措施，全面落实畜牧兽医医疗卫生津贴等相关待遇。

对在动物检疫工作中做出贡献的动物卫生监督机构、官方兽医，按照国家有关规定给予表彰、奖励。

第七章 动物检疫证章标志管理

第三十五条 动物检疫证章标志包括：

（一）动物检疫证明；

（二）动物检疫印章、动物检疫标志；

（三）农业农村部规定的其他动物检疫证章标志。

第三十六条 动物检疫证章标志的内容、格式、规格、编码和制作等要求，由农业农村部统一规定。

第三十七条 县级以上动物卫生监督机构负责本行政区域内动物检疫证章标志的管理工作，建立动物检疫证章标志管理制度，严格按照程序订购、保管、发放。

第三十八条 任何单位和个人不得伪造、变造、转让动物检疫证章标志，不得持有或者使用伪造、变造、转让的动物检疫证章标志。

第八章 监督管理

第三十九条 禁止屠宰、经营、运输依法应当检疫而未经检疫或者检疫不合格的动物。

禁止生产、经营、加工、贮藏、运输依法应当检疫而未经检疫或者检疫不合格的动物产品。

第四十条 经检疫不合格的动物、动物产品，由官方兽医出具检疫处理通知单，货主或者屠宰加工场所应当在农业农村主管部门的监督下按照国家有关规定处理。

动物卫生监督机构应当及时向同级农业农村主管部门报告检疫不合格情况。

第四十一条 有下列情形之一的，出具动物检疫证明的动物卫生监督机构或者其上级动物卫生监督机构，根据利害关系人的请求或者依据职权，撤销动物检疫证明，并及时通告有关单位和个人：

（一）官方兽医滥用职权、玩忽职守出具动物检疫证明的；

（二）以欺骗、贿赂等不正当手段取得动物检疫证明的；

（三）超出动物检疫范围实施检疫，出具动物检疫证明的；

（四）对不符合检疫申报条件或者不符合检疫合格标准的动物、动物产品，出具动物检疫证明的；

（五）其他未按照《中华人民共和国动物防疫法》、本办法和检疫规程的规定实施检疫，出具动物检疫证明的。

第四十二条 有下列情形之一的，按照依法应当检疫而未经检疫处理处罚：

（一）动物种类、动物产品名称、畜禽标识号与动物检疫证明不符的；

（二）动物、动物产品数量超出动物检疫证明载明部分的；

（三）使用转让的动物检疫证明的。

第四十三条 依法应当检疫而未经检疫的动物、动物产品，由县级以上地方人民政府农业农村主管部门依照《中华人民共和国动物防疫法》处理处罚，不具备补检条件的，予以收缴销毁；具备补检条件的，由动物卫生监督机构补检。

依法应当检疫而未经检疫的胴体、肉、脏器、脂、血液、精液、卵、胚胎、骨、蹄、头、筋、种蛋等动物产品，不予补检，予以收缴销毁。

第四十四条 补检的动物具备下列条件的，补检合格，出具动物检疫证明：

（一）畜禽标识符合规定；

（二）检疫申报需要提供的材料齐全、符合要求；

（三）临床检查健康；

（四）不符合第一项或者第二项规定条件，货主于七日内提供检疫规程规定的实验室疫病检测报告，检测结果合格。

第四十五条 补检的生皮、原毛、绒、角等动物产品具备下列条件的，补检合格，出具动物检疫证明：

（一）经外观检查无腐烂变质；

（二）按照规定进行消毒；

（三）货主于七日内提供检疫规程规定的实验室疫病检测报告，检测结果合格。

第四十六条 经检疫合格的动物应当按照动物检疫证明载明的目的地运输，并在规定时间内到达，运输途中发生疫情的应当按有关规定报告并处置。

跨省、自治区、直辖市通过道路运输动物的，应当经省级人民政府设立的指定通道入省境或者过省境。

饲养场（户）或者屠宰加工场所不得接收未附有有效动物检疫证明的动物。

第四十七条 运输用于继续饲养或屠宰的畜禽到达目的地后，货主或者承运人应当在三日内向启运地县级动物卫生监督机构报告；目的地饲养场（户）

或者屠宰加工场所应当在接收畜禽后三日内向所在地县级动物卫生监督机构报告。

第九章　法律责任

第四十八条　申报动物检疫隐瞒有关情况或者提供虚假材料的，或者以欺骗、贿赂等不正当手段取得动物检疫证明的，依照《中华人民共和国行政许可法》有关规定予以处罚。

第四十九条　违反本办法规定运输畜禽，有下列行为之一的，由县级以上地方人民政府农业农村主管部门处一千元以上三千元以下罚款；情节严重的，处三千元以上三万元以下罚款：

（一）运输用于继续饲养或者屠宰的畜禽到达目的地后，未向启运地动物卫生监督机构报告的；

（二）未按照动物检疫证明载明的目的地运输的；

（三）未按照动物检疫证明规定时间运达且无正当理由的；

（四）实际运输的数量少于动物检疫证明载明数量且无正当理由的。

第五十条　其他违反本办法规定的行为，依照《中华人民共和国动物防疫法》有关规定予以处罚。

第十章　附则

第五十一条　水产苗种产地检疫，由从事水生动物检疫的县级以上动物卫生监督机构实施。

第五十二条　实验室疫病检测报告应当由动物疫病预防控制机构、取得相关资质认定、国家认可机构认可或者符合省级农业农村主管部门规定条件的实验室出具。

第五十三条　本办法自 2022 年 12 月 1 日起施行。农业部 2010 年 1 月 21 日公布、2019 年 4 月 25 日修订的《动物检疫管理办法》同时废止。

附录二 生猪屠宰质量管理规范

(2023年9月13日农业农村部第710号公告，
自2024年1月1日起施行)

第一章 总则

第一条 为加强生猪屠宰管理，保证生猪产品质量安全，根据《生猪屠宰管理条例》，制定本规范。

第二条 本规范适用于按照《生猪屠宰管理条例》规定，依法取得生猪定点屠宰资格的生猪屠宰厂（场）。

第三条 生猪屠宰质量管理应当遵循预防为主、风险管理、全程控制的原则。

第四条 生猪定点屠宰厂（场）应当按照本规范要求建立质量管理制度，包括但不限于供应商评价、进厂（场）查验登记、待宰静养、肉品品质检验、产品储存、产品出厂（场）记录、产品召回、无害化处理、现场巡查、屠宰信息报送、屠宰设备管理等制度。

第五条 生猪定点屠宰厂（场）应当依照相关法律、法规、强制执行的标准以及本规范的要求开展生猪屠宰活动，履行企业主体责任；坚持诚实守信，禁止任何虚假、欺骗行为。

第二章 机构与人员

第六条 生猪定点屠宰厂（场）对其生产的生猪产品质量安全负责，其主要负责人全面负责本厂（场）生猪产品质量安全工作。

第七条 生猪定点屠宰厂（场）应当设立质量管理部门，负责从生猪进厂（场）到生猪产品出厂（场）的全过程质量管理。鼓励生猪屠宰集团企业总部设立质量管理中心，加强对所属屠宰厂（场）的质量管理。

第八条 生猪定点屠宰厂（场）应当明确质量安全负责人。质量安全负责人应当至少具有畜牧兽医、食品卫生等相关专业大专学历或中级专业技术职称，以及两年屠宰质量安全管理相关工作经验；学历和技术职称都不能满足的，应当至少具有五年屠宰质量安全管理相关工作经验，并具备下列能力：

（一）掌握生猪屠宰、动物防疫、食品安全等法律、法规和有关标准；

（二）具备识别和控制生猪产品质量安全风险的专业知识；

（三）熟悉屠宰相关设施设备、工艺流程、操作程序以及过程控制等要求；

（四）其他应当具备的质量安全管理能力。

第九条 生猪定点屠宰厂（场）的质量安全负责人直接对本厂（场）主

要负责人负责,承担下列主要职责:

(一)组织制定并落实本厂(场)生猪进厂(场)查验登记、待宰静养、肉品品质检验、产品出厂(场)记录、不合格产品召回、无害化处理、现场巡查等质量管理制度;

(二)组织拟订委托屠宰协议,并对其中的质量安全条款实施监督和检查;

(三)组织落实国家规定的操作规程、消毒技术规范、技术要求以及本规范;

(四)组织拟定并督促落实质量安全风险防控措施,定期组织开展自查,评估质量安全状况,及时向本厂(场)主要负责人报告质量安全工作情况并提出改进措施,阻止、纠正质量安全违法行为或不规范行为;

(五)组织开展相关法律、法规和标准的培训和考核;

(六)负责本厂(场)检验室质量管理体系的建立和持续有效运行;

(七)接受和配合农业农村主管部门开展的监督检查等工作;

(八)其他质量安全管理责任。

生猪定点屠宰厂(场)应当按照前款规定,结合本厂(场)实际,细化制定质量安全负责人职责。

第十条 生猪定点屠宰厂(场)应当配备与屠宰规模相适应的屠宰技术人员。屠宰技术人员应当具有相关基础理论知识和实际操作技能,符合《畜禽屠宰加工人员岗位技能要求》(NY/T 3349)的规定。

第十一条 生猪定点屠宰厂(场)应当配备与屠宰规模相适应的兽医卫生检验人员,满足生猪屠宰肉品品质检验规程规定的各岗位工作需要:

(一)每小时屠宰量大于300头的,至少配备11名兽医卫生检验人员;

(二)每小时屠宰量大于150头,不超过300头的,至少配备9名兽医卫生检验人员;

(三)每小时屠宰量大于70头,不超过150头的,至少配备7名兽医卫生检验人员;

(四)每小时屠宰量大于30头,不超过70头的,至少配备5名兽医卫生检验人员;

(五)每小时屠宰量大于10头,不超过30头的,至少配备3名兽医卫生检验人员;

(六)每小时屠宰量不超过10头的,至少配备2名兽医卫生检验人员。

兽医卫生检验人员应当符合《生猪屠宰兽医卫生检验人员岗位技能要求》(NY/T 3350)的规定,经农业农村主管部门考核合格后方可上岗。

第十二条 生猪定点屠宰厂(场)的屠宰技术人员和兽医卫生检验人员,以及其他可能与生猪产品接触的人员每年应当至少进行一次健康检查,并取得健康证明。

患有人畜共患传染病的人员不得直接从事生猪屠宰和检验检测等工作。

第十三条　生猪定点屠宰厂（场）应当加强员工培训，制定年度培训计划，对不同岗位人员进行分类培训，培训内容应当与岗位要求相适应，填写并保存培训记录。

第三章　厂房与设施设备

第十四条　生猪定点屠宰厂（场）应当符合省级生猪屠宰行业发展规划。

生猪定点屠宰厂（场）应当符合动物防疫条件，具备符合《生活饮用水卫生标准》（GB 5749）规定的水源和符合要求的电源。厂区周围应当有良好的环境卫生条件，远离产生污染源的工业企业或其他场所，远离受污染的水体以及虫害大量孳生的场所。

第十五条　厂区周围应当建有围墙等隔离设施，厂区主要道路应当硬化，路面平整、易冲洗，不积水。

第十六条　厂区布局应当符合下列要求：

（一）厂区划分为生产区和非生产区，二者之间设有隔离设施；

（二）成品出厂应当使用专用通道和出入口，运送生猪和废弃物的，不得与其共用；

（三）设有待宰间、隔离间、屠宰间、急宰间、检验室、官方兽医室和无害化处理间（或暂存设施）等；

（四）分别设有生猪运输车辆、产品运输车辆以及工具清洗消毒的区域，生猪运输车辆清洗消毒区域应当临近生猪卸载区域；

（五）有符合环境保护要求的污染防治设施。

第十七条　生产区各车间的布局与设施应当满足生产工艺流程和卫生要求。

屠宰间不应设置在无害化处理间、废弃物集存场所、污水处理设施、锅炉房等建筑物及场所主导风向的下风侧。

屠宰间清洁区与非清洁区应当分隔。

第十八条　待宰间应当有足够的圈舍容量，能容纳不少于设计单班屠宰能力的生猪。

圈舍隔墙高度不低于1米，隔墙和地面应当采用不渗水、易清洗材料。

第十九条　隔离间应当单独设立，位于待宰间主导风向的下风侧，宜靠近卸猪台。

第二十条　急宰间应当设在待宰间和隔离间附近，有冷、热水供应装置，出入口设置便于手推车出入的消毒池。

第二十一条　屠宰间的建筑面积与设施应当与设计屠宰能力相适应。地面应当采用易清洗、耐腐蚀的材料，其表面应当平整无裂缝、无积水。车间内各加工区应当划分明确，人流、物流互不干扰，符合生产工艺、卫生及检验检疫要求。

屠宰间不得用于屠宰生猪以外的其他动物。

检验检疫操作区域的长度应当按照每位检验检疫人员不小于1.5米计算，踏脚台高度应当适合检验检疫操作的要求。

第二十二条　屠宰间的清洁区和非清洁区应当分别设有与屠宰能力相适应并与屠宰间相连通的更衣室。

屠宰间根据需要设置卫生间。卫生间不得与屠宰加工、包装或储存等区域直接连通。卫生间的门应当能自动关闭，门窗不应直接开向车间。

第二十三条　屠宰间应当根据工艺流程的需要，在用水位置分别设置冷、热水供应装置，消毒用热水温度不应低于82℃。

加工用水的管道应当有防虹吸或防回流装置；明沟排水口处应当设置不易腐蚀材料格栅，并有防鼠、防臭设施。

第二十四条　屠宰间内应当有适宜的自然光线或人工照明，照度应当能满足检验检疫人员和屠宰技术人员的工作需要。屠宰间加工线操作部位的照度应当不低于200勒克斯，检验检疫操作部位的照度应当不低于500勒克斯。

第二十五条　屠宰间内应当有良好的通风、排气装置，空气流动的方向应当从清洁区流向非清洁区。

第二十六条　生猪定点屠宰厂（场）应当配备与设计屠宰能力相适应、符合国家规定的屠宰设备和工器具，并按工艺流程有序排列，避免引起交叉污染。与生猪产品接触的设备和工器具，应当耐腐蚀、可反复清洗消毒，不与生猪产品、清洁剂和消毒剂等发生反应。

不得使用产业结构调整指导目录中规定的淘汰类生产工艺装备。

第二十七条　生猪定点屠宰厂（场）应当设有符合要求的检验室，配备满足日常检验检测需要的设施设备，能够开展常见理化指标检测、"瘦肉精"等的快速筛查，以及国家规定的动物疫病检测，并具备一定的兽药残留检测能力。

第二十八条　生猪定点屠宰厂（场）应当根据生产工艺和产品类型等需要，设置相应的储存库，储存库内应当有防霉、防鼠、防虫设施。

储存库的温度应当符合所储存产品的特定要求。冷藏、冷冻储存库应当具有温度监控设备。

第二十九条　生猪定点屠宰厂（场）应当在不同场所配备必要的清洗消毒设施设备，不同场所清洗消毒设施设备不得混用。

厂（场）区出入口处应当单独设置人员消毒通道。生猪运输车辆入口处应当设置与门同宽，长4米以上、深0.3米以上的消毒池，配置消毒喷雾器或设置消毒通道。

屠宰间入口处应当设置与屠宰规模相适应的洗手设施、换鞋设施或工作鞋靴消毒设施；车间内应当设有工器具、容器和固定设备的清洗消毒设施，并有充足的冷热水源。

隔离间、无害化处理间的门口应当设置车轮、鞋靴消毒设施。

第三十条 生猪定点屠宰厂（场）应当在远离车间的地点设置废弃物临时存放设施。废弃物临时存放设施应当便于清洗消毒，结构严密，能防止虫害、鼠害等。

车间内存放废弃物的设施和容器应当有清晰、明显标识。

厂区内废弃物应当及时清除或处理，不应堆放废弃设备和其他杂物。

第三十一条 生猪定点屠宰厂（场）应当配备与设计屠宰能力相适应的病死生猪及病害生猪产品无害化处理设施设备，采用的处理方法应当符合《病死及病害动物无害化处理技术规范》及相关要求。

第四章 宰前管理

第三十二条 生猪定点屠宰厂（场）应当加强对进厂（场）生猪的管理，建立供应商评价制度，全面评估供应商（包括生猪饲养者、生猪经纪人、委托人等）的生猪疫病防控和质量安全保障能力，编制合格供应商名录，做好记录和保存。

供应商评价内容应当包括生猪来源、防疫、兽药和饲料使用、运输等情况，以及质量安全保障措施。

第三十三条 生猪定点屠宰厂（场）应当建立生猪进厂（场）查验登记制度，规定查验登记流程、生猪验收标准、生猪查验要求、不合格生猪处理、查验登记记录等内容。

查验登记记录包括生猪进厂（场）时间、生猪来源、数量、检疫证明号和生猪供货者名称、地址、联系方式、运输车辆信息、查验结果和查验人等内容。

第三十四条 生猪定点屠宰厂（场）应当依法查验进厂（场）生猪的检疫证明、承诺达标合格证等凭证，利用信息化手段核实相关信息，确保证物相符。对进厂（场）生猪应当查验畜禽标识佩戴情况以及精神状况、外貌、呼吸状态和排泄物状态等，确认临床健康，符合验收标准。发生动物疫情时，还应当查验运输车辆基本情况。

第三十五条 生猪定点屠宰厂（场）应当将验收合格的生猪赶入待宰间静养待宰，按批次对生猪实施分圈管理。

生猪定点屠宰厂（场）应当按照"一圈一档"的原则对待宰生猪实施档

案管理，如实记录生猪供应商名称、生猪数量、来源、入圈时间、生猪批次等内容。

第三十六条　生猪定点屠宰厂（场）应当建立生猪待宰静养管理制度，明确生猪宰前停食停水静养时限、待宰巡查频次、巡查内容、问题处理和待宰静养记录等内容。生猪临宰前应当停食静养不少于 12 小时，宰前 3 小时停止喂水。

第三十七条　生猪定点屠宰厂（场）应当在生猪屠宰前，对生猪体表进行喷淋，洗净生猪体表的粪便、污物等。

第三十八条　生猪定点屠宰厂（场）应当及时对卸载后的生猪运输车辆进行彻底清洗消毒。每批次生猪送宰后，应当对空圈进行彻底清洗消毒。

第五章　屠宰过程管理

第三十九条　生猪定点屠宰厂（场）屠宰生猪的工艺应当至少包括致昏、刺杀放血、烫毛脱毛（或剥皮）、吊挂提升、去头蹄尾、雕圈、开膛净腔、劈半（锯半）、整修等，符合《畜禽屠宰操作规程生猪》（GB/T 17236）的相关规定，并制作工艺流程图，在显著位置公示。

第四十条　生猪定点屠宰厂（场）应当根据屠宰工艺流程设置屠宰生产岗位，制定并执行主要岗位的操作规范，并在显著位置悬挂岗位标识牌。

第四十一条　生猪定点屠宰厂（场）每日屠宰生猪前，应当检查工作环境、屠宰设施设备、工器具、容器等的卫生状况和运行使用状态。

第四十二条　生猪定点屠宰厂（场）应当根据经营方式和产品类型，制定屠宰生产记录表单，如实记录生猪批次、数量、宰前重量、生猪产品名称、宰后重量、生猪产品所有人、生产批号、屠宰时间等内容。

第四十三条　生猪定点屠宰厂（场）应当采取有效措施，生猪产品防止污染和交叉污染。措施应当包括但不限于以下内容：

（一）厂（场）区定期除虫灭害，屠宰间配备防鼠、防蚊蝇等设施；

（二）保持屠宰现场清洁卫生，及时清理杂物；

（三）工作人员进入屠宰间前进行洗手、消毒，更换工作衣帽和鞋靴，屠宰过程中，非清洁区与清洁区的工作人员不得串岗；

（四）屠宰过程中生猪产品及使用的工器具不得落地，不得与不清洁的表面接触；

（五）生猪屠宰、检验过程中使用的工器具，如刀具、内脏托盘等，应当一猪一更换，每次使用后用 82℃ 以上的热水进行清洗消毒，不得使用化学清洁剂；

（六）病害及可疑病害胴体、组织、体液、胃肠内容物等应当单独放置，避免污染其他生猪产品、设备和场地，造成污染的，按要求进行处理；

（七）使用符合国家规定的加工助剂、清洗剂、消毒剂、润滑剂等化学制剂；

（八）不得在屠宰过程中进行设施设备的维护、维修等作业，确需进行的，应当停止屠宰作业，并采取适当措施避免污染生猪产品；

（九）每日屠宰结束后，对屠宰间等场地进行彻底清洗消毒；

（十）生猪产品与不可食用副产品、废弃物、病死生猪及病害产品等分类分区分库存放，清晰标识。

第四十四条　生猪定点屠宰厂（场）应当建立屠宰设备管理制度，制定屠宰关键设备操作规程。屠宰设备管理制度应当包括采购与验收、使用操作、维护维修及相关记录等内容。

维护维修记录应当包括设备名称和编号，维护维修项目、日期、故障描述、结果，以及人员签字等内容。

第四十五条　生猪定点屠宰厂（场）应当按照国家有关规定严格化学试剂和危险化学品管理，按规定采购、储存、使用和处理，如实记录危险化学品名称、入库数量和日期、出库数量和日期、领用人签字、保管人签字、库存数量等内容。

第四十六条　生猪定点屠宰厂（场）应当严格遵守国家安全生产有关法律规定，加强安全生产管理，建立健全全员安全生产责任制和安全生产规章制度，构建安全风险分级管控和隐患排查治理双重预防机制。

第四十七条　生猪定点屠宰厂（场）发现生猪染疫或者疑似染疫的，应当立即向所在地农业农村主管部门或者动物疫病预防控制机构报告，并采取停止屠宰、隔离等控制措施，同时告知驻场官方兽医。

第四十八条　生猪定点屠宰厂（场）应当针对产品质量安全事件、重大动物疫情、安全生产事故等突发事件制定应急预案，定期开展应急培训和演练。

第六章　检验检疫

第四十九条　生猪定点屠宰厂（场）应当提供与屠宰规模相适应的官方兽医驻场检疫室、工作室和检疫操作台等设施。

第五十条　生猪定点屠宰厂（场）屠宰生猪，应当按照有关规定提前6小时申报检疫，并如实提交检疫申报单以及农业农村部规定的其他材料；急宰的，可以随时申报。

第五十一条　生猪定点屠宰厂（场）的兽医卫生检验人员应当按照有关规定协助官方兽医实施检疫。

第五十二条　生猪定点屠宰厂（场）应当建立肉品品质检验管理制度，明确检验岗位设置、检验人员要求与职责、检验项目与方式以及检验结果判定、肉品品质检验验讫印章加盖、肉品品质检验合格证出具、检验不合格产品处理等内容。

第五十三条　生猪定点屠宰厂（场）应当按照生猪屠宰肉品品质检验规程和相关标准规定对生猪实施宰前检验，如实记录生猪批次、入圈时间、数量、准宰数量、急宰数量、死亡数量和处理情况、检验人等内容。

第五十四条　生猪定点屠宰厂（场）应当根据屠宰生产工艺流程，设置与生猪屠宰同步进行的宰后检验岗位，制定岗位操作规范，并悬挂岗位标识牌。宰后检验岗位应当至少包括头蹄检验、内脏检验、胴体检验、复验等岗位。

第五十五条　生猪定点屠宰厂（场）的兽医卫生检验人员应当按照生猪屠宰肉品品质检验规程和相关标准规定实施生猪宰后检验，如实记录生猪批次、数量、检验合格数量、检验不合格数量、不合格原因及处理方式、检验人等内容。检验合格的，出具肉品品质检验合格证，在胴体上加盖肉品品质检验验讫印章。

第五十六条　生猪定点屠宰厂（场）的兽医卫生检验人员应当按照国家有关规定和本厂（场）肉品品质检验管理制度要求开展实验室检验检测，并做好检验检测记录。

第五十七条　生猪定点屠宰厂（场）应当采取以下一项或者多项措施加强实验室检验检测质量控制：

（一）参加能力验证/实验室间比对；

（二）对留存样品进行再检验检测；

（三）在内部进行不同人员、不同方法、不同仪器设备的比对；

（四）在内部开展实际操作的现场考核。

第五十八条　生猪定点屠宰厂（场）应当对检验检测样品进行留存，如实记录样品编号、对应生猪产品名称、屠宰日期或生产批号、留样人、留存样品流向和处理时间等内容。样品留存时间不得少于3个月。

第五十九条　生猪定点屠宰厂（场）应当根据检验检测仪器设备配置情况，制定主要仪器设备操作规范。定量检验的仪器设备应当定期校验。

仪器设备应当实行"一机一档"管理，档案包括仪器名称、型号、制造厂家、投入使用日期、使用记录等内容。

第六十条　生猪定点屠宰厂（场）应当建立病死生猪及病害生猪产品无害化处理制度，对屠宰前确认的病死生猪、病害生猪、屠宰过程中经检疫或肉品品质检验确认为不合格的生猪产品，以及其他应当进行无害化处理的生猪及其产品及时进行无害化处理，填写并保存无害化处理记录。

第七章　产品出厂管理

第六十一条　生猪定点屠宰厂（场）应当严格生猪产品包装管理：

（一）使用的包装材料符合相关强制执行的标准；

（二）包装材料和标签由专人保管，专库储存，并如实记录包装材料使用情况；

（三）包装后的生猪产品标签或标识与产品保持一致，且不易脱落，内容符合国家有关规定。

第六十二条　生猪定点屠宰厂（场）应当建立生猪产品储存管理制度，未能及时出厂（场）的生猪产品，应当采取冷冻或者冷藏等必要措施予以储存，不同类型的生猪产品应当分开存放。生猪产品储存库应当保持整洁、通风，温度、湿度符合产品储存要求。

如实记录产品名称、生产批号、规格、入库数量和日期、储存地点（区域）、储存方式、保质期、出库数量和日期、库存数量、保管人等内容。

第六十三条　生猪定点屠宰厂（场）出厂（场）的生猪产品应当经检疫和肉品品质检验合格，加施检疫验讫印章和肉品品质检验合格验讫印章，附具检疫、检验合格证明。

生猪定点屠宰厂（场）发现生猪产品有《中华人民共和国农产品质量安全法》第三十六条规定情形的，不得出厂销售。

第六十四条　生猪定点屠宰厂（场）应当建立生猪产品出厂（场）记录制度，如实记录产品名称、规格、生产批号、数量、检疫证明号、肉品品质检验合格证号、屠宰日期、出厂（场）日期以及购货者名称、地址、联系方式等内容。

第六十五条　生猪定点屠宰厂（场）运输生猪产品应当使用专用的运输工具，运输过程中应当根据产品类型和特点保持适宜的温度。运输鲜片猪肉不得敞运，应当使用设有吊挂设施的专用车辆，产品间应当保持适当距离，不得接触运输工具的底部。包装的生猪产品和裸装的生猪产品应当尽量避免同车运输，无法避免时，应当采取物理性隔离防护措施。

第六十六条　运输生猪产品的车辆应当在每批生猪产品运送结束后及时清洗消毒，保持清洁卫生。

第八章　追溯与召回

第六十七条　生猪定点屠宰厂（场）应当建立生猪产品可追溯制度，确保生猪产品来源可查，去向可追。

第六十八条　生猪定点屠宰厂（场）应当建立生猪产品召回制度，明确召回情形、召回流程、召回生猪产品的处理、召回记录等内容。

生猪产品召回记录应当包括召回生猪产品名称、购买者、召回数量、召回日期等内容。

第六十九条　生猪定点屠宰厂（场）通过自检自查、公众投诉举报、销售者（委托人）告知等方式发现其生产的生猪产品不符合食品安全标准、有证据证明可能危害人体健康、染疫或者疑似染疫的，应当立即停止屠宰，报告农业农村主管部门，通知销售者或者委托人，召回已经销售的生猪产品，并记录通知和召回情况。

第七十条　生猪定点屠宰厂（场）应当对召回的生猪产品采取无害化处理等措施，防止其再次流入市场。

对因标签、标志或者说明书不符合要求而被召回的生猪产品，在采取补救措施且能保证产品质量安全的情况下可以继续销售。

第九章　委托管理

第七十一条　生猪定点屠宰厂（场）接受委托屠宰的，应当与委托人签订委托屠宰协议，明确双方权利、义务和双方生猪产品质量安全责任。

第七十二条　生猪定点屠宰厂（场）对于不具备检验检测条件和能力的项目，可以委托检验检测机构承担，并与其签订委托检验检测合同，明确检验检测项目和依据、样品要求、样品处理方式、保存期以及异议处理等内容。检验检测机构应当取得法律法规规定的授权或资质认定。

第七十三条　生猪定点屠宰厂（场）未配备病死生猪及病害生猪产品无害化处理设施设备的，应当委托动物和动物产品无害化处理场所进行无害化处理，并与其签订委托处理协议，明确双方权利和义务。动物和动物产品无害化处理场所应当符合法律法规规定的条件。

委托进行无害化处理的，应当设置病死生猪及病害生猪产品暂存场所，相关设施设备和存储条件符合防疫和生物安全要求，能够满足暂存需要，并建立暂存转运台账记录。

第七十四条　生猪定点屠宰厂（场）委托物流公司运输生猪产品的，应当与物流公司签订委托协议，明确运输车辆温度控制、清洗消毒等产品质量控制和管理要求。

第十章　质量监督与记录管理

第七十五条　生猪定点屠宰厂（场）应当建立现场巡查制度，规定巡查位点、巡查内容、巡查频次、异常情况界定、处置方式、处置权限和巡查记录等内容。

现场巡查记录应当包括巡查位点、巡查内容、异常情况描述、处置方式、处置结果、巡查时间、巡查人等内容。

第七十六条　生猪定点屠宰厂（场）应当对各项管理制度措施落实情况开展定期检查和评查，及时纠正发现的问题。

检查和评查工作完成后应当形成记录和报告，记录检查结果、评查结论以及改进措施和建议。

第七十七条　生猪定点屠宰厂（场）应当按照本规范的要求严格记录管

理，对需填写的记录统一编制表单，明确填写要求和保存期限等。除法律法规中明确规定保存期限的记录外，其他记录保存期限不得少于 1 年。

第七十八条 鼓励生猪定点屠宰厂（场）利用信息化技术等对本规范规定的档案、记录等实施电子化管理，生猪和生猪产品相关信息应当对应、可追溯，有条件的可以利用视频监控技术对生猪屠宰关键环节实施可视化管理。

第七十九条 取得生猪定点屠宰资格后，生猪定点屠宰厂（场）应当按照农业农村部要求及时在全国畜禽屠宰行业管理系统填报相关信息。

生猪定点屠宰厂（场）应当按照《中华人民共和国统计法》和生猪等畜禽屠宰统计调查制度要求，建立屠宰信息报送制度，明确填报人和负责人，真实、准确、及时和完整地报送统计调查制度规定的调查内容。

第十一章 附则

第八十条 本规范自 2024 年 1 月 1 日起施行。

本规范施行前已开办的生猪定点屠宰厂（场），应当自本规范施行之日起 24 个月内达到本规范的要求。

参考文献

[1] 窦凤鸣, 姜晓坤, 王喜萍. 动物性食品卫生检验 [M]. 北京: 中国质检出版社、中国标准出版社, 2013.
[2] 王雪敏. 动物性食品卫生检验. 北京: 中国农业出版社, 2009.
[3] 曹斌, 姜凤丽. 动物性食品卫生检验 [M]. 北京: 中国农业大学出版社, 2008.
[4] 周光宏. 畜产品加工学 [M]. 北京: 中国农业出版社, 2002.
[5] 史贤明. 食品安全与卫生学 [M]. 北京: 中国农业出版社, 2005.
[6] 卫生部卫生监督中心卫生标准处. 食品卫生标准及相关法规汇编 (上、下) [M]. 北京: 中国标准出版社, 2005.
[7] 张宏伟, 杨延桂. 动物寄生虫病 [M]. 北京: 中国农业出版社, 2010.
[8] 罗满林. 动物传染病学 [M]. 北京: 中国农业出版社, 2013.
[9] 彭增起, 刘承初, 邓尚贵. 水产品加工学 [M]. 北京: 中国轻工业出版社, 2010.
[10] 章超桦, 薛长湖. 水产食品学 [M]. 北京: 中国农业出版社, 2010.
[11] 蔡宝祥. 家畜传染病学 [M]. 北京: 中国农业出版社, 2001.
[12] 王秉栋. 动物性食品卫生理化检验 [M]. 北京: 中国农业出版社, 1991.
[13] 张升华, 乐涛. 动物性食品卫生检验 [M]. 北京: 化学工业出版社, 2010.
[14] 陈一资. 肉品卫生与检疫检验 [M]. 成都: 四川科学技术出版社, 2004.
[15] 李学丽, 李明, 李晓东, 等. 动物检验检疫与动物疫情监测预警、调查、认症及无害化处理技术应用手册 [M]. 银川: 宁夏大地音像出版社, 2005.